DE LA

RÉGÉNÉRATION

DES ORGANES ET DES TISSUS

EN PHYSIOLOGIE ET EN CHIRURGIE

PAR

J. N. DEMARQUAY

CHIRURGIEN DE LA MAISON MUNICIPALE DE SANTÉ,
MEMBRE DE L'ACADÉMIE DE MÉDECINE ET DE LA SOCIÉTÉ DE CHIRURGIE, ETC.
COMMANDEUR DE LA LÉGION D'HONNEUR.

AVEC QUATRE PLANCHES

Comprenant 16 figures lithographiées et chromolithographiées

PARIS

LIBRAIRIE J. B. BAILLIÈRE ET FILS

Rue Hautefeuille, 19, près du boulevard Saint-Germain.

LONDRES	MADRID
BAILLIÈRE, TINDALL AND COX	CARLOS BAILLY-BAILLIÈRE
20, King Williams Street	Plaza de Topete, 8

1874

DE LA

RÉGÉNÉRATION

DES ORGANES ET DES TISSUS

CORBEIL. — IMPRIMERIE DE CRÉTÉ FILS.

DE LA
RÉGÉNÉRATION
DES ORGANES ET DES TISSUS

PAR

J. N. DEMARQUAY

CHIRURGIEN DE LA MAISON MUNICIPALE DE SANTÉ,
MEMBRE DE L'ACADÉMIE DE MÉDECINE ET DE LA SOCIÉTÉ DE CHIRURGIE, ETC.
COMMANDEUR DE LA LÉGION D'HONNEUR.

AVEC QUATRE PLANCHES

Comprenant 16 figures lithographiées et chromolithographiées

PARIS
LIBRAIRIE J. B. BAILLIÈRE ET FILS
Rue Hautefeuille, 19, près du boulevard Saint-Germain.

LONDRES	MADRID
BAILLIÈRE, TINDALL AND COX	CARLOS BAILLY-BAILLIÈRE
20, King Williams Street	Plaza de Topete, 8

1874

PRÉFACE

Au début des recherches exposées dans ce travail, je n'avais qu'une pensée : c'était d'étudier avec soin la *régénération des tendons*.

Mais bientôt le cercle de mes expériences s'est étendu.

J'ai voulu étudier successivement la *régénération des organes, des tissus, des os, des nerfs, des muscles*, etc.

J'ai fait ainsi une série d'expériences sur les animaux inférieurs, afin de voir renaître les parties qui sont susceptibles de se reproduire.

J'ai multiplié mes lectures et j'ai accumulé beaucoup de matériaux sur la régénération ; je les ai coordonnés de mon mieux.

C'est cet ensemble d'études et de recherches que j'offre au public. Bien des travaux déjà ont été publiés sur certains points de la régénération soit des organes, soit des tissus, mais aucun ouvrage d'ensemble n'a encore été fait sur ce sujet. A défaut d'autre mérite, le mien aura au moins celui d'avoir réuni les éléments importants que possède la science sur ce point.

Un tel ouvrage demanderait de la part de l'auteur des connaissances étendues en physiologie, en histoire naturelle et en histologie normale et pathologique. J'espère cependant que, malgré bien des défauts, le résumé que je présente aujourd'hui servira de point de départ pour des recherches ultérieures.

Je me suis efforcé, à propos de chaque régénération des tissus, de montrer les applications qui pouvaient être faites à la pathologie. C'est ainsi qu'en parlant de la régénération des vaisseaux, je me suis occupé de ce qui se passe dans les fausses membranes et dans les plaies, et que j'ai longuement traité la question de savoir s'il y a véritable régénération dans les plaies. A propos de l'épiderme et de l'épithélium, j'ai dit quelques mots de la greffe épidermique.

En parlant de la régénération du tissu tendineux, j'ai fait une histoire complète des phénomènes histologiques qui se passent chez l'homme et les animaux quand les tendons ont été sectionnés. J'ai de plus fait une étude expérimentale de la suture des tendons ; on trouvera dans mon ouvrage une histoire aussi complète que possible, au point de vue clinique et histologique, de la suture des tendons récemment et anciennement divisés. Je me suis également occupé de la régénération des os et des articulations.

En traitant de la régénération des nerfs, j'ai aussi fait connaître tous les faits de sutures nerveuses.

Les régénérations comme les générations peuvent être troublées par des conditions diverses : les unes dépendent de l'être lui-même, suivant l'état de santé ou de maladie ; d'autres, au contraire, tiennent à des conditions de milieu, comme l'air, sur lequel Hunter et Jules Guérin ont tant insisté, ou à d'autres conditions, comme la chaleur, le froid, la lumière, etc., etc. En parcourant la dernière partie de cet ouvrage, on verra combien il faut tenir compte de ces conditions dans l'étude des régénérations.

J'ai été aidé et dirigé dans mes recherches histologiques par mes savants confrères et amis, Bouchard, Hénocque et Nepveu, auxquels j'adresse ici mes sincères remercîments. Je remercie également MM. Ballay et P. Redard, pour l'aide qu'ils m'ont donné dans mes nombreuses expériences et pour les recherches bibliographiques qu'ils ont faites à ma demande.

J'ai joint à ce volume quatre planches dessinées d'après nature par M. le docteur Cosserat, afin de rendre la régénération des tendons plus compréhensible.

J. N. DEMARQUAY.

Paris, 20 août 1873.

DE LA

RÉGÉNÉRATION

DES ORGANES ET DES TISSUS

CHAPITRE Ier

CONSIDÉRATIONS GÉNÉRALES

La question des régénérations a de tout temps préoccupé physiologistes et médecins.

Ce ne fut pas sans étonnement que l'on vit se régénérer des parties entières d'un animal; mais, il faut le dire, autant fut grande la stupéfaction des observateurs qui parvinrent à faire régénérer les organes, autant fut grand l'acharnement avec lequel les adversaires des régénérations nièrent que l'on eût affaire à une partie reconstituée de toute pièce. Ce n'est que, vaincus par l'évidence, que la plupart des médecins en sont arrivés à admettre les régénérations. Nous le verrons dans le cours de l'exposé des régénérations des organes : aussitôt que l'on a annoncé qu'un tissu se régénérait, aussitôt on a vu surgir une foule d'opposants.

Nous verrons, à propos de la régénération des os, de la régénération des nerfs, Hippocrate, Léveillé, Arneman, Louis, Richerand, s'élever énergiquement contre l'opinion de ceux qui admettent les régénérations.

ARTICLE Ier

OPINION DES ANCIENS

N'y a-t-il pas lieu de s'étonner, maintenant que les régénérations des os, de même que celles des nerfs, sont généralement admises, suivies par l'expérimentation, contrôlées par l'examen histologique, de lire la phrase suivante d'Hippocrate (1) : « Dans les sections d'un os, d'un cartilage , d'une partie nerveuse, de la portion mince de la joue, du prépuce, il n'y a ni réparation ni réunion. »

Galien (2) disait : « Quod neque cartilago, neque os generentur, « concessa res est. »

ARTICLE II

OPINION DES MODERNES

Nous trouvons dans Boerhaave (3) les paroles suivantes : « Si « quid ablatum fuerit de corpore, id repleri debet generata iterum « materia. »

On le voit, Boerhaave admettait les régénérations ; l'aphorisme que nous venons de citer le prouve clairement.

Jusqu'à la fin du xviiie siècle, le plus grand nombre des auteurs admettait les régénérations.

Mais bientôt Bezoet, Fabre (4), Quesnay, nièrent ce que l'on appelait *la régénération des chairs ou des parties molles.*

C'est ainsi que Louis nie toute espèce de régénération : « Longtemps j'ai cru, dit-il, à la régénération des parties, et je n'ai été

(1) Hippocrate, *Aphorismes*, section VI, 19. (*Œuvres complètes*. Édition Littré, Paris, 1844, t. IV, p. 569.)
(2) Galien, *Comm. in aphorismos*, XIX, sect. vi.
(3) Boerhaave, *De vulnere in genere*, aph. 185.
(4) Fabre, *Mém. de l'Acad. roy. de chirurgie*, éd. in-4°, t. V, p. 133.

désabusé que lorsque je me suis occupé de ce sujet d'une manière sérieuse. »

Richerand a dit : « Dupe moi-même de ces prétendues régénérations de nerfs, j'ai répété les expériences de Haighton. La réflexion a peu tardé à m'apprendre que j'aurais dû prévoir le résultat. »

A côté de ces faits, il est juste de dire qu'un grand nombre d'auteurs ont admis la régénération ; nous citerons parmi les plus remarquables Michel Troja, Kœler, Stanley, Charmeil, Meding, Kortum, Bannerth, Græfe, Walther, Flourens, Ollier, Joly, pour les os ; Cruishank, Haighton, Steinruech, Valler, Vulpian, pour les nerfs.

Dans l'École de Barthez et de Lordat, la régénération de la plupart des parties molles et des parties dures du corps humain était regardée comme un dogme (1).

A une époque beaucoup plus rapprochée de nous, nous trouvons encore un assez grand nombre d'auteurs qui nient les régénérations, et dans un rapport présenté à l'Académie de médecine M. Cruveilhier (2) disait : « Le rapporteur de votre commission croit encore pouvoir affirmer qu'il n'y a point de véritable régénération de nerfs ; que les expériences physiologiques et les observations pathologiques qui ont été invoquées en faveur de cette régénération ne sont nullement démonstratives. »

Et M. Roux (3) ajoutait : « Je pense, comme M. Cruveilhier, qu'il n'y a point de véritable régénération. Les parties une fois détruites ne renaissent pas. »

Nous avons enfin assisté, en 1865, à une remarquable discussion soulevée à l'Académie de médecine (4), où la question des ré-

(1) Kuhnholtz, *Considérations générales sur les régénérations des parties molles du corps humain*. Paris, 1841.

(2) Cruveilhier, *Rapport présenté à l'Académie de médecine* (*Bulletin de l'Académie de médecine*. Paris, 1836-37, t. I, p. 388.)

(3) Roux, *Bull. de l'Acad. de méd.*, 1836-37, t. I, p. 395.

(4) *Discussion sur la méthode sous-cutanée* (*Bulletin de l'Académie de médecine*. Paris, 1865-1866, t. XXXI).

générations a tour à tour été défendue par des hommes éminents. Là
nous avons pu nous convaincre que des incertitudes fort grandes
régnaient, et si quelques savants se déclaraient pour les régénérations, beaucoup semblaient encore hésiter.

Velpeau (1) notamment se montre très-réservé, et ce n'est
qu'avec méfiance qu'il adopterait la régénération des nerfs. Des
faits de régénération de tissus, d'organes, de nerfs, de tendons, de
muscles même (régénération qui n'est pas encore entièrement démontrée) ont été présentés.

L'observation microscopique, défendue par M. Ch. Robin (2),
nous a fait voir ce que l'histologie pouvait donner dans une semblable question ; les résultats auxquels nous sommes arrivés nous-
mêmes nous démontrent l'importance de ce moyen d'investigation
appliqué à l'étude des régénérations.

Le spectacle de cette divergence d'opinions doit nous servir.

Les exemples d'organes, de tissus qui se régénèrent, se multiplient chaque jour, mais nous ne devons pas nous hâter de
conclure à l'impossibilité des observations qui nous sont présentées. A mesure que l'expérimentation physiologique, l'histologie,
les seules voies vraiment scientifiques qui nous soient ouvertes
dans l'étude d'un pareil sujet, nous permettront d'étudier les différentes phases de la reproduction des tissus, nous n'en doutons pas,
des faits inattendus apparaîtront ; et de même que la régénération
des os, des nerfs, a paru à des hommes d'une grande autorité être
une chose impossible, de même nous verrons des régénérations peu
connues encore s'effectuer et être démontrées d'une façon évidente.
Chaque jour de nouveaux faits sont enregistrés ; après les régénérations des os, nous avons vu apparaître les régénérations des nerfs,
puis les régénérations des cartilages, de la rate, des reins, peut-
être du cristallin, etc..., la régénération des tendons est démontrée aujourd'hui d'une façon éclatante.

(1) Velpeau, *Bulletin de l'Académie*, t. XXXI, p. 791, 931 et 1046.
(2) Robin, *Bulletin de l'Académie*, t. XXXI, p. 840, 846.

Il importe donc de se mettre à l'œuvre : expérimenter, vérifier par l'examen microscopique les résultats obtenus, ne pas repousser les observations qui nous sont présentées qu'après s'être assuré, aidé par l'expérimentation et le microscope, qu'elles ne peuvent exister ; telle est la voie qui nous est tracée et que nous devons nous garder de ne pas suivre.

CHAPITRE II

DU RENOUVELLEMENT DE LA MATIÈRE

Les hommes les plus remarquables de tous les siècles ont attaché leur nom à cette question si importante des régénérations.

Si nous ouvrons les principaux traités de physiologie, nous trouvons à propos du renouvellement de la matière des idées générales, point de départ de certaines vues de philosophie spiritualiste, être émises par Buffon et Cuvier.

La régénération des tissus et le mouvement de nutrition, il faut bien le remarquer en effet, sont étroitement unis ; c'est pourquoi il ne sera pas inutile de rappeler les principales discussions qui ont existé à propos de ce qu'on appelle le *tourbillon vital*.

Buffon avait écrit cette phrase bien des fois répétée : « Ce qu'il y a de plus constant, de plus invariable dans la nature, c'est l'*empreinte* ou le *moule* de chaque espèce ; ce qu'il y a de plus corruptible, c'est la *substance*. »

G. Cuvier a dit encore : « La vie est un tourbillon... la matière actuelle du corps vivant n'y sera bientôt plus. »

« La vie, dit Ampère, consiste dans les changements continuels par lesquels passent nécessairement les êtres qui en sont doués, en recevant sans cesse les nouvelles molécules destinées à entretenir leur existence (1). »

« Les êtres organisés, dit I. Geoffroy Saint-Hilaire (2), passent plus ou moins rapidement à la surface du globe, comme en eux les molécules qui les composent tour à tour.

« Ne disons pas avec G. Cuvier, ajoute ce célèbre naturaliste, que

(1) Ampère, *Essai sur la philosophie des sciences*. 1834, t. I, p. 21.
(2) Geoffroy Saint-Hilaire, *Histoire naturelle générale des règnes organiques*. Paris, 1859.

dans les êtres organisés, la matière change sans cesse et la forme se conserve. Tout change sans cesse, la structure, la grandeur, les proportions, *la forme* moins souvent, il est vrai, que la matière ; il n'est pas un être qui n'ait ses métamorphoses au moins pendant une partie de sa vie, comme ses transmutations durant sa vie entière. »

« Vivre, c'est, en même temps, changer et demeurer sans cesse (1), » a dit Hipp. Royer-Collard.

Nous voyons Bichat adopter cette idée de tourbillon vital, et on trouve, dans ses ouvrages, de nombreux fragments se rattachant à ce sujet : « Ce que l'animal était à une époque, il cesse de l'être à une autre ; son organisation reste toujours la même, mais ses éléments varient à chaque instant. »

Tandis que certains auteurs, le plus grand nombre, ont admis ce renouvellement incessant pour les fluides organiques, d'autres ont nié qu'il s'exerçât dans la trame solide.

Müller (2) n'hésite point à affirmer que tous les tissus, à l'exception du système nerveux, donnent des signes d'un changement de matériaux. Nous comprenons, il est vrai, difficilement pourquoi cette distinction à l'égard du tissu nerveux ; ne se régénère-t-il pas, ne se nourrit-t-il pas ?... A l'appui de son assertion, Müller cite la coloration des os par la garance que Belchier, Duhamel, Flourens, et plus récemment E. Joly ont reproduites.

Flourens (3) a cru pouvoir tirer de ses expériences la conclusion que la mutation continuelle de la matière existait. Dans l'os qu'il examine, pensait-il, aucune des parties qu'il y avait, il y a quelque temps, n'existe plus, et bientôt il n'y aura plus aucune de celles qu'il a aujourd'hui.

« Il y a donc formation continuelle de couches nouvelles, résorption continuelle de couches anciennes, en un mot, *mutation continuelle* de la matière, et pour emprunter ici à G. Cuvier une admi-

(1) Royer-Collard, *Gazette médicale.* 1848.
(2) Müler, *Manuel de Physiologie.* 2ᵉ édition. Paris, 1851.
(3) Flourens, *Traité sur la théorie expérimentale des os.* Paris, 1847.

rable parole : « C'est se faire une idée fausse de la vie que de la considérer comme un simple lien qui retiendrait ensemble les éléments du corps vivant, tandis qu'elle est, au contraire, un ressort qui les meut et les transporte sans cesse (1). »

Mais nous voyons bientôt Serres et Doyère (2), dans un remarquable travail, arriver aux conclusions suivantes : « 1° En ce qui concerne la coloration, c'est un phénomène purement chimique, qui se produit dans le tissu tout formé, c'est un *fait de pure teinture*. »

2° En ce qui concerne la circulation du sang, le système capillaire du tissu osseux n'est le siége que d'*une circulation obscure ;* nous indiquons ce fait comme pouvant exister dans d'autres tissus; nous croyons en avoir trouvé pour le tissu osseux en particulier, une preuve visible dans la marche que suit la coloration chez les animaux soumis au régime de la garance.

3° En ce qui concerne la nutrition, cet échange, ce renouvellement, ce tourbillonnement perpétuel des molécules ne sont point une condition essentielle des tissus vivants, à moins que l'on ne veuille ranger le tissu osseux parmi les tissus morts.

On le voit, le désaccord est grand, cependant il est permis de dire que si l'expérimentation par la garance n'est pas un guide certain pour la démonstration du renouvellement de la matière, il n'est pas logique d'en conclure que ce renouvellement n'existe pas. Quant à la circulation obscure dont jouirait l'os, d'après MM. Serres et Doyère, nous croyons qu'il est loin d'en être ainsi ; de récentes expériences que nous venons de faire prouvent que l'os est un organe éminemment vasculaire ; la moelle elle-même est très-riche en vaisseaux, et des propriétés hémato-poïétiques (Neuman et Bizzozero) lui ont été attribuées par certains auteurs. Les vaisseaux de l'os sont en effet fort nombreux et leur situation nous est aujourd'hui parfaitement connue.

Malgré les objections peu fondées d'un certain nombre d'au-

(1) Cuvier, *Rapport historique sur les progrès des sciences naturelles*. Paris, 1847.
(2) Serres et Doyère, *Annales des sciences naturelles*. 2ᵉ série, t. XVII.

teurs, nous sommes donc obligés d'admettre, et un grand nombre
de raisons nous y convient, qu'il se fait dans notre organisme un circulus continuel : des matériaux sont apportés ; parmi ces matériaux,
certains sont utilisés aussitôt qu'ils ont pris place dans l'organisme
comme matière vivante ; d'autres pour ainsi dire *placés en réserve*,
prêts à remplacer les éléments devenus inutiles et qui disparaî-
tront bientôt.

Écoutez plutôt notre illustre physiologiste Claude Bernard (1) :
« L'organisme une fois développé constitue une machine vivante,
qui, en même temps qu'elle se détruit et s'use sans cesse par
l'exercice de ses fonctions, se répare et se maintient au moyen des
phénomènes de nutrition, pendant un temps variable, mais dans
des limites que la nature lui a tracées d'avance. La nutrition n'est
que la génération continuée. »

Concluons donc, et c'est la seule manière d'envisager la question,
que la nutrition étant la *création continuée* de la matière organique,
au moyen des procédés histogéniques propres à l'être vivant, il ne
nous est plus permis, sous peine d'erreur grossière, de nier la génération nouvelle d'éléments anatomiques. Nous attirons surtout
l'attention sur cet emmagasinement de matériaux plastiques qui ne
serviront que plus tard, et qui suivant nous jouent un grand rôle
dans la question des régénérations.

Comment n'être pas frappé en outre de ce mouvement général,
ou plutôt, comme on l'a appelé avec plus de raison, de ce cours de
la vie ? Plus rapide d'abord, la vie se ralentit bientôt, et son cours
est la conséquence même du renouvellement continuel de la matière ? Comment ne pas remarquer la différence si grande qui existe
entre l'enfant et le vieillard. La loi seule de la transformation
insensible de la substance organique, son renouvellement peuvent
seuls nous faire comprendre les changements. — Les actes intimes
de la nutrition nous font voir eux-mêmes que le renouvellement

(1) Cl. Bernard, *De la Physiologie générale.* 1872.

existe, et il nous serait difficile d'établir une théorie générale si nous ne l'admettions pas. La question des régénérations elle-même deviendrait encore plus obscure qu'elle n'est, et nous ne pourrions comprendre comment les éléments constituants d'un nerf, d'un tendon, une fois enlevés, pourraient se régénérer, si de nouveaux matériaux qui circulent ne se fixaient pour venir donner lieu à une régénération.

CHAPITRE III

RÉGÉNÉRATION DES ORGANES

Nous allons examiner comment la régénération se fait chez les animaux.

La régénération chez les animaux a été étudiée avec un grand soin, et là, on le comprend, il était facile par l'expérimentation d'observer la façon dont se conduisaient les tissus, les organes que l'on avait retranchés.

ARTICLE Ier

RÉGÉNÉRATION CHEZ LES ANIMAUX A ORGANISATION INFÉRIEURE

Pline (1) nous dit avoir observé des régénérations des membres d'animaux.

Il devient difficile, après Pline et Blumenbach, de trouver dans les écrits des naturalistes des indications précises et nombreuses, et ce ne fut pas sans étonnement que les Bonnet, Rœsel, Spallanzani, de Réaumur, Broussonet, Heineken, Tood virent des parties entières d'animaux se reproduire. « J'avoue, dit Réaumur (2), que lorsque je vis pour la première fois des polypes se former peu à peu de celui que j'avais coupé en deux, j'eus de la peine à en croire mes yeux, et c'est un fait que je ne m'accoutume pas à voir après l'avoir vu et revu cent fois. »

(1) Pline, *Historia mundi*, lib. XXIX, ch. 38. — Ælien, Περὶ ζώων ἰδιότητος. Éd. de Schuder. Lipsiæ, 1784, lib. V, p. 47.

(2) Réaumur, *Hist. de l'Académie des sciences*. 1712.

Une des lois que les premiers observateurs signalèrent fut que :
La régénération est d'autant plus grande que l'animal occupe
un rang moins élevé dans l'échelle animale.

La régénération est d'autant plus grande que l'animal est plus
jeune. C'est ainsi que la larve des reptiles nus est plus capable de
réparer ses pertes que lorsque l'animal est passé à l'état adulte.

De même les larves d'insectes reproduisent leurs parties plus
facilement avant leurs métamorphoses qu'après.

§ 1er. — Régénération chez les vers et les polypes. (Gemmiparité, bourgeonnement.)

Les polypes, les vers, furent les premiers sujets de l'expérience,
et l'on vit bientôt qu'il suffisait d'une portion très-petite pour reproduire un animal tout entier.

Tremblay (1) fit des expériences demeurées célèbres sur l'hydre
d'eau douce, et il nota chez ces animaux une force de régénération immense, égale pendant toute la durée de la vie de
l'animal.

Une fraction très-minime suffisait pour reproduire un animal
en entier.

Tremblay (2) a fendu des polypes en travers ou en long, et ceux-
ci reproduisaient la partie qui leur avait été enlevée ; on pouvait
même les couper en plusieurs morceaux qui redevenaient chacun
un animal entier. Ce célèbre naturaliste nous a fait voir que lorsque
l'animal a atteint une certaine grosseur, les molécules paraissent
avoir plus d'affinité les unes pour les autres qu'elles n'en conservent pour le tout (Müller) ; il y a des bourgeons qui se séparent,
et un nouvel animal peut être produit.

(1) Tremblay, *Mémoires pour servir à l'Histoire d'un genre de polypes d'eau douce.*
Leyde, 1744.
(2) Treviranus, *Biologie*, t. III, p. 518.

Baker et Gœze (1) avaient fait du reste de semblables expériences et avaient obtenu les mêmes résultats en coupant le polype primitif soit en long, soit en travers. Cependant les expériences que les auteurs ont fait chez les actinies paraissent ne devoir pas être acceptées par certains auteurs avec une grande confiance.

Chez les tubifex des ruisseaux, le tronçon antérieur du corps se complète par la reproduction d'une queue, mais le tronçon postérieur n'est pas doué d'une force réparatrice analogue ; ce fait a été signalé par d'Udekem (2).

La scissiparite se produit même à différentes hauteurs dans le corps du polype souche.

Jæger (3) a vu que dans certaines circonstances le corps de ces polypes se désagrégeait ; les cellules élémentaires ainsi désagrégées deviendraient même, d'après cet auteur, autant de nouvelles hydres. Il désigne ce mode de multiplication sous le nom de Diasporagénèse.

Les strobiles ou individus polypiformes de la *Medusa aurita* présentent les mêmes phénomènes de régénération.

Les vorticelles, les méduses, certains acalèphes présentent une facilité très-grande pour régénérer les parties qu'ils ont perdues.

Tremblay (4) et Ehrenberg (5) ont observé des multiplications par scissiparité chez le *vorticella arbuscula*, ce qui nous prouve la faculté de régénération très-grande que possèdent ces organismes élémentaires.

Linné, en 1743, cite des observations de régénération de différentes espèces de vers.

(1) Gœze, *Annales des sciences naturelles*, t. XV, p. 139.

(2) Udekem, *Histoire naturelle des Tubifex des ruisseaux*, p. 32 (*Mém. couronnés de l'Académie de Belgique*, t. XXVI).

(3) Jæger, *Ueber das spontane Zerfallen der Süsswasserpolypen nebst einigen Bemerkungen über Generationswechsel* (*Sitzungsbericht der Wiener Akad.* 1860, t. XXXIX, p. 341.

(4) Tremblay, *Observations upon severval Species of water Insects of the Polypous Kind* (*Philos. Trans.*, 1744, t. XLIV, p. 627).

(5) Ehrenberg, *Infusionsthierchen.* 1838, pl. 35, fig. 3.

Gordius dit qu'à cette époque les naturalistes *aveugles* regardaient comme une fable les faits cités par Linné.

Chez les annélides, la régénération n'a lieu qu'après une section transversale. Le ver peut réparer soit sa portion céphalique, soit sa portion caudale.

Dugès (1) a de son côté noté un pouvoir de régénération très-grand qui existerait chez les planaires. En effet, il suffit d'un huitième ou même d'un dixième de l'animal pour reproduire un animal en entier. Il est à remarquer que cette régénération, qui ne met que 4 jours en été, met 15 jours en hiver. Dans ces expériences on peut voir souvent les planaires se partager en deux animaux par une scission transversale.

Il se formait à chaque moitié de nouveaux anneaux, qui étaient d'abord transparents et devenaient peu à peu opaques.

Dugès nous dit même avoir trouvé dans l'eau un individu qui avait deux moitiés de queues.

Augustinus (2), cité par Haller, vit aussi des régénérations se produire chez la scolopendre.

Mazzolinus, Ch. Bonnet, avaient vu les néréides régénérer les segments que l'on avait détaché de leurs corps. Une naïde divisée en six segments longitudinaux devenait un nombre égal d'individus nouveaux, pourvu que chaque tronçon eût au moins une ligne et demie de longueur.

Spallanzani (3) a vu, après avoir coupé un ver en deux, que de la surface de la plaie s'élève un petit bourrelet blanc, qui grossit peu à peu, ne tarde pas à acquérir des anneaux étroits, serrés les uns contre les autres et renferme des prolongements du cordon ganglionnaire du canal digestif et du système vasculaire sanguin.

Sangiovanni (4) a fait des observations tout à fait analogues.

---

(1) Dugès, *Annales des sciences naturelles*, t. XV, p. 139.
(2) Vallisnieri, *Dial.*, p. 26.
(3) Spallanzani, *Reproductions animales*, p. 13.
(4) Sangiovanni, *Medicinisch-chirurgische Zeitung.* 1824, t. II, p. 93.

Dans la *naïs variegata*, la puissance de régénération est aussi fort grande, et Rœsel et Bonnet ont vu que quatre, cinq, six anneaux reproduisaient l'animal en entier. La régénération a pu être obtenue jusqu'à 12 fois chez le même animal.

Dugès se trouve cependant en désaccord sur quelques points avec Rœsel et Bonnet; il prétend n'avoir jamais obtenu de régénération en divisant un ver en deux parties. Rœsel et Bonnet affirment le contraire. Bonnet avait vu l'expérience réussir chez les naïdes et non chez les lombrics. Bomare et Bosc n'avaient pas été plus heureux. Réaumur seul disait avoir vu repousser la tête des lombrics.

Les hirudinées, les clepsines, dont cependant le sang est blanc, ce qui semble devoir les rapprocher des helminthes, ne possèdent pas une faculté de régénération bien marquée.

Shaw (2), qui a décrit des phénomènes de régénération chez les hirudinées, paraît avoir confondu ces animaux avec les planariés; car, d'après d'autres expériences faites par Carena (3), Rossi (4), la régénération ne pourrait se faire chez les sangsues que dans des circonstances exceptionnelles.

§ 2. — Régénération chez les mollusques, crustacés et insectes.

Les échinodermes et les mollusques peuvent régénérer le segment perdu du corps avec tous ses viscères. Une astérie reproduit l'un des rayons de son corps quand il lui a été arraché.

Les expériences sur la régénération des astéries et des actinies furent surtout faites à l'instigation de Réaumur par Bernard de

(1) Eggers, *Von der Wudererzettgung.*
(2) Shaw, *Description of the Hirudo viridis (Trans. of the Linnean Society.* 1791).
(3) Carena, *Monographie du genre Hirudo (Memorie della R. Accad. delle scienze di Torino,* 1820, t. XXV, p. 313).
(4) Rossi, *Osservazioni intorno a due porzioni di Sanguisuga (Mem. dell'Accad. delle scienze di Torino.* 1822, t. XXVII, p. 130).

Jussieu et par Guettard. Le travail de Dicquemare (1) contient des recherches plus nombreuses et plus variées sur le même sujet.

Les larves des blattes et des capricornes régénèrent leurs antennes.

Il est inutile de dire que les bras des céphalopodes, les trompes des planaires se régénèrent.

Heineken (2) a vu aussi que les larves des forficules, ainsi que les larves d'autres insectes, peuvent reproduire leurs antennes. Chez les phasmiens, d'après Muller (3), l'on pourrait voir la régénération des pattes se faire très-facilement.

Fortnum (4) et Newport ont rapporté dans ces derniers temps des observations qui démontrent ce fait.

Nous devons aussi à Newport des expériences très-intéressantes sur ce développement des pattes et leur régénération chez la nymphe des vanesses, après l'amputation de ces appendices sur la chenille.

Gœze (5) a vu la réparation se faire chez une larve de perle.

Les limaçons régénèrent leur tête, et ce fait fut annoncé en 1764 par Spallanzani. Mais un certain nombre d'auteurs qui voulurent répéter ses expériences nièrent que le fait puisse exister. Adanson (6), après en avoir fait l'essai sur plus de 1,500 limaçons, nia que les individus auxquels on a coupé non pas la tête entière, mais même les tentacules et la mâchoire seulement, mais

(1) Dicquemare, *An Essay towards elucidating the History of Sea Anemonies (Philos. Trans.*, 1773, p. 371).

(2) Heineken, *On the Reproduction of the Members in Spiders and Insects (Zool. Journal*, 1029, t. IV, p. 294).

(3) Müller, *Manuel de Physiologie*, t. I, p. 310.

(4) Fortnum, *Letter on the reproduction of the Limbs in a Species of Phasmidae, the Diura violescens (Proceed. of the Entomol. Soc. of London*, 1844, p. 98).

(5) Gœze, *Reproductions kraft bei den Inseckten (Naturforscher*, 1778, n° 12, p. 221).

(6) Adanson, *Lettre à Bonnet (Journal de physique*, 1777, t. X, p. 173).

sans en laisser de racine, reproduisent ces organes. M. Cotte (1),
Valmont de Bomare (2) en 1769, nièrent aussi cette régénération.

Cependant madame Bassi, de Bologne, Lavoisier, Schœffer (3),
virent les limaçons régénérer la tête ou l'abdomen. Mais c'est
surtout à Bonnet (4) et à Tarenne que nous devons la démonstration incontestable de ce fait.

Les mâchoires, les tentacules et une grande partie de la tête
de ces animaux peuvent certainement se régénérer.

Suivant Tarenne (5), le cerveau se reconstituerait aussi bien que
la masse buccale ; nous ne savons pas, il est vrai, si l'intégrité du
collier nerveux circum-œsophagien est une condition indispensable pour la conservation de la vie de ces mollusques. Cela nous
paraît cependant très-probable.

Schweiger a aussi fait des expériences sur les astéries, les mol-
lus ques, les crustacés, les insectes et les arachnides.

Ce dernier auteur affirme que les araignées peuvent régénérer les parties qu'elles ont perdues. Heineken (6) au contraire prétend que les araignées ne reproduisent pas leurs pattes, lorsqu'elles
cessent de muer ou qu'elles sont tout à fait adultes. Nous avons
du reste signalé ce fait plus haut : la régénération se fait plus facilement chez l'animal à l'état embryonnaire ; les larves d'insectes
reproduisent leurs antennes, les individus adultes ne présentent
plus ce phénomène.

La régénération des pattes peut s'obtenir aussi très-facilement
chez les cloportes. On a cité un assez grand nombre d'exemples qui nous prouvent que chez les myriapodes, chez certains

(1) Cotte, *Expériences sur les limaçons (Journal des Savants*, 1770, t. I, p. 357). —
Suite des expériences et des observations sur les limaçons (Journal de physique, 1774,
t. III, p. 370).
(2) Valmont de Bomare, *Dictionnaire d'histoire naturelle.* 1776, t. V, p. 133.
(3) Schaeffer, *Versuche über die Reproduktion der Schnecken.* 1768, 1770.
(4) Bonnet, *Expériences sur la régénération de la tête du limaçon terrestre (Journal
de physique.* 1777, t. X, p. 139).
(5) Tarenne, *Cochliopérie, recueil d'expériences sur les hélices terrestres.* 1808.
(6) Heineken, *Froriep's Notizen* 606, 607.

insectes et chez les jules et les lithobies, la régénération des pattes et des antennes se montre fréquemment. G. Newport (1) a observé un assez grand nombre d'indices de régénération sur des myriapodes de la collection du Musée britannique.

De Réaumur (2) s'étend longuement sur la régénération de certaines parties chez l'écrevisse. D'après Réaumur, quand l'écrevisse a perdu une patte, la plaie se remplit d'une pellicule grenue et rougeâtre qui, au bout de quatre à cinq jours, fait une saillie d'abord sphérique, puis conique, se déchire ensuite et laisse passer la patte.

Cette patte, molle d'abord, ne tarde pas à se couvrir d'un test solide.

Il faut bien remarquer que la production d'une patte nouvelle n'a pas lieu indifféremment sur tous les points de la longueur du membre ; elle se fait surtout, ainsi que le fait remarquer M. Milne-Edwards (3), qui s'est occupé d'une façon si remarquable du squelette tégumentaire des crustacés, à l'extrémité de l'article qui suit l'article que l'on connaît sous le nom de *basipodite*. — Cette pièce du squelette tégumentaire, unie à l'article suivant par soudure cicatricielle, peut s'en séparer facilement, et il suffit seulement d'un mouvement brusque de l'animal pour opérer la rupture.

Dans tous les faits que nous venons de passer en revue nous avons vu la régénération se faire avec une grande facilité chez des animaux à organisation plus ou moins élémentaire.

Nous arrivons maintenant à des animaux dont l'organisation est supérieure et chez lesquels nous verrons se former, après l'ablation de certaines parties, la peau, les muscles, les os, les nerfs même et les vaisseaux de façon à remplacer complétement la partie d'organe enlevée.

(1) Newport, *On the Reproduction of lost parts in Myriopoda and Insects* (*Philos. Trans.* 1844, t. IV, p. 294).

(2) De Réaumur, *Histoire de l'Académie des sciences.* 1712, p. 226.

(3) Milne-Edwards, *Observations sur le squelette tégumentaire des crustacés* (*Annales des sciences naturelles,* 3e série. 1851, t. XVI, p. 228, pl. XI, fig. 9).

ARTICLE II

RÉGÉNÉRATION CHEZ LES ANIMAUX A ORGANISATION SUPÉRIEURE

§ 1ᵉʳ. — Régénération chez les poissons.

Chez les poissons, Broussonnet (1) est parvenu à faire reproduire les nageoires. Dugès a vainement tenté d'obtenir ces résultats.

M. Philipeaux (2), dont nous aurons bien des fois à citer le nom, a vu que cette régénération des nageoires était réelle ; mais il a montré aussi que, toutes les *fois qu'on enlevait avec la nageoire les os qui la supportent, elle ne se régénérait pas*. Nous ne faisons que signaler ici en passant ce fait, car nous aurons à revenir sur ce résultat que M. Philipeaux a obtenu sur d'autres animaux, à savoir que : pour qu'un organe se régénère, il faut laisser subsister une partie de cet organe.

Broussonet semble aussi avoir vu ce fait important qu'il faut que les os de la nageoire soient intacts, pour que la régénération puisse se faire.

« Pour que les nageoires puissent repousser, dit-il, il faut qu'il reste une partie des osselets ; si cette portion était entièrement détruite, de nouvelles nageoires ne prendraient pas la place des premières ; c'est ce que j'ai observé sur plusieurs poissons auxquels les nageoires dorsales et une partie du dos avaient été enlevées, et à la place desquelles il s'était formé une simple suture. »

Si Dugès et quelques autres physiologistes ont encore soutenu récemment que la nageoire caudale, par exemple, ne se régénérait pas, cela tient certainement, pensons-nous à ce que ces expérimentateurs ont compris dans l'ablation la partie osseuse que nous savons

(1) Broussonnet, *Histoire de l'Académie des sciences*. 1786, p. 686.
(2) Philipeaux, *Comptes rendus de l'Académie des sciences*. 1869, 15 mars, p. 51.

être indispensable pour la régénération. Ainsi se trouve donc expliquée la divergence d'opinions que nous voyons régner sur ce sujet.

Si une nageoire chez les poissons vient à être presque à moitié rompue au niveau d'une articulation, il peut se produire un fait très-intéressant. La nageoire primitive peut en effet continuer à vivre, mais au niveau de la fracture nous pourrons voir une nouvelle queue apparaître.

M. Malm (de Gottembourg) (1) a observé un poisson du genre syngnathe, décrit sous le nom de *S. Typhle*, qui possédait deux queues. La queue primitive avait été presque à moitié rompue au niveau de la cinquième articulation en comptant du haut, et l'os qui s'était développé dans le point fracturé avait fait saillie en dessous, de façon à prendre la forme de la pièce terminale primitive, et avait donné naissance à une nageoire surnuméraire pourvue de dix rayons comme la nageoire caudale normale. L'animal avait 108 millimètres de long de l'extrémité du museau jusqu'au point fracturé et 8 millimètres 1/2 de ce point au haut de la nageoire caudale.

Ces faits se produisent certainement ici par le même mécanisme que chez les vers, ou chez certains lézards, les geckos (Dugès), qui peuvent présenter, après des sections incomplètes, deux têtes, deux queues.

Voici comment Broussonet disait avoir obtenu la régénération après l'ablation d'une nageoire : Un renflement se produisit d'où naquit un prolongement membraneux, d'abord épais, mais qui devint plus mince en prenant plus de développement, et qui, au bout de trois mois, contenait des rudiments cartilagineux de rayons : ces deux rayons acquièrent plus de longueur en s'amincissant, et, vers le huitième mois, la nageoire était complétement reproduite.

(1) Malm, *Note sur la reproduction des parties de l'organisme et sur leur multiplication chez certains animaux, et plus particulièrement chez un syngnathe à deux queues* (Ann. des sciences nat., 4ᵉ série, t. XVIII, p. 356).

Chez les poissons les plus jeunes et dans quelques espèces la régénération a paru se faire très-vite.

La nageoire caudale se régénère plus vite, d'après Broussonet, que les nageoires du ventre et de la poitrine. « Celles-ci, dit-il, qui sont destinées à soutenir le poisson à une même hauteur et à favoriser ses mouvements latéraux, ont été beaucoup plus tôt rétablies que celles du dos, dans lesquelles je pouvais à peine distinguer les nouveaux rayons sept mois après les avoir coupées. »

Broussonet attribue la régénération plus rapide de la nageoire caudale et des nageoires pectorales à l'utilité très-grande que ces nageoires possèdent pour soutenir l'animal.

Nous croyons utile de faire remarquer qu'ici se trouve un exemple très-remarquable de ce fait que dans la régénération les parties se montrent dans le même ordre que dans la formation embryonnaire.

Or, chez le poisson, l'extrémité caudale se détache de bonne heure du vitellus par un resserrement assez profond. Rusconi a constaté aussi que les nageoires pectorales et la vessie natatoire se développaient presque immédiatement après l'éclosion. Ces résultats nous expliquent donc clairement pourquoi la régénération des nageoires caudale et pectorale se font plus rapidement que celle des autres nageoires. De même chez certains animaux et chez les vers en particulier, comme l'a signalé Spallanzani, les parties antérieures, qui apparaissent plus vite que les parties postérieures, lors de leur développement se régénèrent aussi plus vite, lorsqu'elles viennent à être retranchées.

§ 2. — Régénérations chez les reptiles (lézards et salamandres.)

Spallanzani (1) dit que la queue des lézards se reproduit avec ses nerfs et ses vaisseaux normaux.

Ce singulier phénomène de la régénération des queues chez le lézard avait été aussi observé par les naturalistes de l'antiquité (2).

(1) Spallanzani, *Prodromo di un'opera da imprimersi sopra le reproduzioni animali.* 1768.

(2) Pline, *Historia mundi*, lib. XXIX, cap. 38.

Les scinques, les orvets et enfin les geckos peuvent se rompre facilement la queue et réparer aisément cette perte.

H. Müller (1) a publié sur ce sujet des observations intéressantes. Mais les premiers physiologistes qui se sont occupés de cette question ont eu le tort de croire avec Dugès que la nouvelle queue régénérée conservait indéfiniment le tissu cartilagineux qu'elle présente au début.

Le squelette, il est vrai, n'est représenté au début que par un tube cartilagineux ; mais, au bout d'un an, un os parfait existe.

Les salamandres offrent aussi des exemples curieux de régénération ; on peut facilement voir ces animaux reproduire les pattes, la queue. — La perte de la queue est immédiatement réparée. — N'a-t-on pas, disons-le en passant, évidemment aussi affaire, dans ces cas, à une reproduction complète de la partie postérieure de la moelle épinière.

Rudolphi, Steinbuch, Blumenbach ont fait des expériences à peu près semblables sur la salamandre, les mêmes résultats ont été obtenus.

* Citons encore parmi les auteurs qui se sont surtout occupés de cette régénération de la queue et des membres des tritons et des salamandres, Plateretti (2), Murray (3) et Bonnet (4). Des expériences plus récentes ont été faites par Siebold (5) et par Tood (6).

(1) Müller, *Eine Eidechse , Lacerta viridis,* mit zwei über einander gelagerten *Schwänzen welche beide als das Produkt einer überreichten und durch feinern Bau des wiedererzeugten bemerkenswerther Reproduktionskraft erscheinen (Verhandlungen der Phys. med. Gessellschaft in Würsbourg.* 1952, t. II. p. 66).

(2) Plateretti, *Sulla riproduzione delle gambe e della coda delle Salamandre aquajicole (Scelta di opuscoli intercss.,* t. XXVII, p. 18).

(3) Murray, *Comment. de redintegratione partium nexu suo selectarum vel amissarum.* Gottingue, 1787.

(4) Ch. Bonnet, *Sur la reproduction des membres de la salamandre aquatique* (*OEuvres d'histoire naturelle et de philosophie,* 1ʳᵉ partie, t. V, p. 177).

(5) Siebold, *Observationes quædam de salamandris et tritonibus,* cap. IV. Berolini.

(6) Tood, *On the Process of Reproduction of the members of the aquatic Salamander* (*Quarterly Journal of the Royal Institution.* 1824, t. XVI, p. 84).

Rudolphi a étudié en outre l'état des nerfs dans les pattes qui s'étaient régénérées, et il a vu ce fait : que dans la patte régénérée les nerfs ne sont pas séparés de ceux du tronçon par aucune limite distincte.

Les pattes de la salamandre sont, avons-nous dit, susceptibles de se reproduire avec une grande facilité. Dans ces cas comme pour la queue du lézard, les muscles, les nerfs et les vaisseaux commencent à apparaître; le squelette est encore au début à l'état cartilagineux, bientôt les ligaments articulaires apparaissent aussitôt que la segmentation s'est effectuée; mais si on attend un certain temps, les cartilages ne tardent pas à s'ossifier. Ceci nous engage donc à ne pas considérer comme exacte l'assertion des auteurs qui disent que la patte ou la queue régénérée n'est pas absolument semblable à la partie qui a été retranchée. Si ces observateurs avaient examiné la queue ou la patte de salamandre, non au début, mais après un certain temps (un an au moins), ils l'auraient vue complétement régénérée, c'es-à-dire avec ses parties constituantes, peau, muscles, nerfs, vaisseaux, os parfaits.

M. Philipeaux (1) est arrivé à des résultats fort curieux et que nous aurions à examiner plus au long si nous voulions essayer de faire une théorie générale des régénérations. Ses premières expériences lui avaient démontré que la rate enlevée chez les surmulots (*mus ratus*), et même chez les lapins, ne se régénère que lorsque l'on laisse une petite partie de cet organe en place; l'ablation complète s'oppose à toute régénération.

Plus tard, à propos des régénérations sur les salamandres, il vit que, toutes les fois que l'on laissait en place une portion des membres, de la queue ou de la mâchoire inférieure (et il insiste avec raison sur ce point), il y avait véritable régénération.

Mais, si l'on vient à enlever le membre antérieur, par exemple, en comprenant dans l'ablation le scapulum, il n'y a pas trace de

---

(1) Philipeaux, *Comptes rendus de l'Académie des sciences*. 1866 et 1867.

régénération. Philipeaux nous a fait voir des salamandres qu'il conserve depuis fort longtemps, après leur avoir enlevé le membre antérieur avec le scapulum, et l'on peut s'assurer qu'aucune trace de régénération n'existe. L'axolotl (*Siren pisciformis*) se conduit exactement de même que le *triton cristatus*.

Laissez le scapulum, la partie se reproduira; enlevez le scapulum, toute régénération est devenue impossible. Pour la mâchoire, il en est de même; c'est-à-dire que, si l'on enlève complétement la mâchoire, il n'y aura pas de régénération. Blumenbach a vu la mâchoire inférieure se régénérer chez les tritons. Des cas de régénérations ont été aussi observés sur les larves des tritons, et Steinbuch, ayant coupé la branchie d'une larve de triton, aperçut au second jour une vésicule limpide comme de l'eau, qui s'allongea peu à peu en cylindre, et dans laquelle au bout de quelques jours déjà, on distinguait des traces d'organisation et de circulation. — Spallanzani a aussi observé la régénération complète de la queue d'un têtard de grenouille, chez les *très-jeunes* grenouilles et crapauds; mais beaucoup plus tard et avec plus de lenteur que chez les salamandres.

Du reste les salamandres ont une vitalité très-grande, et nous ne croyons pas inutile de rappeler l'expérience suivante bien singulière, et qui pourrait donner lieu à de nombreuses considérations. « Nous avons emporté, dit M. Duméril (1), avec des ciseaux, les trois quarts de la tête d'un triton marbré. Cet animal, placé isolément au fond d'un large bocal de cristal, où nous avions soin de conserver de l'eau fraîche à la hauteur d'un demi-pouce, en prenant la précaution de la renouveler au moins une fois chaque jour, a continué de vivre et d'agir lentement. » N'est-il pas étonnant, de voir un animal privé de quatre sens, aussi importants que les yeux, les oreilles, les naseaux et la langue, ne vivre extérieurement que par le toucher.

(1) Voir Duméril, *Histoire des reptiles*, t. I, p. 206-210.

Il avait la conscience de son existence, dit M. Duméril, et dans les premiers jours on le voyait faire des efforts pour respirer. Il s'était fait dans ce cas un travail de cicatrisation, de reproduction, tel qu'il n'était resté aucune ouverture, ni pour les poumons ni pour les aliments. Cet animal vécut quatre mois.

Les fonctions de la peau doivent, chez le reptile, être très-actives, puisque l'animal a pu vivre tout en étant privé de ses poumons. Malheureusement, disons-le, la physiologie de la peau est à faire, et ce que nous en savons se réduit à peu de choses.

Dans toutes les régénérations que nous venons de passer en revue, il y a tendance à la reproduction parfaite de la partie enlevée, mais comme les organes doivent passer par la période embryonnaire, ils peuvent présenter des monstruosités ou des arrêts de développement.

Dieffenbach a signalé un résultat qu'il dit avoir obtenu fréquemment, et que nous avons obtenu en effet. Il suffit de sectionner la peau, les muscles, le périoste pour que le membre se détache au bout d'un certain temps et se régénère ensuite.

Disons enfin que l'intégrité nerveuse semble être une condition assez importante, car Tood (1) prétend que si l'on sectionne les nerfs du moignon d'une salamandre, l'on peut empêcher la régénération de s'effectuer.

(1) Tood, *Quarterly journal of sciences*, t. XVI, p. 91.

CHAPITRE IV

**RÉGÉNÉRATION DE CERTAINES PARTIES CHEZ LES ANIMAUX
A ORGANISATION SUPÉRIEURE**

§ 1ᵉʳ. — Régénération des bois (os) chez le cerf.

Cuvier (1) nous a laissé une description admirable de la régénération des bois. Mais nous n'entrerons pas dans de grands
détails à ce sujet, car la régénération qui se produit, est surtout
une régénération qui se produit tous les printemps, c'est une véritable mue ; nous devons dire cependant que les bois qui sont
accidentellement retranchés, se régénèrent avec une rapidité assez
grande.

Il importe aussi de faire remarquer que ces bois ne sont autre
chose que des os , le tissu et la composition chimique sont
absolument comme dans les os, et ils présentent la même
facilité pour se régénérer que nous verrons exister pour les tissus
osseux.

Lorsque le bois commence à se développer chez le cerf, une
proéminence légère apparaît ; elle est recouverte de peau, et un
grand nombre de vaisseaux se développent alors. Cette proéminence
va fournir les diverses branches du bois; à une certaine époque, le
développement cesse, la peau se dessèche et se déchire, et après
quelque temps le bois se détache de la base en donnant lieu à une
légère hémorrhagie qui ne tarde pas à cesser. Chez les cerfs bien
constitués l'on peut voir un nouveau bois commencer à apparaître.

Cette chute des bois est expliquée par Cuvier d'une manière
assez plausible. Ce naturaliste, en effet, fait remarquer qu'à une

(1) Cuvier, *Anatomie comparée*. Paris, 1835-1845, et *Histoire du cerf*.

certaine époque de son accroissement, la partie inférieure de ce bois s'épaissit à un tel point que les vaisseaux qui y passent sont assez comprimés pour qu'ils s'oblitèrent. C'est à cette obstruction des vaisseaux qu'est certainement due la chute du bois.

Il n'est pas rare non plus de voir, à la suite de plaie, le bois produire des parties nouvelles, qui font qu'il n'est plus alors aussi régulier. On peut de cette façon faire croître des andouillers à des points où il n'en serait certainement pas venu.

Les cerfs mal nourris, peu âgés, présentent des bois imparfaitement développés.

La castration arrête entièrement la régénération des bois.

§ 2. — Régénération des plumes chez les oiseaux.

Nous désirons entrer dans quelques considérations assez étendues à ce sujet, car l'étude de la régénération de la plume nous a paru intéressante.

De nouvelles expériences seraient certainement à faire afin de savoir surtout, si réellement les nerfs ont une influence sur le développement de la plume chez l'animal.

Nous pouvons cependant dire, jusqu'à présent, qu'un certain nombre de faits pathologiques et les lésions nerveuses chez les oiseaux semblent nous engager à penser que cette influence est réelle.

Les plumes, on le sait, se renouvellent entièrement une fois l'an, c'est-à-dire que les anciennes plumes arrivées à maturité tombent, pour céder la place à de nouvelles plus jeunes.

Tout le monde sait aussi qu'à l'époque où ce changement de plumes se fait (la mue), en automne, un grand nombre de maladies surviennent chez l'oiseau.

La régénération de la plume se produit cependant aussi en dehors de cette période; et après l'arrachement d'une plume, l'on peut voir une nouvelle plume venir remplacer celle qui avait été enlevée.

Nous allons examiner les différents résultats que l'on a obtenus, en expérimentant sur des pigeons, animaux très-favorables à ce genre d'étude.

On a d'abord vu que la première apparition de la plume sous la peau n'a jamais lieu avant une semaine. L'intensité du développement va en décroissant pour chaque plume, et la durée qu'il faut pour que la régénération commence varie évidemment aussi suivant l'animal auquel appartient la plume.

Nous attirons l'attention sur l'expérience suivante qui donne des résultats assez curieux. Coupons un assez grand nombre de nerfs à un pigeon, de façon à le paralyser presque complétement et assistons aux perturbations que vont amener ces lésions dans la régénération des plumes. Nous verrons d'abord que la matière huileuse sécrétée à l'état normal et destinée à enduire les plumes manque, et dès lors ces parties, n'étant plus protégées contre les liquides, se détruisent rapidement ou tout au moins présentent des pertes de substance (barbes, tige) assez considérables. Mais ce phénomène n'est pas le seul que l'on observe ; l'on voit en outre que les plumes qui se reproduisent ne se débarrassent pas de la gaîne que nous pouvons voir décrite avec tant de soin par Cuvier ; elle existe dans toute sa longueur, et le docteur Samuel (1), qui a fait aussi des expériences à ce sujet, l'a vue toujours persister. Les barbes de plumes ne sont pas gênées dans leur développement, elles sont seulement enserrées par cette gaîne.

A quoi devons-nous attribuer cette persistance de la gaîne ? L'explication qui nous paraît la plus juste, est la suivante : L'animal, privé de ses mouvements par suite des lésions nerveuses, ne peut pas avec son bec *nettoyer ses plumes*, comme on le dit vulgairement, et de là probablement les faits anormaux observés.

(1) Samuel, *Régénération des plumes* (*Virchow's Archiv*, tome L).

Nous ferons bien remarquer, en outre, que la section nerveuse n'influe en rien sur le processus régénérateur, mais elle influe considérablement sur les conditions accessoires du phénomène. Les éléments de la plume (gaîne, bulbe, barbes, tiges) apparaissent bien, mais seulement privées de la matière huileuse qui leur est nécessaire, conservant la gaîne qu'elles auraient dû perdre.

Les barbes de la plume paraissent ne pas se régénérer, et si l'on vient à en couper une partie au moment où elles font saillie hors de la gaîne (sans intéresser toutefois cette dernière), on n'obtient aucune espèce de régénération.

Si maintenant on lèse le follicule, une hémorrhagie se produit d'abord, puis bientôt le follicule perd un grand nombre de ses attributs, sa coloration disparaît et au bout d'un certain temps le sang n'y circule plus et il ne tarde pas à être éliminé, ce n'est qu'alors que la plume nouvelle apparaît.

L'irritation des follicules par différents agents et notamment par l'huile de croton ne donne pas de résultats. Nous nous serions cependant attendu à voir des déviations du type normal ; l'irritation a-t-elle peut-être été trop loin dans ces cas.

Dans les cas de destruction complète du follicule, la régénération n'a pas eu lieu. Une très-petite partie du follicule, fait important à noter, peut cependant suffire pour la régénération complète de la plume.

Ainsi donc, en résumé, nous pouvons dire que les lésions du follicule n'ont de l'importance qu'autant qu'il est enlevé en entier. Laissez une partie du follicule, la plume se régénérera, enlevez le follicule en entier, vous n'aurez aucune espèce de régénération. Nous ne pouvons nous empêcher de rapprocher ces faits de ceux fort curieux obtenus par M. Philipeaux chez la salamandre.

L'analogue du follicule serait, si les expériences de ce savant physiologiste sont fondées, dans le membre de la salamandre; il existerait donc un moule secondaire dans toutes ces parties et l'on voit l'importance qu'acquerrait la connaissance de semblables faits au point de vue d'idées générales sur la nutrition, la régénération des organes, idées bien obscures encore, il faut le dire.

La régénération *provoquée* des plumes chez des oiseaux bien portants et bien nourris met de six à sept semaines.

Dans la mue on n'observe pas, comme on l'a cru à tort, une atrophie, mais bien une régénération, ce sont les nouvelles plumes qui, en se formant, repoussent les anciennes qui, tombent. Mais pourquoi cette régénération se fait-elle ? A quel état particulier de l'organisme existant pendant la mue, se trouve-t-elle reliée ? Nous n'hésitons pas à l'attribuer à l'hypérémie de toute la périphérie que l'on observe à cette époque. Cette hypérémie, d'après nous, serait aussi la cause des maladies qui accablent l'oiseau à cette époque. L'hypérémie qui existe à la périphérie doit évidemment anémier les organes profonds. Cette explication est-elle juste ?

Elle acquiert de grandes chances de probabilités. Quoi qu'il en soit, l'hypérémie de la peau existe d'une façon manifeste, et nous ne pouvons pas nous refuser à lui attribuer un grand rôle dans la régénération des plumes.

§ 3. — Régénération des dents.

Les dents (1), tout le monde le sait, se renouvellent aussi ; et les nouvelles dents, que l'on appelle *dents de remplacement*, apparaissent chez l'homme vers l'âge de six ou sept ans.

Les organes, contenus dans l'intérieur des mâchoires et chargés de produire les dents, portent le nom de *follicules*. Nous n'avons pas évidemment ici à décrire les diverses parties qui composent ce follicule. Nous ferons remarquer cependant que les dents sont au système muqueux ce que sont à là peau les productions qui s'élèvent à sa surface : nous verrons aussi, en effet, que les poils sont aussi sécrétés par un follicule.

(1) Voir à ce sujet les remarquables recherches de Richard Owen, *Odontography, or a treatise on the comparative anatomy of the teeth.* London, 1840-1845, et Blandin, *Anatomie du système dentaire, considéré dans l'homme el les animaux,* Paris, 1836.

En chirurgie, nous avons, on le sait, à étudier les nombreuses maladies qui peuvent atteindre le follicule dentaire et qui peuvent donner lieu à des anomalies assez variées.

Blacke et Meckel (1) disent que les follicules des dents permanentes naissent de ceux des dents de lait par une sorte de gemmation. Passé l'âge de six et sept ans, les dents ne se renouvellent plus chez l'homme; des cas cependant, observés par des médecins sérieux, viennent démontrer que la régénération peut encore se faire. Nous n'admettons ces faits qu'avec réserve.

Gehler (2) cite l'exemple d'une canine qui, enlevée trois fois, fut trois fois renouvelée. M. Serres a observé un cas semblable, chez un homme de trente-cinq ans dont il dit avoir vu les incisives centrales tomber à l'âge de trente et un ans, mais au bout de quelques mois, il fut fort surpris de les voir renaître.

Dans ces cas les dents temporaires n'auraient-elles pas persisté plus longtemps que de coutume, et n'a-t-on pas eu simplement à faire à une seconde dentition? C'est ce que nous ne saurions pas dire.

Citons encore la génération et la régénération de dents dans des régions très-insolites.

Barzes dit avoir trouvé une dent dans une tumeur très-considérable, située au-dessous du globe de l'œil (3).

Meckel rapporte, d'après le récit de Schill, qu'en trois mois de temps il se développa, l'une après l'autre, trois dents au-dessous de la langue chez un homme de cinquante ans.

§ 4. — Régénération des ongles.

Les ongles se reproduisent aussi; mais, dans ces cas, il est nécessaire de conserver la matrice de l'ongle.

(1) Meckel, *Manuel d'anatomie*, trad. par Jourdan, 1821.
(2) Gehler (7° Cor.), *Progr. de dentitione tertia*. Leipzig, 1786.
(3) Demarquay, *Traité des tumeurs de l'orbite*, Paris, 1860.

On a observé aussi des cas où il y avait formation d'ongle aux secondes phalanges des doigts qui avaient subi une amputation partielle.

Des observations semblables sont citées par Tulpius, Ormansey et Anseaux, Blumenbach (1), Doyel et Jahn.

§ 5. — Régénération des poils.

Les poils se régénèrent aussi avec une rapidité extraordinaire.

Heusinger (2) a vu, cinq jours après l'arrachement d'un poil de la moustache du chien, un nouveau poil régénéré, long de 2 millimètres. Dans la mue, l'on voit le bulbe de l'ancien poil pâlir, et il se forme à côté de lui un globule noir qui se convertit en un nouveau cylindre pileux. Remarquons comme un fait intéressant que ·la matrice du nouveau poil est en quelque sorte l'excroissance du sol productif du follicule.

§ 6. — Régénération des cheveux.

Kölliker (3) croit que dans le follicule même des poils follets se développent des poils nouveaux, qui peu à peu expulsent les anciens.

La régénération des cheveux peut être étudiée avec un grand soin, et cependant cette partie a été négligée. On a fait certaines expériences sur le dos des chiens qui permettent d'arriver à quelques conclusions intéressantes : si l'on vient à arracher des poils dans cette région, et si, après avoir excisé la partie correspondante de la peau, on met le poil sous le champ du microscope, on trouve que le plus souvent le poil se casse au niveau de l'extrémité supérieure du follicule. Cette cassure est fort rare au-dessous du bulbe.

(1) Blumenbach, *Inst. physiolog.*, p. 511.
(2) Meckel, *Deutsches Archiv*, t. VII, p. 557.
(3) Kölliker, *Microscopische Anatomie*, 1850-1854. — *Eléments d'histologie humaine*, trad. par M. Sée, Paris, 1868.

On peut ainsi parvenir à arracher le bulbe, mais alors des modifications fort curieuses se présentent.

Au bout de 5 à 6 jours, de nouvelles cellules pigmentaires se présentent : celles-ci s'avancent le long du follicule pileux; dans ces cas la régénération est fort longue à se produire. C'est à peine si au 66e jour on peut avoir une trace de régénération. Si, au contraire, le cheveu est coupé au-dessus du bulbe, ce qu'on voit fort souvent, la régénération se produit vite, et nous pourrions ajouter qu'elle se fait d'autant plus vite que la section s'est faite à un niveau plus élevé.

En résumé, ce qu'il y a à remarquer dans les recherches faites sur ces régénérations, c'est que, le bulbe étant arraché, la régénération se fait d'une façon très-lente, et dans quelques cas (rares il est vrai), elle peut manquer entièrement.

§ 7. — Régénération de certains conduits des glandes. — Villosités intestinales. — Lymphatiques. — Vaisseaux.

Des exemples assez curieux de rétablissement de conduits des glandes qui avaient été sectionnés ont été cités par certains auteurs. L'on a même prétendu que dans ces cas le nouveau conduit était aussi parfait qu'avant la section ; il fallait donc, disait-on, qu'il se fût régénéré.

Tiedemann et Gmelin (1) ont vu par exemple que la continuité du canal cholédoque divisé s'était rétablie dans quelques cas, de sorte que la bile avait pu parfaitement reprendre son cours dans le duodenum.

Il paraîtrait même que Brodie avait aussi signalé ce fait, qui a été vérifié par Claude Bernard.

Voici comment Tiedemann et Gmelin expliquent ce phénomène : La lymphe épanchée, disent-ils, à la suite de l'inflammation survenue, s'était rassemblée autour de la ligature et avait rétabli la

(1) Tiedemann et Gmelin, *Recherches expérimentales sur la digestion*, 1826.

continuité interrompue par le lien ou même par la section des conduits. Après la chute de la ligature, cette exsudation lymphatique, devenue plus ferme, constitua un nouveau canal à travers lequel la bile put passer par le tronçon intestinal et couler ainsi dans le duodenum. Dans les expériences où le canal cholédoque s'était rétabli, il avait fallu treize jours dans un cas, vingt-six jours dans un autre, pour que cette curieuse réparation ait pu se faire.

Nous pensons que, dans ces cas, l'on ne doit pas dire qu'il y ait véritablement régénération, il n'y a qu'une réparation cicatricielle.

Des observations consciencieuses, fournies par Forster (1), nous démontrent que dans certains cas où les villosités intestinales viennent à être détruites, il peut y avoir régénération.

Certains auteurs se sont même avancés jusqu'à soutenir qu'une portion de l'intestin pouvait se régénérer. Trolliet (2) affirme avoir vu un cas très-concluant.

Quant aux lymphatiques, nous savons que dans certains cas, à la suite de plaie, ils peuvent se régénérer.

Billroth a démontré, et le fait a été vérifié par un assez grand nombre d'auteurs consciencieux pour que nous puissions l'accepter, qu'à la suite de plaies les vaisseaux lymphatiques s'oblitéraient soit par des caillots, ou quelquefois même encore par le gonflement du tissu dans les lèvres de la plaie.

Or à quelle époque et comment ces vaisseaux réapparaissent-ils? Comment y a-t-il une régénération, si véritablement il y a régénération?

Les nouveaux vaisseaux lymphatiques, on le sait, forment des canaux sans paroi propre dans la tunique adventice des vaisseaux sanguins. Ils n'existeront pas dès lors dans un tissu composé d'une substance fondamentale liquide ou muqueuse. D'après cela, Wywodzoff pense que ces vaisseaux lymphatiques ne pourront se

---

(1) Forster, *Regeneration von Darmzotten* (*Jahresbericht*, t. XCI, 161).

(2) Trolliet, *Régénération d'une partie d'intestin.* — Jahr, *Die Naturheilkraft in ihren Æusserungen und Virkungen*, p. 88.

former qu'au moment où le tissu cicatriciel constitué par des cellules fusiformes passe à l'état de tissu connectif, au moment où la circulation est définitivement rétablie, ce qui dépend d'un assez grand nombre de causes.

Les vaisseaux sanguins se régénèrent-ils? Il est incontestable qu'à la suite de plaie, de nouveaux vaisseaux apparaissent dans le tissu de nouvelle formation, et ces vaisseaux ont pu être injectés par Monro, Sœmmering, Ébel, Pamy, Schænsberg et enfin par Schrœder van der Kolk. Des expériences pratiquées par ces auteurs et par Zuber, Manec, Thiersch et Wywodzoff ont éclairé en partie leur mode de formation.

Que les tissus soient vasculaires ou non vasculaires, l'on admet en général, d'après les travaux de Meyer et de Plattner, que les capillaires naissent dans le tissu embryonnaire dont nous signalons le mode de formation plus loin (page 79). Les cellules de nouvelle formation s'allongeraient et se déposeraient en séries parallèles; c'est là du reste l'opinion de Rindfleisch (1). Le sang pénétrerait entre les séries de cellules dont la soudure des parois constituerait la membrane limitante de ces formations.

Gruithuisen admettait aussi que, dans la *régénération des tissus enflammés* (expression dont se sert cet auteur)', des vaisseaux naissaient de toutes pièces.

Kaltenbrunner pensait que le principal rôle dans ces régénérations était joué par les corpuscules sanguins qui, par un mouvement spontané, traçaient des sillons tortueux qui devenaient des capillaires.

Voici comment Lobstein (2) s'exprime en parlant de ces vaisseaux : « Ces vaisseaux se développent aussi indépendamment de l'action des vaisseaux préexistants et par la seule force de la vie, dans la masse coagulée : les taches sanguines observées au centre de la lymphe plastique, phénomène que rappelle celui qui a lieu dans l'œuf incubé; l'impossibilité de faire pénétrer le mercure

(1) Rindfleisch, *Traité d'Histologie pathologique*. Trad. par Gross. Paris, 1872.
(2) Lobstein, *Traité d'Anatomie pathologique*. Paris, 1829.

des vaisseaux de nouvelle formation dans les vaisseaux primitifs ; ces faits ne démontrent-ils pas que les premiers sont le produit d'une *génération spontanée*, d'une véritable épigénèse ? »

Nous savons maintenant que l'on ne peut plus soutenir que l'on ne puisse faire parvenir de la matière à injection, du mercure, par exemple, dans les vaisseaux de nouvelle formation en agissant sur les vaisseaux primitifs, aussi nous ne pouvons admettre cette épigénèse.

Les vaisseaux de nouvelle formation sont évidemment le produit des vaisseaux primitifs, et les anses si nombreuses que le microscope nous permet d'observer sont le produit des vaisseaux préexistants qui deviennent sinueux, en raison surtout de l'accroissement interstitiel de leurs parois vasculaires.

Quand une anse vasculaire a fourni un prolongement, d'après Wywodzoff (1), le liquide s'épanche entre les cellules de la cicatrice, et il se forme des canaux sans parois propres ; le même processus a lieu sur la lèvre opposée de la plaie ; les canaux se rencontrent, s'abouchent et constituent ainsi un réseau qui est la partie fondamentale de la nouvelle cicatrice.

La circulation de la jeune cicatrice se produirait en somme au début de la même façon que chez les mollusques, où le sang circule dans des lacunes des canaux sans paroi. Wywodzoff fait ensuite remarquer que la formation des parois des capillaires, des veines et des artères dans la substance intermédiaire des plaies nous est inconnue.

L'augmentation des parois vasculaires aurait son point de départ dans les prolongements des anses.

Sur des préparations consciencieuses, il a vu les vaisseaux s'avancer de chaque côté dans la cicatrice sous forme de bourgeons terminés en cul-de-sac, et dont les parois sont complétement formées.

(1) Wywodzoff, *Etude expérimentale des différents phénomènes qui se passent dans la cicatrisation des plaies par première intention* (*Journal de l'Anatomie* de Robin, 1868 ; et *Med. Jahrb.* et *Zeitsch. Ges. d. Ärzte in Wien*, 1867).

Les prolongements se réunissent bientôt avec les canaux sans parois propres qui apparaissent comme des stries transparentes, limitées par des cellules granuleuses.

Dans une phase ultérieure, toujours d'après Wywodzoff, on aperçoit les vaisseaux qui s'anastomosent de part et d'autre, et forment un réseau irrégulier, serré, dans les mailles duquel se trouve du tissu cellulaire embryonnaire; les vaisseaux au bout de douze ou quatorze jours s'amincieraient bientôt.

Le résultat des injections de Wywodzoff lui ont prouvé que les vaisseaux ne s'altèrent nullement après un certain temps, comme on l'admet généralement.

Nous arrivons enfin aux expériences si intéressantes de Thiersch (1) sur ce sujet.

Thiersch observa qu'après une blessure faite sur la langue de certains animaux, et du cochon d'Inde en particulier, les vaisseaux étaient bouchés par des thrombus.

Dans un cas, Thiersch observa un de ces thrombus formé dans un petit vaisseau et, ayant conservéla partie dans l'alcool, il observa une rétraction du thrombus, qui, en se détachant du conduit vasculaire, permit de voir que la paroi adventice du vaisseau et le tissu conjonctif du voisinage sont remplis de cellules de nouvelle formation, dont quelques-unes sont indiquées sur la figure. Il faut remarquer que la surface interne de la paroi vasculaire ne présente aucun revêtement épithélial, elle est complétement nue. Mais sur le thrombus, au contraire, on voit de nombreuses cellules très-belles, adhérentes à différents stades de leur développement et dont le protoplasma est hyalin.

Partant de ces faits, M. Thiersch fait le raisonnement suivant : Le thrombus à l'état frais était en contact avec la paroi du vaisseau ; or, cette paroi vasculaire ne présente plus aucune trace d'épithélium, donc les cellules accolées aux thrombus proviennent

(1) Thiersch, *in* Pitha et Billroth. *Handbuch der Chirurgie*, 1867.

d'une prolifération des épithéliums vasculaires. En possession
de ces importants résultats, M. Thiersch continua ses recherches,
et il ne tarda pas à s'apercevoir qu'en injectant de la gélatine
chauffée, après durcissement de la préparation dans l'alcool, il
trouvait toujours :

1° Que les surfaces des bouchons cunéiformes formés par la gélatine étaient recouvertes de cellules endothéliales, détachées et
isolées, et d'autres en voie de prolifération ;

2° Que ces surfaces offraient une configuration particulière et
présentaient notamment un grand nombre d'appendices aigus, paraissant brisés, qui perforaient la paroi du vaisseau et qui, vus de
plus près, représentaient les racines d'un système de canaux inter-
cellulaires très-élégants et remplis par la gélatine. Ce système de
canaux est destiné au début à assurer la vascularisation de la plaie.

La planche IV, figures 1, 2, 3, que nous empruntons à Rindfleisch (1) et à Thiersch (2), nous démontre parfaitement que de
nouveaux vaisseaux peuvent se régénérer, et nous renvoyons aux
mémoires de ces auteurs pour de plus amples détails.

Dans la figure 1, il s'agit d'un nouveau vaisseau formé dans une
pseudo-membrane pleurétique qui datait de cinq jours.

La figure 2 représente un thrombus datant de huit jours et dans
lequel on peut voir de nouveaux vaisseaux se former.

La figure 4 représente un vaisseau de moyenne grandeur et un capillaire avec le réseau vasculaire intercellulaire d'une plaie en voie
de granulation. Les vaisseaux dans ce cas ont été injectés avec du
carmin.

Les exemples que nous venons de citer prouvent que dans
les plaies enflammées, des régénérations véritables de vaisseaux
existent.

Quant à admettre la régénération de conduits vasculaires
plus volumineux, comme cela a été soutenu par quelques auteurs,

(1) Rindfleisch, *Traité d'Histologie pathologique*. Paris, 1872, trad. par F. Gross.
(2) Pitha, *Handbuch d. allg. u. spec. Chirurgie*.

et notamment dans la discussion qui a eu lieu à l'Académie de
médecine en 1865 (1), nous devons être plus réservés.

Il faut cependant remarquer qu'à la suite de lésions d'artères,
il se fait une circulation collatérale de petits vaisseaux très-nombreux qui se sont formés pour tel usage, et l'on pourrait presque
dire que la somme de ces petits vaisseaux équivaut exactement à
la partie d'artère qui a été retranchée.

Les expériences de Porta (2) à ce sujet sont intéressantes et les
nombreuses planches que contient son ouvrage méritent d'être
consultées.

Quelques faits rares et curieux tendraient à faire penser que des
veines dont on avait fait l'excision se sont ensuite régénérées.

D'après un passage de Galien (3), ce médecin aurait recueilli des
observations de ce genre.

Le Juif, chirurgien de Paris, dit avoir vu une veine de la tête se
régénérer après avoir été excisée, à l'occasion d'une application de
trépan (4).

« Venas, dit aussi Paul de Sorbait, post maximum ulcus in men-
dico observavi *regeneratas*, forsan per medium heterogeneum (5). »

Pierre de Castro, archiâtre de Mantoue, a vu des *régénérations*
des veines qui différaient peu des veines normales ; elles étaient
« velut in cavis ulceribus caro (6). »

Nous n'avons cité ces dernières observations qu'en raison de
l'autorité que le nom des auteurs qui les ont publiées leur prêtait ;
mais, nous devons l'avouer, il serait peut-être téméraire de les
accepter complétement, sans se livrer à de nouvelles expériences.

(1) *Bull. de l'Acad. de médecine.* Paris, 1865-66, t. XXXI.
(2) Porta, *Delle alterazioni patologiche delle arterie per la ligatura e la torzione.*
Con XIII tavole. Milano, 1847.
(3) Galien, *Methodus medendi*, lib. XIV.
(4) Petr. Borelli, *Historiarum et Observationum medico-physic. Centur. Quatuor.*
Francofurti, 1670, in-16, cent. 2, obs. XVIII, p. 125.
(5) *Ephem. Nat. Curios. Decas.*, I, ann. II, obs. 15.
(6) *Ephem.*, p. 32.

§ 8. — **Régénération de l'œil.**

L'œil, comme l'a vu le premier Blumenbach (1), se régénère chez certains animaux. La cornée, l'iris, le cristallin peuvent se reproduire chez l'animal à la condition que le nerf optique et une portion des membranes de l'œil n'aient pas été intéressés.

Nous possédons peu d'observations sur la régénération parfaite de la conjonctive et de la cornée.

Nous citerons sous toutes réserves l'opinion de M. Lutens (2) qui pense avoir obtenu une véritable régénération de la conjonctive. « Dans quelques circonstances où je fus obligé d'exciser toute la conjonctive qui circonscrivait la cornée, dit-il, pour détruire les nombreux vaisseaux capillaires dilatés et rampant sur la surface, j'ai observé qu'il se formait sur la sclérotique un suintement qui, s'épaississant, constituait la trame d'un nouveau tissu, revêtait insensiblement la forme d'une nouvelle muqueuse et ne laissait pas voir la moindre trace d'une cicatrisation. »

En 1836 le docteur Bush (3), à la suite de l'ablation d'un staphylome occupant toute la cornée, dit avoir trouvé qu'il s'était formé comme une nouvelle cornée.

Ce dernier fait, que quelques auteurs ont donné comme exemple d'une régénération parfaite de la cornée, ne nous semble pas très-concluant ; car, bien que Bush dise qu'il n'existait aucune cicatrice au point de réunion de la nouvelle membrane avec le cercle droit qui était resté de l'ancienne cornée, nous pouvons lire dans son observation que la cornée n'était pas convexe, mais aplatie, marbrée, bleuâtre, trouble au fond, et l'on ne pouvait distinguer à travers s'il y avait adhérence de l'iris.

(1) Blumenbach, *Specimen Physiologiæ comparativæ.* 1787, p. 31.
(2) Lutens, *Bulletin de la Société de médecine de Gand.* 1837.
(3) *Rust's Magazin fur die gesammte Heilkunde.* 1836, t. XLV.
(4) Voir aussi Demarquay, *Traité des tumeurs de l'orbite.* Paris, 1860.

Les observations d'un assez grand nombre d'histologistes semblent nous prouver que, jusqu'à un certain point, les cellules de la cornée peuvent se régénérer en grande partie d'une façon complète. A la suite d'une plaie, par exemple, on peut voir les cellules plasmatiques s'hypertrophier ; le noyau, d'abord mince et ratatiné, devenir globuleux, et autour de ce noyau le protoplasma s'accumuler et présenter l'aspect granuleux. Au bout de quelques heures chaque noyau se divise ainsi que le protoplasma, et dans les espaces plasmatiques apparaissent des groupes de cellules embryonnaires. Or il est incontestable que ces cellules, en proliférant, peuvent donner lieu à une cellule cornéenne parfaite, et si la nutrition était suffisante, on obtiendrait certainement une régénération de la totalité de la partie enlevée ; mais, on le sait, il n'en est presque jamais ainsi, et un grand nombre de ces cellules embryonnaires meurent à cette période et constituent des corpuscules de pus qui viennent s'ccumuler à la surface de la cornée, où ils forment de petites pustules.

Recklinghausen est un de ceux qui admettent la régénération des cellules cornéennes.

Un grand nombre de faits semblent nous prouver que certaines parties de l'œil, telles que les membranes vitrées, par exemple, peuvent aussi se régénérer.

Donders (1) a publié deux cas qui semblent nous démontrer la puissance de régénération fort grande que possède la membrane vitrée.

Coccius (2), qui nous a donné le résultat de ses expériences sur la guérison des plaies de la cornée, a vu dans un grand nombre de cas la régénération se faire sur cinquante yeux de lapins auxquels il avait pratiqué des plaies du système lenticulaire. Coccius obtint encore un certain nombre de fois la régénération de membranes vitrées.

(1) Donders.
(2) Coccius, *Ueber die Glashaüte und die Regenerations Fæhigkeit derselben nach Stellwag (Jarbücher der gessamten Medizin)*.

Cet auteur fait remarquer avec raison que ces reproductions se développaient surtout à la suite d'irritations très-vives de l'iris.

§ 9. — Régénération du cristallin.

La régénération du cristallin est admise aujourd'hui par tous les auteurs qui se sont occupés de cette question. Citons principalement Cocteau, Leroy (d'Étiolles) (1825), Blackausen, Lowenhardt et Davidson, Day (1828), Mayer et Midlemore. — Blackausen seul parmi tous ces chefs d'école a essayé de nier la régénération du cristallin.

Le premier auteur qui ait signalé cette régénération fut Vrolik, en 1801. Il observa en effet un cristallin qui s'était régénéré après une opération de cataracte par abaissement.

Mais il faut arriver à Cocteau et à Leroy (d'Étiolles) (1) pour voir des expériences pratiquées sur des animaux.

Voici les résultats qu'ils obtinrent. Dans une première expérience qui dura treize jours, le résultat a été négatif à l'œil droit et positif à l'œil gauche.

Dans la seconde expérience qui dura trente-trois jours, le résultat a été négatif à l'œil droit, positif à l'œil gauche. Dans la troisième expérience dont la durée fut de trente-neuf jours, le résultat fut négatif ; dans la quatrième de même, dans la cinquième le résultat fut positif à l'œil droit, négatif à l'œil gauche.

Ainsi donc, Leroy (d'Étiolles) avait obtenu dans douze cas, cinq fois la régénération. Les expériences de Blackausen (2) ne duraient que vingt-cinq jours, et comme après ce laps de temps la régénération n'avait pas eu le temps de se faire, il crut logique de conclure que le cristallin ne se régénérait jamais.

Lowenhardt (3) et Davidson tirèrent de leurs expériences la con-

---

(1) Leroy (d'Étiolles), *Expériences relatives à la reproduction du cristallin*. Mémoire lu à l'Académie (*Journal de Magendie*, 1827).

(2) Petrus Blackausen, *De regeneratione lentis cristallinæ*. Berolini, 1827.

(3) Lowenhardt (de Breslau), « *Einige Versuche, um die Regeneration der Krystallinse*

clusion que le cristallin se régénère chez les animaux ; que, chez les jeunes animaux, cette régénération s'opère plus vite, que c'est la capsule cristallinienne qui concourt à la régénération.

Voici maintenant les conclusions de Middlemore (1) :

1° La régénération a lieu chez les jeunes animaux, lorsque les deux cristalloïdes n'adhèrent pas l'une à l'autre après l'opération ; quand la cristalloïde postérieure n'est pas lésée et en dernier lieu lorsque l'inflammation du globe oculaire n'est pas intense ;

2° Le cristallin régénéré est liquide d'abord et acquiert sa forme avant d'arriver au degré voulu normal ;

3° Le cristallin reproduit ne peut acquérir son entier développement qu'un an après l'extraction du cristallin normal et que ce développement dépend de l'âge des animaux, pris pour les expériences, ainsi que de plusieurs autres circonstances.

Mayer (2) publia aussi plusieurs cas de régénération bien caractérisés. Il dit que :

1° Le cristallin, après l'extraction du cristallin normal de l'œil, se régénère ;

2° La régénération du cristallin dépend de la cristalloïde antérieure ;

3° Le cristallin commence à se former à la circonférence de la capsule cristallinienne, puis atteint jusqu'au milieu de cette même capsule à l'endroit où cette dernière a été lésée pendant l'opération, et s'y arrête dans sa régénération ;

4° La capsule cristallinienne est toujours plus ou moins adhérente au cristallin régénéré ;

5° La régénération du cristallin régénéré et extrait de l'œil n'a pas lieu ;

zu Documenttiren ». In neue Notizen von Froriep. N° 418 (N° 22 des XIX^ten Bandes, September 1841, Spalte 344-346).

(1) Middlemore, *On the Reproduction of the cristalline Lens* (*London medical Gazette*, vol. X. Juin, 1832, 16 p. 344-348).

(2) Mayer in Bonn, *Journal der Chirurgie und Augenheilkunde* von C. von Græfe und Ph. Walther, 1832. Bd XVII, Heft. 4, p. 521.

6° Le cristallin régénéré a la même transparence et la même densité que le cristallin normal extrait et pourrait peut-être au point de vue physiologique, le remplacer plus ou moins ;

7° Enfin le cristallin régénéré est toujours plus petit que le cristallin normal.

En 1842, parut un travail assez considérable de Textor (1) sur ce sujet, nous croyons ntile de donner les conclusions de cet observateur consciencieux :

1° L'extraction du cristallin de l'œil est suivie, dans certaines circonstances, soit de la régénération d'un cristallin plus ou moins normal, soit de la formation d'une petite quantité de la substance cristallinienne ;

2° La régénération du cristallin dépend de la capsule cristallinienne (matrix) ;

3° Après l'extraction de la capsule cristallinienne de l'œil, le cristallin ne se régénère pas ;

4° Le bourrelet cristallinien est toujours adhérent à la capsule ; cette adhérence n'est cependant pas assez forte pour que l'on ne puisse l'en extraire ;

5° Le cristallin régénéré est aussi transparent que le cristallin normal et l'esprit-de-vin exerce sur tous deux la même action ;

6° La régénération du cristallin, pour avoir lieu exige un certain temps ;

7° La densité, l'épaisseur et la quantité de la substance cristallinienne régénérée augmentent à mesure qu'on laisse s'éloigner le moment de la dissection de l'œil opéré de celui où a eu lieu l'opération ;

8° La forme du cristallin régénéré dépend de la lésion de la capsule cristallinienne et de la manière dont cette dernière se cicatrise : si c'est au milieu qu'elle se cicatrise, il se forme un bourrelet cristallinien ; si cette cicatrisation a lieu à un endroit quelconque de sa

____

(1) Textor, Thèse inaugurale. Wurzbourg, 1812.

partie équatoriale, le cristallin régénéré prend la forme semi-lunaire ;

9° Dans tous les cas de régénération du cristallin, la capsule cristallinienne reste transparente.

Valentin se servit surtout du microscope pour vérifier le résultat des recherches des observateurs que nous venons de citer et comme eux il conclue à la régénération possible du cristallin.

Dietrich, Balling et Gruby, Ross, Hanmann, obtinrent aussi des résultats analogues.

Enfin M. Milliot (1) médecin de l'armée russe, a donné le résultat d'études complètes sur la régénération du cristallin, et nous ne pouvons mieux terminer qu'en citant les conclusions de cet auteur.

De ses expériences il résulte :

« 1° Le fait incontestable de la régénération, chez certains mammifères, du cristallin, dont les tubes suivent dans leur réapparition les phases qu'ils offrent pendant leur génération et leur évolution embryonnaire ;

« 2° Cette régénération n'a lieu que dans la cavité de la capsule cristallinienne, elle est en raison directe de l'épaisseur des couches corticales du cristallin qu'on laisse dans la capsule, surtout dans sa partie équatoriale, pendant l'opération de l'extraction ; elle est en raison inverse de l'âge des animaux et des lésions des cristalloïdes de la capsule cristallinienne ;

« 3° La régénération du cristallin a lieu à la surface équatoriale interne de la capsule cristallinienne et à celle de la cristalloïde antérieure. La cristalloïde postérieure ne semble point prendre part à la régénération du cristallin ; il faut en exempter cependant sa partie équatoriale ;

« 4° La régénération du cristallin a lieu non-seulement lorsqu'on laisse, pendant l'extraction du cristallin normal, une couche notable de sa substance corticale, mais encore lorsque le cristallin est extrait

____

(1) Milliot, *Reproduction du cristallin* (*Bull. de l'Acad. de méd.* 1866-67, t. XXXII, p. 408) et *Thèse de Paris*, 1871.

en totalité. Si la quantité des couches restées n'est pas grande, ou bien si la cavité de la capsule cristallinienne ne se referme pas vite, les tubes cristalliniens qui y étaient restés sont résorbés par l'humeur aqueuse. Ces tubes disparaissent par désagrégation ;

5° La régénération du cristallin, lorsqu'elle a lieu, ne devient appréciable à la vue qu'à partir de la fin de la deuxième semaine après l'opération, elle n'est complète qu'entre le cinquième et le douzième mois et même plus tard, lorsque les animaux sont âgés. La régénération du cristallin est, par conséquent, une question de temps ;

6° Les cristallins régénérés, obtenus jusqu'à présent dans nos expériences, ont atteint et même dépassé de beaucoup la moitié du volume du cristallin normal, mais ils n'ont jamais atteint le volume du cristallin normal qu'ils ont remplacé. Cela est dû aux lésions de la cristalloïde antérieure et aux différentes complications de l'opération de l'extraction. Certains auteurs (Leroy (d'Étiolles), Midlemore et Philipeaux), cependant, ont obtenu des cristallins régénérés aussi grands ou presque aussi grands que les cristallins normaux ;

7° Le cristallin régénéré a plus ou moins la forme, la densité et la transparence du cristallin normal extrait, et peut, par conséquent, dans les cas bien réussis, le remplacer au point de vue physiologique ;

8° L'incision cristalloïdienne antérieure demi-circulaire, donnant un lambeau correspondant par sa forme à celui de la cornée, a des conséquences capitales non-seulement sous le rapport de la régénération du cristallin, mais encore sous celui de la marche des phénomènes consécutifs à l'opération de l'extraction du cristallin ;

9° La régénération secondaire du cristallin, c'est-à-dire celle qui a lieu après l'extraction d'un cristallin déjà régénéré une fois, peut avoir lieu, mais elle est limitée ;

10° La structure microscopique des éléments du cristallin régénéré ne diffère pas de ceux du cristallin normal ; cependant il arrive très-souvent que les premiers se modifient et acquièrent un volume plus grand ;

11° L'inflammation peu intense de l'iris et du corps ciliaire, loin de nuire à la régénération du cristallin, la favorise au contraire. L'inflammation générale de l'œil (panophthalmie) est un obstacle à la régénération du cristallin ;

12° Le tissu conjonctif de nouvelle formation trouvé dans quelques-unes de nos expériences dans la cavité de la capsule cristallinienne et dont la production a été attribuée à tort, par quelques autres auteurs, aux éléments cristalliniens, est dû à l'épanchement dans cette dernière, soit du produit inflammatoire de l'iris enflammé, soit de l'humeur vitrée après l'opération de l'extraction du cristallin.

§ 10. — Régénération de la rate.

M. Philipeaux a le premier annoncé que la rate se régénérait. Cet observateur avait enlevé la rate sur des mammifères et il se servait pour ses expériences du rat albinos.

Ces résultats étonnants ne furent pas acceptés par tous les physiologistes, et Peyrani, naturaliste italien, dit qu'il n'avait obtenu aucun des résultats annoncés.

M. Philipeaux fit de nouvelles expériences ; et fit voir clairement que si M. Peyrani n'obtenait pas de régénération, c'était parce qu'il enlevait complétement l'organe ; il fallait au contraire, pour que la reproduction se fît, laisser en place un segment, quelque petit qu'il fût.

§ 11. — Régénération des reins.

M. Philipeaux nous a en outre montré des reins qu'il dit avoir fait régénérer. Voici comment il procède dans ses expériences. Il enlève un rein à un chien, par exemple, et l'animal peut continuer à vivre. S'il enlève une partie de l'autre rein, l'animal meurt. En possession de ces faits, il enlève une portion de rein à un animal, il attend un certain temps pour que ce qu'il appelle une régénération se fasse. Bientôt il enlève le rein intact, et il voit que l'animal continue à vivre avec le rein primitivement régénéré.. — Celui-ci, dit-il, s'est donc bien régénéré, puisqu'il peut remplir de nouveau ses fonctions et ne pas troubler la vie de l'animal. L'examen de l'organe lui a démontré qu'il avait repris ses fonctions normales. De ces expériences pouvons-nous conclure que la régénération du rein, de la rate peut s'effectuer; nous pouvons dire, sans crainte d'erreur, que l'organe a repris ses fonctions, mais cela indique-t-il qu'il y a régénération? On pourrait penser, et la condition expresse de laisser en place un segment de l'organe nous y inviterait, qu'il ne s'agit pas dans ces cas d'une véritable régénération, mais d'une hypertrophie, ou d'un développement proportionnel au développement total de l'animal. Il se passerait dans ces cas ce que nous voyons se produire tous les jours à la suite de blessures profondes. Supposons en effet une plaie profonde des muscles du bras et de l'avant-bras avec perte de substance considérable. L'inflammation avec ses conséquences apparaît, et, au bout d'un certain temps, on obtient une vaste cicatrice. Le membre ne peut se mouvoir, car un grand nombre de ses muscles sont en partie retranchés. Mais au bout d'un certain temps, que le malade, aidé par le chirurgien, fasse des mouvements, des travaux manuels, les fibres musculaires qui subsistent encore s'hypertrophieront, acquerront un développement exagéré, qui, à l'extérieur même, pourra cacher la perte de substance, et, dès ce moment, le membre aura repris ses fonctions et pourra servir d'une façon aussi efficace qu'avant la maladie. Cependant, dans la plupart de ces cas, il est impossible de dire qu'il existe une régénération, il y a *rétablissement de la fonction*, non *régénération*. Ne se passerait-il pas quelque chose d'analogue dans les cas observés par M. Philipeaux? de nouvelles expériences nous le démontreront; des pesées exactes, des mensurations avant et après l'opération sont nécessaires dans la solution d'un problème aussi difficile. Quoi qu'il en soit, et malgré les quelques objections que nous venons de faire, nous serions assez porté à admettre les faits signalés par M. Philipeaux.

CHAPITRE V

RÉGÉNÉRATION DES TISSUS

La régénération des tissus, chez l'homme et chez les animaux, peut se faire *avec inflammation* ou *sans inflammation*. Chez les animaux supérieurs, nous verrons que toujours ou presque toujours l'inflammation marche de concert avec la régénération. Cependant il ne faudrait pas dire que l'inflammation est nécessaire à la régénération. Non, l'inflammation est un phénomène morbide qui tantôt ralentira ou même empêchera tout processus régénérateur de s'effectuer, tantôt activera ce processus; la régénération pourra alors dépasser ses limites, et, au lieu d'avoir un organe revenu à ses limites naturelles, l'on aura un organe monstrueux. Nous verrons dans les cas où l'irritation périphérique a été très-vive, dans les fractures comminutives par armes à feu par exemple, la régénération se faire, mais dépasser le but; des masses osseuses considérables se forment alors, plus nuisibles qu'utiles au malade et pour lesquelles le chirurgien est obligé d'intervenir. C'est aussi dans ces cas que l'on a vu l'ossification de la moelle dans une très-grande étendue du canal médullaire des os longs. L'irritation ossifique, comme l'appelait Hunter, existe le plus souvent dans les os ; mais, pour être utile, elle doit ne pas dépasser de certaines limites. Nous l'avons dit et nous le répétons, l'inflammation n'est pas nécessaire à la régénération. Nous avons vu du reste que la régénération de la patte, de la queue de la salamandre, se fait sans trace manifeste d'inflammation; un certain nombre d'animaux inférieurs guérissent avec une rapidité prodigieuse de leurs pertes de substance, et cela sans inflammation ; chez les oiseaux, l'inflammation est très-peu vive, certains auteurs ont même dit qu'elle était nulle. Chez les animaux supérieurs, un certain nombre d'organes et de tissus se régénèrent aussi sans aucune trace d'inflammation ; nous en avons vu des exemples pour les bois, les ongles, les poils, les plumes.

ARTICLE Ier

RÉGÉNÉRATION DES TISSUS DITE RÉGÉNÉRATION SANS INFLAMMATION

Dans les paragraphes suivants, nous allons nous occuper de la régénération des différents tissus, et nous commencerons par le tissu épithélial.

§ 1er. — Régénération de l'épithélium.

Examinons donc si l'épithélium se régénère. Nous n'en sommes plus au temps où l'on croyait que l'épiderme n'était que le produit inorganique d'une sécrétion du derme. Ce qui constitue un épithélium, c'est l'absence de vaisseaux sanguins, la soudure des cellules et leur disposition en couches de revêtement ; mais, malgré cette privation de vaisseaux sanguins, le tissu épidermique n'en est pas moins le siége d'un circulus continuel de matériaux. A mesure qu'à la surface du corps les couches les plus extérieures sont éliminées, un nouvel épiderme croît au sein du plasma, épiderme qui a évidemment sa source dans le derme et les vaisseaux.

Lorsque l'élimination ne se fait pas, ce plasma se met en réserve, prêt à devenir libre et disponible sitôt que les couches extérieures de l'épiderme viennent à s'éliminer.

On voit donc qu'il se fait à la surface de la peau une régénération, qui tantôt est continuelle, et alors c'est une croissance ; tantôt est intermittente, et l'on se trouve en présence d'une régénération proprement dite.

Donnons d'abord une idée de ce qu'en anatomie l'on appelle un *épithélium*.

L'épithélium dans son ensemble est constitué par des cellules et une membrane intermédiaire. Cependant Cohnheim (1) nous dit avoir pu distinguer dans la face antérieure de la cornée un assez grand nombre de filets nerveux.

M. Langerhaus, de Berlin (2), a vu, en traitant la peau au moyen d'une solution de chlorure d'or au 1/200, au milieu des cellules du corps muqueux de Malpighi, d'autres cellules plus petites anguleuses. De ces cellules naissent des prolongements : les uns vont rencontrer les filets du derme, les autres traversent les cellules épithéliales et se terminent par un bouton. On pourrait penser que dans ce cas l'on a devant les yeux un tissu nerveux interépithélial analogue à celui que Cohnheim a vu dans la cornée.

Les travaux d'embryogénie, poursuivis avec une grande activité depuis quelques années, nous ont démontré que les feuillets du blastoderme donnaient naissance aux revêtements épithéliaux ; l'épithélium des séreuses, du cœur, des vaisseaux sanguins et des lymphatiques naissent du feuillet moyen ; l'épiderme, les glandes cutanées, le cristallin, les ventricules du cerveau et le canal de la moelle, du feuillet externe ; l'épithélium des muqueuses et leurs glandes, du feuillet interne. Ces faits ont surtout été étudiés par Remak. On a même tenté, et parmi les histologistes qui sont de cet avis, on peut citer Thiersch, His (3), Rindfleisch, d'appeler *épi-*

(1) Cohnheim, *Ueber die Endigung der sensiblen Nerven in der Hornhaut* (*Virchow's Archiv.*, 1867, t. XXXVIII, p. 343).

(2) P. Langerhaus, *Ueber die Nerven der Menschlichen Haut* (*Virchow's Archiv*, 1868, t. XLIV, p. 325).

(3) His, *Beiträge zur normalen und pathologischen Histologie der Cornea*, 1865. — *De Haute und Höhlen des Körpers*. Basel, 1865.

thélium, le revêtement épithélial qui naissait du feuillet cutané et muqueux, *endothélium* celui qui naissait du feuillet interne. His a même prétendu qu'il y avait des différences de structure et il a décrit les endothéliums, comme ayant des cellules très-aplaties, formant une seule couche ; l'épithélium présentait au contraire une ou plusieurs couches de cellules épaisses.

Cette différence si tranchée entre les épithéliums et les endothéliums n'existe pas. Nous voyons en outre l'épithélium des alvéoles pulmonaires formé par une seule couche de cellules plates. Nous pourrions encore citer d'autres exemples qui viendraient à l'encontre de la théorie posée par His. La clinique, elle aussi, n'est pas favorable à cette division, et tous les jours nous assistons à des transformations de forme du revêtement épithélial. Les polypes du rectum, des fosses nasales, de l'utérus présentent fréquemment des épithéliums pavimenteux.

Nous avons vu que les cellules épithéliales se renouvelaient incessamment, cependant le mode de formation de ces cellules nouvelles est encore fort peu connu : le processus régénérateur épithélial a été suivi par un grand nombre d'histologistes (Thiersch (1), Rindfleisch (2), Henle (3), Arnold (4), Cohnheim, et bien avant eux Küss, de Strasbourg) (5), et la lumière ne s'est pas encore complétement faite sur ce point.

Chez l'adulte on n'a pas encore pu saisir aucun signe de multiplication cellulaire : on a toujours vu un noyau unique, et la cellule n'a jamais pu être vue en état de scission. Chez l'embryon, Kölliker a cru voir que l'enveloppe épithéliale des cellules est une couche molle au milieu de laquelle se trouve des cellules en voie de division. Henle croit qu'il existe à la partie profonde du derme

---

(1) Thiersch, *Der Epithelialkrebs.*
(2) Rindfleisch, *Traité d'histologie pathologique*, trad. par F. Gross. Paris, 1872.
(3) Henle, *Canstatt's Jahresbericht*, 1858, p. 28.
(4) Julius Arnold, *Virchow's Archiv*, t. L, p. 168.
(5) Küss, *Cours de Physiologie.* Paris, 1872.

une couche granuleuse et remplie de noyaux aux dépens de laquelle se formeraient de nouvelles cellules.

Que l'épithélium vienne à être détruit, comment donc se régénérera-t-il ?

Thiersch, admettant que l'épiderme se développe aux dépens du feuillet externe du blastoderme, veut que dans toutes les régénérations de l'épiderme le nouveau feuillet prenne naissance sur les bords de la plaie (1). Ce mode de régénération épithéliale est assez fréquent, et c'est par ce mécanisme que nous voyons l'épiderme apparaître à la surface des plaies. Des îlots isolés sont aussi observés cependant assez fréquemment.

Nous avons analysé un long travail de Julius Arnold à ce sujet, et malgré les nombreuses et consciencieuses recherches auxquelles s'est livré cet auteur, l'on se demande s'il est permis d'avoir une opinion bien arrêtée sur la façon dont doit s'accomplir la régénération des épithéliums.

Küss (2), que l'on oublie peut-être trop souvent lorsque l'on fait l'histoire des épithéliums, a osé le premier rapprocher le mot *inflammation* de celui d'*épithélium* (3) et faire un chapitre des plus intéressants sur l'inflammation de l'épithélium. Nous dirons plus loin quelques mots des résultats auxquels est arrivé ce savant, en démontrant que le globule purulent n'est que la cellule du tissu connectif arrêtée dans son développement et morte avec dégénérescence moléculaire. L'épithélium pour notre savant compatriote joue un grand rôle non-seulement dans les fausses membranes, dans la variole, mais encore dans la production des tumeurs. Ces idées, nous le savons, ont été présentées comme neuves par des histologistes allemands, mais il ne faudrait pas oublier que la voie a été ouverte principalement par Küss.

Les altérations épithéliales dans les fausses membranes, bien

(1) Thiersch, *Virchow's Archiv*, t. XL, p. 168.
(2) Küss, *De la vascularité et de l'inflammation*, 1847, et *Cours de Physiologie*, Paris, 1872.

étudiées par Wagner, ont été entrevues par Küss. La part que prend l'épithélium dans le développement des tumeurs soit bénignes, soit malignes, idées qui dominent en ce moment en Allemagne, avait aussi été signalée par lui.

Pour Küss, la régénération épithéliale se fait aux dépens de cytoblastes résultant de l'arrêt de développement des cellules devenues graisseuses.

Au début l'altération des épithéliums serait constituée par une simple hypertrophie, mais bientôt la dégénérescence graisseuse s'en empare. Cette transformation graisseuse peut parcourir un grand nombre de phases bien indiquées par Küss : « On en trouve des traces partout où, dans l'intimité de l'organisme, une cellule meurt ou se désagrége. » L'arrêt de développement des cellules persiste sous la forme de cytoblastes. Lorsque la cicatrisation termine cet état de choses, il paraîtrait d'après les observations de Küss que : *les cytoblastes, subsistant à la surface de la perte de substance mêlés ordinairement aux débris fibreux des tissus sous-jacents, deviennent le germe d'une régénération et d'un nouvel épithélium.*

Deux théories principales sont énoncées pour expliquer la régénération des cellules épithéliales. Les uns pensent, comme Küss, que la production nouvelle est produite par une scission de noyaux, suivis de la mise en liberté des produits épithéliaux. D'autres admettent que les noyaux ne jouent pas un rôle principal, et ils pensent que le tissu conjonctif, en se métamorphosant et se divisant, donne lieu à la régénération épithéliale.

Une troisième théorie a été proposée enfin pour expliquer la régénération épithéliale. La régénération épithéliale, d'après Schrœr (1), serait due à la sécrétion continuelle d'épithélium qui se fait à la surface des glandes dont la fonction est de sécréter la matière sébacée et la sueur. Les cellules glandulaires, dit-il, se rassemblent à l'extrémité du conduit et se groupent en cercles concentriques vers l'orifice

(1) Schrœr. *Anatomie, etc., della cutte umana.* Turin, 1865.

glandulaire. D'après cet auteur, la couche de Malpighi ne peut donner lieu au renouvellement des cellules épithéliales superficielles.

Si l'on songe que, dans les plaies superficielles de la peau, le plus souvent les glandes sudoripares sont épargnées, l'on comprendra comment l'épiderme peut se régénérer aussi facilement. A la surface de certaines brûlures superficielles il n'est pas rare de voir de petits points blancs situés à une petite distance les uns des autres et qui petit à petit s'agrandissent. Ce sont les revêtements épithéliaux qui naissent aux dépens des glandes sudoripares et des glandes sébacées. L'on a même tenté d'expliquer l'apparition de certains épithéliomas par la sécrétion continuelle d'épiderme dans une glande qui a été oblitérée par une cicatrice, par exemple.

La théorie dont nous venons de donner le résumé peut être admise dans certains cas; mais comme théorie générale de la régénération épithéliale, il ne doit pas en être de même.

Pour arriver à la connaissance exacte du phénomène intime de la régénération épithéliale, de nombreuses expériences ont été pratiquées. Disons d'abord qu'il est fort difficile de trouver une peau d'animal qui puisse fournir à l'expérimentateur des résultats inattaquables; et l'expérimentateur, on le sait, n'a chance d'arriver à ces résultats que lorsqu'il a choisi un organe ou une partie d'organe, où les phénomènes qu'il peut observer sont simples; les exemples des découvertes importantes faites sur un territoire limité, et généralisées ensuite, abondent et nous n'insisterons pas. C'est ainsi que, pour le sujet qui nous occupe, l'on a essayé, mais en vain, de se servir de la peau du dos du chien, en excisant une grande épaisseur de tissu cellulaire sous-cutané; la laxité de cette peau était dans ces cas un obstacle à l'observation. Sur le voile du palais, on est arrivé à des résultats plus précis. Mais c'est surtout à la face antérieure de la cornée, que les histologistes se sont empressés d'observer la régénération.

Dans leurs observations, un certain nombre d'expérimentateurs, ayant vu les corpuscules migrateurs en assez grand nombre, se sont demandé si ces corpuscules, en se transformant, ne deviendraient pas cellules.

En effet, si, avec le collodium cantharidum, on vient à déterminer une perte de substance dans la langue d'une grenouille, au bout de quelques minutes, au milieu d'une masse très-riche en petits noyaux qui vient remplacer la perte de substance, on voit apparaître un grand nombre de cellules amiboïdes qui la parcourent en tous sens, et subissent des altérations de forme en se dirigeant vers le bord épithélial. — Arrivées là, elles stationnent, mais s'éloignent bientôt pour disparaître en pénétrant dans la couche épithéliale. D'autres s'avancent entre les cellules situées près du bord épithélial et, après s'être arrêtées un certain temps près de celui-ci, elles pénètrent dans la masse qui contient les noyaux fins. L'union entre les deux portions (épithélium sain et épithélium régénéré) est marquée par une ligne étroite. Ces cellules migratrices paraissent sortir de la muqueuse ; d'autres, des couches épithéliales.

Dans le premier temps de la régénération, la masse contenant les petits noyaux ne subit pas de transformations ; plus tard elle devient plus claire, plus transparente, et, à ses limites, surgissent de légers contours que terminent de petites lamelles dans lesquelles on peut observer de bonne heure un noyau brillant. Les limites de ces lamelles deviennent de plus en plus nettes. On obtient ainsi ces productions homogènes ne contenant qu'un noyau et qui tantôt restent libres, d'autres fois, dans les environs du rebord épithélial, sont environnées par d'autres cellules. Elles peuvent se transformer aussi d'une autre façon. Leur substance devient toujours plus riche en noyaux ; elles se montrent de plus en plus volumineuses et superficielles jusqu'à ce qu'elles aient pris les caractères de l'épithélium avoisinant. Ces lamelles de nouvelle formation, que nous venons de décrire, apparaissent au niveau du bord épithélial, et tantôt se confondent avec celles de date plus ancienne. Les zones épithéliales avoisinantes sont refoulées vers le centre de la perte de substance.

Dans les cas de perte de substance peu étendue, ce refoulement en avant du bord libre de l'épithélium suffit pour produire la réparation et la néoproduction d'épithélium au bord libre de l'épithélium.

L'étendue de la perte de substance, l'état de la circulation de l'épithélium sain, influent d'une façon évidente sur la durée de la régénération. Nous pouvons dire cependant qu'en général, la reproduction se fait avec une rapidité excessive, et c'est peut-être une des raisons pour lesquelles l'observation de ces néoformations est entourée de difficultés aussi grandes ; sur la cornée, on observe aussi très-facilement la migration des cellules amiboïdes.

Tels sont les quelques résultats obtenus par Arnold. Pour lui, la multiplication des cellules amiboïdes aussi bien que la dilatation des lacunes de la cornée sont en connexion intime avec la régénération d'épithélium.

Sur l'épiderme de la grenouille on observe des faits à peu près semblables à ceux observés sur la langue de ces animaux. Si en effet, à l'aide du collodium cantharidum, on fait soulever l'épiderme sous forme d'ampoule, on peut enlever l'épithélium détaché. On ne tarde pas alors à voir les migrations des cellules amiboïdes vers la superficie, la lacune se trouve bientôt comblée par une masse finement granuleuse ; ce sont là les plus importantes modifications observées dans les 12 premières heures. Après 24 heures on découvre déjà plusieurs rangées de cellules de nouvelle formation. On voit de plus au niveau du bord de l'épithélium se développer des lamelles complétement homogènes, qui d'ordinaire ne contiennent qu'un noyau plus ou moins distinct. Mais il est aussi difficile d'observer la scission des noyaux ou le fractionnement du protoplasma que la transformation directe des cellules amiboïdes en cellules épithéliales.

On a pensé qu'en injectant du cinabre dans le sang et les lymphatiques d'une grenouille, on pourrait mieux saisir la part que prennent les cellules amiboïdes à la régénération épithéliale. Dans ces cas l'on trouve en examinant la cornée 24 heures plus tard de nombreuses cellules amiboïdes contenant des corpuscules de cinabre non-seulement dans la cornée, mais encore dans les couches épithéliales superficielles qui couvrent celle-ci en tous sens. On les retrouve dans toutes les couches ; mais, si l'on fait l'injection pendant un certain temps pour observer comment la régénération se fait, on voit les cellules amiboïdes seules contenir le cinabre. Nous pouvons donc dire qu'en général les cellules amiboïdes seules contiennent du cinabre.

D'un autre côté, si l'on entrave la régénération à la périphérie, on peut obtenir la production d'îlots régénérateurs sans participation des îlots de l'épithélium préexistant. A cela nous pourrions répondre que le genre d'expérimentation dont on s'est servi dans ces cas (expérimentation sur la voûte palatine) ne prouve pas que des îlots d'épithélium peuvent se former indépendamment de l'épithélium préexistant. Dans ces cas en effet les autres parties épithéliales de la cavité buccale ne pourraient-elles pas être entraînées sur la perte de substance et donner lieu à la régénération. Le cuir chevelu se prêterait beaucoup mieux à l'observation de la régénération.

M. Arnold serait porté à croire que les cellules amiboïdes jouent un grand rôle ; qu'elles tirent leur origine de la muqueuse ou du tissu cutané des couches épithéliales, question qu'il n'est pas parvenu à résoudre : elles interviendraient en provoquant la segmentation, de la même manière que les spermatozoïdes amènent la segmentation du vitellus de l'œuf. On n'a jamais pu cependant s'assurer que les cellules amiboïdes faisaient toujours partie constituante des membranes épithéliales et se rencontraient en nombre plus considérable dans celles qui étaient en voie de segmentation. Du reste, a-t-on jamais pu constater dans une expérience la transformation des cellules amiboïdes en cellules épithéliales ?

Si cette théorie ne doit pas être admise, d'un autre côté celle que nous ont présentées les différents auteurs sont passibles de sérieuses objections. Nous avons dit que l'opinion d'un certain nombre d'auteurs était : que la reproduction épithéliale se faisait au moyen d'un épithélium préexistant. Dans ce cas les noyaux de l'épithélium préexistant se diviseraient en même temps que la substance des cellules subit un étranglement, et ainsi naîtraient des cellules tout à fait indépendantes. Cependant les expériences faites sur les animaux vivants et sur la cornée ne sont pas favorables à cette hypothèse. D'un autre côté, on ne retrouve pas sur le bord libre de l'épithélium, où la régénération devrait être la plus active, des noyaux et des cellules se segmentant et s'étranglant. On ne voit pas non plus sous le champ du microscope les cellules que l'on dit se segmenter. La division des noyaux et l'étranglement des cellules sont-ils si rapides que l'on ne puisse voir les formes de transition ? Une seconde hypothèse est celle qui a été énoncée ainsi : La régénération se fait par scission répétée d'une même cellule épithéliale préexistante. Il est vrai que l'on ne peut observer sur le vivant la multiplication des noyaux, et l'on n'a pas non plus observé une cellule épithéliale contenant plusieurs noyaux. Nous trouvons seulement des masses de protoplasma, mais rien ne nous oblige à admettre que celles-ci sont le résultat de la division du noyau d'une même cellule.

Un certain nombre d'auteurs, un assez grand nombre ont pensé que dans le protoplasma d'une cellule se développait un nouveau noyau indépendant de celui qui préexiste, noyau qui ensuite groupe à son tour autour de lui une certaine quantité de protoplasma. Si la découverte des lamelles dépourvues de noyaux doit être admise, et nous le croyons, ce serait une objection sérieuse à faire à cette théorie. D'un autre côté, observe-t-on sur le vivant de pareils phénomènes qui durant un certain temps devraient par cela seul ne pas échapper à notre observation ?

On a dit aussi, et l'on voit que nous examinons avec soin, et sans en négliger aucune, les théories de la régénération épithéliale : la régénération se fait par l'étranglement de la substance des cellules épithéliales et le développement de noyaux dans ces parties isolées. Mais a-t-on pu observer rien de semblable en examinant des animaux vivants? Nous ne le savons pas.

Une des théories qui a joué aussi un rôle des plus importants est celle de la régénération des cellules épithéliales au moyen du tissu conjonctif. Doit-on admettre que la transformation du tissu conjonctif en cellules épithéliales se fait d'une manière directe? Un certain nombre d'observateurs pensent qu'il y aurait métamorphose directe des cellules provenant de la division des cellules de tissu conjonctif en cellules épithéliales. Mais, au lieu de trouver des cellules à petit noyau, l'on trouve des lamelles qui ne se transforment que par fractionnement en produits plus petits et qui renferment des noyaux à différents stades de développement. On n'a même pas pu observer des phénomènes de division des éléments du tissu conjonctif.

A quelle théorie nous rattacher?

On le voit, l'indécision est grande, et l'histologie se trouve en défaut : — il est fort possible cependant, et c'est là l'opinion de Ranvier, que les cellules embryonnaires baignant la surface des plaies se transforment en cellules épithéliales. Quelle différence existe-t-il entre les globules blancs, les cellules migratrices du tissu conjonctif et ces cellules embryonnaires? Il faut un œil bien exercé pour les saisir.

Malgré cette divergence d'opinions, un fait d'une importance capitale nous est acquis, c'est que l'épithélium se régénère. La rapidité avec laquelle cette régénération se fait est excessivement grande. Et si nous voulons résumer ce qui se passe à la surface d'une plaie privée de son épithélium, nous nous exprimerons ainsi :

Au bout d'un certain temps, on voit apparaître au début une masse granuleuse qui comble en partie la lacune. Cette masse est légèrement trouble. Mais bientôt, premier indice de régénération, elle change de couleur et devient vitreuse. La réfringence change; les granulations fines se réunissent et forment le protoplasma. Des cellules amiboïdes sont aperçues en assez grande quantité. Les masses de protoplasma se recouvrent le plus souvent d'éléments épithéliaux plus ou moins développés. Ils se fractionnent et ce fractionnement tiendrait, suivant Arnold, au mouvement des cellules amiboïdes.

De ce fractionnement résultent des productions ovales de volume très-différent les unes des autres. Le plus souvent le fractionnement se fait de la périphérie au centre; les lamelles qui en résultent sont bientôt munies d'un noyau à point brillant ; elles offrent des contours plus ou moins circulaires devenant définitivement réguliers.

Tandis que la lamelle se munit de nucléoles très-fins, le noyau se remplit de granulations fines et devient plus tard transparent, ne contenant plus que quelques nucléoles plus volumineux.

La cellule épithéliale nous apparaît alors contenant un noyau brillant. Ses contours, d'abord peu nets, deviendront réguliers, son contenu subira la transformation granuleuse et le noyau sera aussi plus net, toutes ces parties croîtront ensemble et nous aurons une cellule épithéliale parfaite.

La masse granuleuse que nous venons de décrire appartiendrait d'après ce que nous avons dit, suivant certains auteurs, à l'épithélium préexistant qui la laisserait transsuder ; pour d'autres, au tissu sous-jacent ; cette dernière assertion est soutenue par un grand nombre d'histologistes.

§ 2. — De la greffe épidermique. De ses rapports avec la régénération de l'épiderme et de l'épithélium.

De nouvelles expériences, en partie pratiquées par M. Reverdin (1), viennent de nous démontrer avec quelle facilité pouvait se faire la régénération épidermique et épithéliale et nous savons parfaitement aujourd'hui, grâce à un certain nombre de travaux sur ce

(1) Reverdin, *Archives générales de médecine,* mars-juin, 1872. — Voyez Mathias Duval, *Nouv. Dic. de méd. et de chir. prat.* Paris, 1873, t. XVI, article GREFFE ÉPIDERMIQUE.

sujet, quels avantages peut présenter, dans le traitement des plaies, la greffe épidermique.

Les phénomènes qui se passent à la surface d'une plaie bourgeonnante et granuleuse, lorsque l'on vient à y transplanter une partie épidermique, ont été décrits par les auteurs d'une façon différente ; et si nous avons vu qu'une hésitation extrême existait pour l'interprétation des phénomènes qui se passent dans la régénération épithéliale, nous voyons de même ici, et cela ne doit pas nous étonner, régner la même incertitude.

Ce qu'il y a de certain, c'est qu'à la suite du dépôt de l'épiderme sur une surface qui se cicatrise lentement, l'on voit une génération d'éléments anatomiques se produire, et cela, non d'une façon tumultueuse, mais régulièrement, de façon que la perte de substance est remplacée par un tissu histologiquement semblable à celui qui avait été détruit. Mais d'où viennent ces éléments?

Certains auteurs ont prétendu que les cellules épidermiques transplantées proliféraient.

La génération des éléments épidermiques se ferait là de la même façon qu'à l'état normal.

Pour les partisans du blastème, la greffe viendrait modifier le blastème et faire naître ainsi de jeunes cellules épidermiques qui suivent ensuite leur développement habituel.

Il est évident que pour Arnold, dont nous avons examiné les opinions plus haut, la régénération se ferait à peu près de la même façon.

M. Reverdin attribue à l'épiderme, et à l'épiderme seul, le rôle principal dans la formation d'îlots cicatriciels.

La couche cornée, d'après cet auteur, ne jouerait pas un rôle actif et l'on obtiendrait presque toujours des résultats négatifs.

La greffe, dit M. Reverdin, adhère par l'épiderme.

Cet auteur repousse en outre la théorie de la prolifération, car, moins heureux que certains auteurs, il n'a pas pu observer de cellules épidermiques renfermant deux noyaux, ou un noyau en voie de division ; il repousse aussi la théorie du blastème et se rattache à l'hypothèse dans laquelle l'épiderme transplanté détermine par sa présence là transformation des cellules embryonnaires en cellules épidermiques.

MM. Morat (1) et Colrat (2) décrivent un réseau qui jouerait un grand rôle dans la régénération.

Dans ces cas les cellules épidermiques dériveraient de la transformation des cellules superficielles de bourgeons charnus en cellules épidermiques.

La zone épidermoïdale ou cuticule épidermoïdale formerait la transition entre l'épiderme formé et les cellules embryonnaires des bourgeons charnus : « Les cellules de cette couche diffèrent peu de celles du tissu sous-jacent; ce sont des cellules embryonnaires; elles sont seulement un peu plus petites à l'extrémité de cette cuticule et plus volumineuses au voisinage de l'épiderme formé.... — Pendant qu'à la surface les cellules s'acheminent peu à peu vers la transformation épithéliale, les cellules embryonnaires de la profondeur passent à l'état de cellules conjonctives. Elles deviennent fusiformes et étoilées (2).... »

Ce qui viendrait à l'appui de l'opinion de ces derniers auteurs, c'est qu'il est difficile .de voir des cellules épithéliales en voie de multiplication. Poncet (3) et Reverdin insistent surtout sur ce point.

Ainsi donc, l'épiderme agirait par action de présence. Cette force a été appelé, par Vogel, *analogie de formation;* par Gubler, *catabiotique*, et dernièrement enfin par Dubreuil, *force homéoplastique.*

Un fait qui semble ressortir nettement des expériences de M. Reverdin, c'est que si l'épiderme peut seul se greffer, la couche cornée ne suffit pas.

Mais, dans la plupart des cas, une partie du derme qui est inti-

(1) Morat, *Des greffes épidermiques.* Thèse de Montpellier, 1871.

(2) Colrat, *Des greffes épidermiques.* Thèse de Montpellier, 1871.

(3) Ant. Poncet, *Des greffes dermo-épidermiques, et en particulier de larges lambeaux dermo-épidermiques (Lyon médical,* 1871).

mement unie à la peau vivante de l'épiderme, la couche de Malpighi, est aussi transplantée.

Certains auteurs, Pollock, Holmes, Lée, Ollier (1), ont proposé de greffer une partie assez considérable du derme. C'est alors la greffe dermo-épidermique.

Le derme seul a aussi été utilisé.

Dans tous ces cas différents, on cherche à s'opposer à la cicatrice.

Bien que ces tentatives soient récentes et que nous ne puissions encore les juger définitivement, il est permis de penser cependant que la présence du derme dans la partie greffée ne nous offrira pas des avantages bien sérieux.

Un des grands avantages du transport d'une partie épidermique, c'est la rapidité de la régénération. Placez une greffe au centre de la plaie et vous assisterez à un travail de régénération rapide.

Les éléments de la cicatrice marginale et les éléments de régénération fournis par la transplantation vont à la rencontre l'un de l'autre et ne tarderont pas en effet à se rencontrer.

Dans des cas de brulûre notamment la rapidité est souvent excessive.

Notons surtout que, si au lieu d'attendre que le tissu périphérique s'avance en subissant des modifications et des arrêts de développement d'origine irritative (tissu inodulaire), nous obtenons une régénération épidermique, nous avons un tissu parfait et non un tissu cicatriciel fibreux.

Que devons-nous choisir entre ce qui nous est proposé?... Une cicatrisation dans le sens propre du mot avec ses cortéges habituels, inflammation ou suppuration, ou une reproduction épidermique nous donnant des résultats si désirés, un tissu non altéré ?

Nous conclurons donc avec M. Reverdin que la rétraction cicatricielle et les cicatrices vicieuses peuvent être prévenues souvent par la greffe épidermique.

(1) Ollier, *Bull. de l'Académie de médecine.* 2 avril 1872.

Ces expériences viennent à l'appui de ce que nous développons plus loin, à savoir : que le but que doit se proposer tout chirurgien, c'est d'obtenir une régénération normale. Ce qu'il doit surtout éviter, c'est une régénération perturbée, c'est-à-dire une cicatrisation. « Une cicatrice souple et solide est toujours désirable, dit M. Reverdin. » Mais, dans ces cas, a-t-on affaire à une véritable cicatrice ? Nous n'aimons pas ce mot placé à côté du mot souple.

Pour nous un des grands avantages de la greffe épidermique serait d'éviter la cicatrice, de favoriser la régénération.

MM. Rouget, Hergott (1), Waringthon, Haward, Pollock, Johnson, ont tantôt obtenu des rétractions simples ; tantôt un tissu nouveau parfait a remplacé le tissu retranché, c'est-à-dire que, dans quelques cas, ils ont eu affaire à une cicatrisation, dans d'autres cas à une régénération.

M. De Wecker (2) s'est servi avec succès dans ces derniers temps de la greffe épidermique pour éviter les cicatrices qui sont si nuisibles par leur rétraction dans la chirurgie oculaire. Il recommande surtout la greffe : 1° dans les cas de brûlure des paupières ou des parties environnantes ; dans ce cas, à part l'immense avantage de prévenir une cicatrisation vicieuse, la *greffe en mosaïque* (greffe dermo-épidermique multiple) a encore le sérieux avantage de couper court à la suppuration si désagréable lorsqu'il s'agit des plaies du visage ; 2° dans les cas d'ectropion partiel ou total des paupières, suite d'une rétraction cicatricielle qui s'est opérée dans leur voisinage. Dans ces cas on dégage les paupières en détruisant toutes les brides cicatricielles ; dans la plaie ainsi produite, on place les greffes vers le septième ou huitième jour, lorsqu'elle est entrée en suppuration et que les bords se sont bien effacés vers le fond de la perte de substance ; 3° enfin dans tous les cas où les paupières ont subi, par accident ou par suite d'une opération, une

____

(1) Hergott et Reverdin, *Greffe épidermique* (*Gazette médicale de Strasbourg*, 1er et 15 septembre 1871).

(2) De Wecker, *De la greffe dermique en chirurgie oculaire* (*Annales d'oculistique*. 1872).

perte de substance considérable, laissant une plaie suppurante.

Les différents travaux que nous venons d'examiner sur la régénération de l'épithélium et de l'épiderme, et l'examen de ce qui se passe dans la greffe épidermique, qui nécessiteraient certainement des développements que nous ne pouvons leur accorder, nous indiquent cependant qu'il n'y a plus lieu de repousser les régénérations de ces tissus, et, s'il existe un certain nombre de desiderata, nous devons cependant considérer bon nombre de faits comme définitivement établis.

§ 3. — Régénération des cartilages.

Examinons maintenant si les cartilages peuvent se régénérer.

Nous savons que les os se prêtent à une régénération parfaite, nous espérons pouvoir démontrer qu'il en est de même des cartilages. Les cartilages comme les autres tissus peuvent, s'ils sont enflammés, se *cicatriser* et *ne pas se régénérer*. Redfern (1), dans ses études sur le cartilage, a démontré que, dans ces cas, la réunion se fait par un tissu-fibreux, dans lequel on ne pouvait retrouver aucune trace de tissu cartilagineux. Mondière (2) en 1850, Redfern, Broca (3), montrèrent des faits de cicatrisation des cartilages et leurs conclusions sont entièrement adoptées par Ollier (4). Le périchondre dans ces cas joue le principal rôle et forme une virole périphérique, aidant puissamment à la cicatrisation.

Béclard a assisté à la cicatrisation de cartilages costaux brisés, et il a vu qu'ils se réunissaient au moyen d'un dépôt de substance osseuse, qui prend la forme d'un anneau ; mais si les extrémités ne se touchent pas d'une manière immédiate, le vide est rempli par un néoplasme, qui, après être resté quelque temps scléreux, devient cartilagineux, et enfin s'ossifie.

(1) Redfern, *On the Healing of Wounds in articular cartilage* (*Monthly Journal of medical Sciences.* Edinburgh, 1851).

(2) Mondière, *Bulletins de la Société anatomique*, 1850.

(3) Broca, *ibid.*, 1851.

(4) Ollier, *Traité de la Régénération*, p. 233.

M. Legros (1) a communiqué à la Société de biologie des résultats qui semblent indiquer que le cartilage se régénère au bout de la troisième semaine. Après avoir incisé des cartilages articulaires, cet observateur a vu les chondroplastes apparaître. A mesure que ces derniers se montraient, le tissu lamineux disparaissait. Lorsque la suppuration se déclarait, il y avait cicatrice fibreuse et absence de cartilage. M. Legros admet, en conséquence, la régénération des cartilages : elle se produirait même, suivant cet auteur, chez l'homme.

Autenrieth et son disciple Dœrner (2), Villermé, Magendie et Breschet prétendent n'avoir pu observer aucun cas authentique de régénération de ces tissus.

Le docteur Dœrner dit que : par cela seul que les cartilages et les fibro-cartilages sont susceptibles d'inflammation, toute régénération devient impossible.

Laënnec, dit Kühnholtz, a affirmé que les cartilages se régénèrent.

Kölliker dit lui-même : « Les cartilages n'ont aucune aptitude à se régénérer, et leurs blessures ne se cicatrisent pas au moyen de substance cartilagineuse. »

Nous sommes loin de partager l'avis des auteurs qui ne croient pas aux régénérations des cartilages. Les cartilages d'encroûtement, des naseaux, de l'oreille, se régénèrent avec une facilité extraordinaire. Nous citerons, à l'appui de notre opinion, les figures que M. B. Anger a fait représenter d'après les dessins et les préparations de M. Hénocque, et qui montrent nettement une cicatrice cartilagineuse du cartilage d'encroûtement du tibia dans une fracture de la malléole externe (3).

En employant en outre pour le cartilage la méthode dont s'est servi Heine pour analyser les fonctions du périoste, méthode qui, on le sait, consiste à enlever, tantôt l'os en conservant le périoste, tantôt le périoste en conservant l'os, on acquiert la certitude que

(1) Legros, *Bulletin de la Société de biologie*, 1867.
(2) Dœrner, *Thèse*. Tubingue, 1798.
(3) Benjamin Anger, *Traité iconographique des maladies chirurgicales*, 1866.

le périchondre joue un grand rôle. Dans les cas où l'on conserve le périchondre, la régénération est plus active et les cellules régénératrices semblent partir de cette membrane.

M. Peyraud (1) compare le périoste et le périchondre, et il conclut de son examen qu'il existe une spécificité relative entre ces deux membranes, en vertu de laquelle l'os se forme au niveau du périoste, tandis que le cartilage persiste au niveau du périchondre. La couche profonde du périoste ou couche ostéogénique formée par la moelle est celle qui préside à l'ossification, par conséquent le périoste n'agit pas pour former de l'os, la moelle seule joue le principal rôle. C'est aujourd'hui un fait universellement admis. De même le périchondre possède une couche chondrogène, faisant partie du cartilage comme le périoste de la moelle. Ces cellules naissantes sont identiques, l'âge constitue la seule différence.

Voici du reste quelques conclusions de M. Peyraud :

1° Le tissu cartilagineux, tissu organisé, est susceptible de se régénérer ;

2° Sa régénération est d'autant plus active que sa nutrition est plus abondante ;

3° Une irritation semble entraîner la calcification et l'ossification de ce tissu ;

4° Le cartilage nouveau affecte généralement l'apparence du cartilage fœtal ;

5° La substance nouvelle ne s'ossifie qu'après un temps assez long ;

6° Il se forme d'abord un tissu fibreux dans lequel s'épanchent plus tard les éléments du cartilage ;

7° Ces éléments nouveaux semblent venir de l'ancien tissu dans les simples sections du cartilage ;

8° Dans les résections considérables les surfaces de section sont insuffisantes pour combler la partie enlevée ;

9° Dans ces cas, le périchondre, organe nourricier du cartilage,

(1) Peyraud, *Études expérimentales sur la régénération des tissus cartilagineux et osseux. Thèse.* Paris, 1869.

semble être la source principale de la reproduction. L'élément, la vie de la cellule, passerait donc par des phases différentes ; on pourrait admettre qu'il existe une période embryonnaire, puis une période chondrogène. A cela succéderait une période ostéogène ; et enfin l'élément, ayant vieilli, arriverait à la dernière période du cours de sa vie, période caractérisée par la fixité de l'élément dans l'ostéoplaste.

Si nous voulons résumer les principales notions que nous possédons sur la régénération du cartilage, nous verrons d'abord qu'il se régénère. Dans cette régénération le périchondre joue le principal rôle. Entre le périoste et le périchondre il existe une spécificité relative. S'il existe dans le périoste une couche ostéogène, dans le périchondre il existe une couche chondrogène.

Les éléments de ces deux couches sont identiques, avons-nous dit, l'âge constitue la seule différence. L'élément à sa période ostéogène posséderait la propriété que l'on a appelée *propriété ostéogénique*. S'appuyant sur la propriété que possède le périchondre, de servir à la régénération, on a tenté d'appliquer ces résultats à la chirurgie. Nous pensons néanmoins que la résection sous-périchondrique est peu réalisable ; on a bien conseillé de s'en servir dans les résections des cartilages costaux ; dans ces cas seulement elle nous paraît utile.

Quoi qu'il en soit, il était intéressant de rapprocher le périoste du périchondre, de voir que si la résection sous-périostée donnait d'excellents résultats, la résection sous-périchondrique pouvait dans certains cas se pratiquer.

ARTICLE II

RÉGÉNÉRATION DANS LES PLAIES

Les phénomènes de réparation qui se passent dans les plaies ont préoccupé de tous temps les chirurgiens, et l'on voit développés avec un grand soin dans les traités tant anciens que modernes les articles consacrés à la cicatrisation, aux cicatrices ; mais dans les descriptions l'on néglige généralement de parler de la génération normale des éléments anatomiques dont l'activité exagérée nous semble constituer ces phénomènes morbides. -

On s'est habitué en effet à voir la régénération prendre dans les plaies une direction fâcheuse, et dans la description du processus curatif des plaies on n'a en vue que la cicatrisation, c'est-à-dire ce que nous pourrions appeler une régénération perturbée.

Lorsque l'anatomie et surtout l'histologie étaient à fonder, nous comprenons parfaitement qu'on ait rattaché le tissu cicatriciel à une forme particulière de tissu, ne dérivant pas d'un *tissu nouveau*, destiné à prendre la place de l'ancien. Les données plus intimes de l'histologie devraient nous permettre de ne plus hésiter ; malheureusement ces données sont encore bien incertaines, et il ne nous est pas donné de nous prononcer définitivement.

Pour arriver plus facilement à la solution de ce difficile problème, il nous semble d'abord qu'il est essentiel de ne pas oublier cette loi, qui doit s'étendre à la médecine comme à la chirurgie (loi oubliée bien des fois), à savoir : *Que tout produit morbide dérive le plus souvent d'un produit physiologique ;* ce qui constitue un tissu morbide, ce qui constitue une maladie, c'est une *exagération* ou une *diminution* dans la génération des éléments, une exagération ou une diminution dans l'accomplissement des fonctions physiologiques. Dans la question qui nous occupe, le tissu que Delpech a appelé *inodulaire*, n'est pas un tissu spécial ; non, le tissu cicatriciel est un tissu dérivant d'un tissu de régénération interrompu.

Parmi les causes multiples qui viennent entraver ce travail de régénération, nous devons en citer surtout une, l'inflammation, cause d'accidents très-variés.

Sans doute, dans certains travaux de réparation languissants nous sommes obligés de l'appeler à notre aide, mais il ne faut pas qu'elle dépasse le but, et c'est ce que trop souvent nous ne sommes pas capables d'obtenir.

Pour les os, notamment, et nous ne pouvons pas choisir un exemple plus juste, la régénération peut se faire sans développer autour d'elle de l'inflammation, ou une inflammation pour le moins très-modérée, et alors nous obtenons un os régénéré dans des conditions parfaites ; mais que l'inflammation devienne trop violente, la génération d'éléments nouveaux se fait d'une façon trop active ; ils subissent des modifications, et nous avons dès lors de ces cals difformes nuisibles au malade.

Examinons donc les différentes opinions émises sur un sujet aussi difficile et voyons si l'histologie nous fournira des notions utiles.

Nous résumerons autant que possible ce que nous avons à dire à ce sujet.

La régénération des chairs, comme l'appelaient les anciens chirurgiens, était admise par un grand nombre de médecins.

Boerhave lui-même l'admettait et nous le voyons, tout en niant la régénération des os, dire cependant : « si quid ablatum fuerit de corpore, id repleri debet generatâ iterum materiâ. »

Une période cependant se présente où la régénération est entièrement niée. Fabre (1), Quesnay, Bezoet (2), Louis (3) et beaucoup d'autres prétendaient que la régénération dans les plaies est entièrement impossible.

Il y avait évidemment dans ces différentes opinions de l'exagération. Que, comme l'a dit Delpech, l'inflammation donne toujours lieu à des produits nouveaux et que ceux qui succèdent à la suppuration acquièrent une structure fibreuse et une propriété contractile ou coarctescible indéfinie et capable de surmonter les plus grandes résistances, nous l'admettons ; mais de ce qu'un fait se produit fort souvent, est-il juste d'en conclure que dans d'autres circonstances l'on ne puisse avoir affaire à un travail s'accomplissant sans entrave, à une régénération parfaite ?

(1) Fabre, *Mémoire de l'Académie de chirurgie* ,t. IV, p. 74.
(2) Bezoet, *ibid.*, p. 106.
(3) Louis, *ibid.*, t. V, p. 128.

Les cicatrices elles-mêmes ne peuvent-elles pas changer le tissu qui les caractérise, contre un tissu qui se rapproche beaucoup du tissu normal? Le tissu fibreux, sous l'influence du temps, en subissant des transformations successives, peut devenir un tissu normal nouveau. Ces faits sont assez rares, il est vrai, cependant il est incontestable maintenant que ce que l'on appelle les traces cicatricielles disparaissent en grande partie, et nous voyons Billroth (1), s'adressant aux étudiants allemands chez lesquels les duels à la rapière sont fréquents, dire : « Plusieurs d'entre vous, qui quittent l'Université avec la face balafrée, peuvent se dire pour leur consolation que dans six ou huit ans ces marques, que l'on se plaît à considérer comme l'ornement d'une face d'étudiant, mais qui ne pareraient pas le visage d'un père de famille, seront presque effacées.

« Tempora mutantur et nos mutamur in illis. »

Samuel Cooper (2) pensait que, dans la cicatrisation, il y avait : rétraction des bourgeons charnus et formation de *nouvelle peau*. Nous lisons plus bas « que la peau primitive qui environne la plaie forme alors des plis et des *rides*, tandis que la peau accidentelle et nouvelle est lisse et brillante ».

Béclard, à son tour admet la régénération, de la peau et des parties sous-jacentes. « Toutes les fois, dit-il, que, soit par une lésion mécanique, soit par l'effet d'une cautérisation de la gangrène et de l'ulcération, il y a eu destruction des téguments et même des parties sous-jacentes, à une profondeur plus ou moins grande, il se produit un *nouveau tégument semblable,* ou au moins très-analogue à celui qui a été détruit, et toujours le même, dans toute son étendue, quelle que soit la diversité des parties mises à découvert et qui doivent en être revêtues. »

(1) Billroth, *Pathologie chirurgicale générale*, traduction. Paris, 1868.
(2) Sam. Cooper, *Dict. de chir. pratique*, trad. de l'anglais sur la 3ᵉ édition. Paris, 1826, t. I.

En parlant de la cicatrice, il dit que cette membrane constitue un tégument nouveau très-analogue et quelquefois tout à fait semblable à l'ancien.

Laugier (1) lui-même, dans un savant article, avait dit : « Terminons ce que nous avons à dire de la cicatrisation en mentionnant, *pour n'y plus revenir*, *la théorie surannée* de la guérison des plaies avec perte de substance par la régénération des chairs. » Après cette assertion, que signifient les mots de *tissu nouveau* que nous trouvons plus loin ? Pourquoi Laugier dit-il, par exemple, « que la cicatrice qui suit ces pertes de substance est un tissu nouveau intermédiaire, qui remplace le tissu détruit, ou comble l'intervalle des tissus divisés ? » Laugier dit en outre : « *la cicatrice est un tissu nouveau* qui unit deux portions d'un même tissu préalablement séparées par une violence extérieure. »

« Il suffit, dit ce savant chirurgien, d'énoncer les principaux arguments de cette régénération des chairs pour en finir avec une théorie que *personne* ne soutient aujourd'hui. » Nous sommes d'autant plus étonné de voir M. Laugier émettre une semblable assertion en 1834, que Dupuytren (2) disait en 1832. « .... La nature *crée* et *organise un tissu nouveau*, destiné à remplacer les tissus détruits et à remplir leurs fonctions. »

M. Kühnholtz (3) concluait à la régénération des chairs.

M. Cruveilhier dit (4), qu'il était inutile de remettre au *jour cette théorie surannée et si souvent stigmatisée du sceau du ridicule.* M. Cruveilhier admet cependant la régénération de la peau; pourquoi ne pas conclure à la régénération d'autres parties, à la condition que ces parties soient dans des situations spéciales? Du reste, depuis le mémoire de Kühnholtz et le rapport peu favorable de Cruveilhier, un grand nombre de faits sont venus démon-

(1) Laugier, *Dict. de Méd.*, en 30 vol. 2e édit., art. CICATRICE, p. 569.
(2) Dupuytren, *Leçons orales de clinique chirurgicale.* Paris, 1839.
(3) Kühnholtz, *Considérations générales sur la régénération des parties molles du corps humain.* Paris, 1841.
(1) Cruveilhier, *Bull. de l'Acad. de médecine.* Paris, 1836-37, tome I, p. 388.

trer que la régénération de certains tissus est inconstestable.

La régénération des nerfs, que Cruveilhier et Roux niaient, est démontrée et n'est plus contestée par personne.

Depuis ces travaux, on le sait, un grand nombre d'exemples de tissus qui se régénèrent, ont été publiés.

Beaucoup d'auteurs admettent bien la régénération d'un certain nombre de tissus ; mais, lorsqu'ils décrivent les phénomènes de réparation des plaies, ils s'occupent exclusivement de la cicatrisation et négligent d'indiquer s'il ne pourrait pas dans certains cas y avoir une véritable régénération.

Pour avoir une notion exacte sur tous ces faits, ne nous fions qu'aux données de l'observation. Divisons un tissu et assistons aux modifications qui vont se produire. Essayons de pénétrer aussi profondément que possible dans l'observation du phénomène et voyons si nous ne pouvons pas y saisir la trace d'une régénération.

Nous allons donc examiner l'influence qu'exerce l'irritation sur la génération des éléments : 1° dans les tissus non vasculaires ; 2° dans les tissus vasculaires.

Mais avant d'entrer dans les détails de ces questions, détails que nous abrégerons autant que possible, il faut que nous signalions une loi qui domine toute la physiologie pathologique de l'inflammation. Cette loi est la suivante :

L'inflammation fait repasser la cellule adulte à l'état embryonnaire ; sans cette modification, aucune prolifération ne peut se produire. L'élément ne pourra se régénérer, à moins de se rajeunir. Nous verrons dans les différents tissus ce remarquable phénomène, et nous allons avoir à étudier l'évolution future de cette cellule rajeunie, c'est-à-dire l'évolution de la cellule embryonnaire.

§ 1er. — Influence de l'irritation sur la génération des éléments anatomiques dans les tissus non vasculaires.

Soit le tissu cartilagineux, et supposons qu'une irritation par un agent quelconque soit produite à sa surface. Qu'observerons-nous alors?.... Au bout d'un certain temps nous verrons un gonflement de la partie et nous remarquerons surtout que la surface irritée est recouverte d'une couche pulpeuse, molle et souvent grisâtre. Mais cet examen à l'œil nu ne peut évidemment nous suffire : si nous sacrifions alors l'animal sur lequel nous avons fait l'expérience et si nous examinons son cartilage au microscope, nous allons trouver des différences et des troubles plus ou moins marqués, selon que nous examinerons les différentes couches histologiques situées à une plus ou moins grande distance du point irrité.

En effet, à mesure que nous nous avançons vers ce point, nous voyons le noyau des cellules qui a augmenté de volume ; le protoplasma, c'est-à-dire le contenu de la cellule, s'accumule et les capsules de cartilage sont hypertrophiées. Plus loin la multiplication endogène se fait, les cellules excrètent autour d'elle des capsules; elles élaborent de la matière cartilagineuse. Jusqu'ici, on le voit, nous n'avons eu en réalité que de l'hypertrophie.

Mais si nous examinons le point irrité, nous allons pouvoir noter des phénomènes importants. D'abord, la forme des cellules a considérablement changé; un certain nombre sont éclatées et à peine reconnaissables; si l'irritation a été assez vive, nous apercevrons un assez grand nombre de cellules embryonnaires ; *sous l'influence de l'irritation, la cellule adulte est repassée à l'état embryonnaire.* Mais que vont devenir ces éléments embryonnaires? Ils peuvent servir à produire trois choses.

Si l'inflammation a été trop intense, et si les vaisseaux qui apparaissent toujours dans ces cas et dont nous avons étudié le mode de formation (pages 35 et suiv.) ne se montrent pas de bonne heure, ces éléments ne recevront pas leur nourriture et ils mourront à cette période. Ce sont ces cadavres microscopiques, éléments embryonnaires à un faible degré de vitalité, qui nous semblent constituer le pus.

Dans d'autres cas les éléments embryonnaires peuvent former un tissu différent de celui d'où ils dérivent et former du tissu fibreux. Ce cas s'observe dans certaines arthrites chroniques. Quand l'inflammation est vive, il peut y avoir aussi formation de tissu osseux.

Dans les cas les plus heureux, ces éléments *embryonnaires repro-duisent le tissu de la région où ils siégent.* — L'on voit alors à une cellule cartilagineuse succéder une cellule cartilagineuse; c'est en un mot une véritable régénération.

Certains auteurs, Redfern et Broca, ont essayé de nier que cette régénération, dans ce cas particulier, puisse se faire; mais des expé-rimentations nombreuses nous ont permis d'être entièrement fixé sur ce point. Le cartilage peut se régénérer.

Tout dépendra donc, dans les cas de plaies du cartilage, de l'in-tensité de l'inflammation. Que l'irritation soit très-vive et continue, un grand nombre d'éléments embryonnaires ne pourront pas vi-vre et devront être éliminés; nous obtiendrons alors aussi un tissu fibreux, nous aurons en un mot une cicatrice cartilagineuse. Mais si, au contraire, le chirurgien emploie tous les moyens qu'il pos-sède pour éviter cette inflammation perturbatrice, les éléments em-bryonnaires pourront suivre leur évolution régulière et constituer un tissu régénéré parfait.

Ce que nous venons de décrire pour le tissu cartilagineux se passe de même pour les autres tissus non vasculaires, et pour la cornée; nous savons que Rindfleisch a signalé la possibilité de gé-nérations nouvelles de cellules cornéennes parfaites à la suite de plaies de cette partie de l'œil.

§ 2. — Influence de l'irritation sur la génération des tissus vasculaires.

Dans les tissus vasculaires, nous allons aussi observer des phé-nomènes à peu près semblables.

Examinons en effet un os irrité, et perforons-le par exemple. Nous allons, au bout de quelques jours, observer une production excessive de tissu embryonnaire, aux dépens des médullocelles, qui siégera sous le périoste.

Dans tous les espaces médullaires, l'hyperplasie inflammatoire

existe. Le travail d'hypergenèse des cellules adipeuses a été démontré, on le sait, d'une façon très-nette par Ranvier.

En même temps que ces différents phénomènes se passent, les
lamelles osseuses voisines se résorbent, la substance organique se
raréfie.

Les corpuscules osseux redeviennent alors cellules proliférantes.

Ici nous observons ce que nous avons vu pour le tissu cartilagineux, c'est-à-dire un véritable rajeunissement de l'os : toutes les
parties sont retournées à l'état embryonnaire.

Dans ce cas aussi ces éléments embryonnaires vont pouvoir mourir à cette période, et cela surtout si la formation des vaisseaux nouveaux ne marche pas parallèlement à cette génération exagérée et
tumultueuse d'éléments anatomiques. Nous aurons du pus qui
est destiné à être éliminé, complication redoutable que nous observons malheureusement trop souvent dans la chirurgie des maladies osseuses.

D'autres fois nous aurons ce que Virchow appelle une *hétéroplasie* inflammatoire, c'est-à-dire que les éléments pourront former
un tissu, mais qui ne sera pas du tissu osseux.

Dans les cas heureux, au contraire, nous aurons un élément osseux régénéré dérivant de la cellule embryonnaire : nous aurons
une véritable régénération.

Soit encore le tissu conjonctif divisé par un instrument très-
tranchant. Une légère hémorrhagie a lieu, mais les bords de la
plaie sont rapprochés. Les capillaires étant oblitérés, la pression
va augmenter ; de là, rougeur, chaleur et gonflement.

A ces conditions mécaniques s'ajoute bientôt l'irritation. Cette
irritation amène la dilatation des capillaires et des conséquences
nombreuses que nous n'avons pas à énumérer. Si donc on examine
le tissu conjonctif divisé, au bout d'un certain temps nous observerons que les corpuscules du tissu conjonctif offrent un agrandis-
sement ; les noyaux se partagent à leur tour et de nouvelles cellules apparaissent. On peut apercevoir en outre, d'après les

descriptions de Rindfleisch (1), des cellules du tissu conjonctif, qui se contractent et sont animées de mouvements amiboïdes et auxquelles certains auteurs ont fait jouer un grand rôle dans leurs théories de régénération. Ce mouvement des jeunes cellules doit singulièrement favoriser la scission ; d'après d'autres auteurs, les nouvelles cellules formées s'accumulent entre les deux surfaces et en même temps la substance intercellulaire, transformée en une masse homogène, disparaît (substance fibrinogène).

Dans ce cas aussi, comme pour le cartilage et pour l'os, les cellules adultes, sous l'influence de l'irritation, repassent par la période embryonnaire et vont suivre ensuite une évolution régulière.

A mesure que l'on s'éloigne du moment de la blessure, la scission des cellules devient plus lente, les cellules des surfaces métamorphosées deviennent fusiformes, le tissu intercellulaire réapparaît, avec une solidité plus grande, les cellules fusiformes se transforment en cellules de tissu conjonctif.

Telle est la marche des faits que l'observation directe nous indique. Ne venons-nous pas d'assister à une régénération? Des cellules jeunes nous sont en effet apparues ; d'abord, elles sont passées par des phases différentes qui nous ont conduit à un tissu exactement semblable au tissu conjonctif normal.

Dans le cas que nous venons de décrire, les phénomènes inflammatoires ont été presque nuls et l'on a eu une plaie qui s'est réunie par première intention.

Quant aux vaisseaux dont nous avons signalé le mode de formation, ils jouent un grand rôle en assurant la vitalité de ces générations nouvelles d'éléments anatomiques. Nous allons voir bientôt que les phénomènes de suppuration qui exercent une influence si nuisible sur la régénération, tiennent en grande partie à la faible vitalité des éléments embryonnaires qui, si l'on peut s'exprimer ainsi, meurent à cette période.

____

(1) Rindfleisch, *Histologie pathologique*, trad. par Fr. Gross. Paris, 1872.

Signalons encore, pour rapprocher le mode de processus régénérateur du mode d'évolution qui se passe, par exemple, dans la vie embryonnaire, outre la série ascendante qu'est obligée de parcourir la jeune cellule avant d'arriver à l'état de cellule de tissu parfait, la présence d'un réseau vasculaire extrêmement abondant, qui existerait chez le fœtus, à une certaine époque de son existence. Dans la formation des éléments d'un organisme, comme dans la formation d'éléments nouveaux dans une plaie, les cellules passent toutes par la vie embryonnaire. Les tissus provisoires dans les deux cas apparaissent pour disparaître bientôt; dans la plaie d'un blessé, dans le corps d'un animal en voie de génération, mêmes phénomènes. L'analogie est bien grande, et pourrait nous amener à une conclusion rigoureuse.

« La naissance des éléments anatomiques chez l'adulte, a dit M. Ch. Robin, reproduit les phénomènes de leur génération chez l'embryon. Elle s'accomplit d'après les mêmes lois, et les phases du développement conjonctif à la naissance sont aussi les mêmes que chez l'embryon. »

Ce qu'il importe de bien noter, c'est qu'il n'existe pas de différence entre les phases de la régénération d'un tissu par naissance d'éléments anatomiques et les phases de l'apparition de ce même tissu chez l'embryon.

Dans la régénération et la cicatrisation du derme, nous pouvons voir apparaître d'abord des noyaux embryoplastiques, puis les vaisseaux qui, d'abord très-nombreux, ne tardent pas à disparaître en partie; les fibres lamineuses se montrent ensuite, puis les éléments élastiques. Ne dirait-on pas dans ce cas avoir affaire à une génération du derme par genèse chez l'embryon ?

Là, en effet aussi, les noyaux embryoplastiques naissent d'abord ; citons cependant quelques exceptions à cet égard pour le notocorde, les cartilages vertébraux et les myélocytes; mais, à part ces parties, après les noyaux embryoplastiques, on voit aussitôt, comme dans le cas de plaie, apparaître ensuite les vaisseaux, les fibres lamineuses et les éléments élastiques. Dans ces deux cas, nous pouvons donc conclure qu'il n'existe aucune différence pour l'ordre d'apparition des éléments anatomiques, ce qui fait que l'on pourrait presque dire que la régénération est une naissance partielle.

Dans le cas de cicatrisation, de réunion par seconde intention que nous allons étudier, les éléments apparaîtront bien au début dans l'ordre où ils se montrent chez l'embryon, mais le tissu embryonnaire subira des transformations qui pourront l'amener dans certains cas à ne pas reproduire les éléments du tissu de la région où il siégeait.

Dans les cas où les phénomènes inflammatoires ont été assez violents, les éléments embryonnaires, en continuant leur évolution, n'arriveront pas à reproduire les éléments du tissu primitif, mais ils donneront le plus souvent du tissu fibreux : l'on aura une cicatrice.

Dans la réunion par première intention de la plaie du tissu conjonctif, rien ne s'oppose à la reconstitution du tissu. Mais si une large plaie est produite avec perte de substance, que cette plaie soit exposée à l'air, irritée par des corps étrangers, que se passera-t-il ? La régénération pourra-t-elle s'effectuer jusqu'à la fin sans obstacle ? Une production de cellules embryonnaires considérable se formera dans ce cas, en même temps le sérum transudé contenant de la substance fibrinogène, soumis à l'influence de ces cellules se coagulera. Mais ce qui distinguera ce cas plus compliqué de celui de section simple sans perte de substances, c'est que nous aurons des cellules mortes qui surgiront à la surface de la plaie ; parmi ces cellules, les unes ne pourront plus évoluer, les autres, dans un état de mort apparente, comme l'a dit Himly, et nous préférerions dire dans un état de mort imminente, pourront mourir, si le plasma sanguin vient à ne pas irriguer en quantité suffisante les bords de la plaie.

Mais bientôt le tissu bourgeonnant apparaît. En effet, le tissu nouveau formé ne peut pas trouver un point d'appui dans la face opposée, que l'on trouvait dans la section simple ; la substance fibrineuse, les cellules nouvellement formées occupent la surface. Si les vaisseaux nouvellement formés sont suffisants, les cellules rondes embryonnaires continuent à se multiplier.

Le tissu est de consistance variable, et à la partie supérieure se trouve une couche liquide, substance intercellulaire liquide, dans laquelle se trouve ce que l'on appelle le pus.

Maintenant que nous venons d'examiner comment la génération d'éléments anatomiques peut se faire sous l'influence de l'irritation, cherchons à répondre à cette question si difficile. D'où provient le pus? et voyons si les idées que nous venons d'exposer ne pourront pas aider à la solution du problème.

Nous devons l'avouer, malgré les études constantes sur l'inflammation, malgré les observations microscopiques minutieuses, la physiologie pathologique de l'inflammation ne nous est pas encore parfaitement connue.

Pour Virchow, le globule de pus, on le sait, se forme aux dépens des éléments du tissu dans lequel il apparaît, par suite d'une prolifération de ces derniers. En fait, le globule de pus est-il un élément histologique spécial? Le globule du pus naît-il à l'état de globule de pus ou est-il une modification d'un autre élément? La théorie de Küss et de Henle à ce sujet nous paraîtrait assez séduisante.

M. Lebert et Küss sont certainement les auteurs qui ont donné le plus d'éléments pour résoudre cette question. Leur opinion peut se résumer dans ceci : Le globule purulent n'est que la cellule du tissu connectif arrêtée dans son développement *et morte* avec dégénérescence moléculaire. Küss recherche la vérité, et pour cela, il emploie des instruments puissants, l'expérimentation aidée de l'observation. Il fait des plaies à un chien et examine les tissus divisés. Voici comment l'illustre professeur nous donne le résultat de son observation :

« Le tissu inflammatoire globulaire, soumis à une irritation excessive, à la compression (par exemple dans un phlegmon), au contact de l'air (à la surface des bourgeons charnus), subit un troisième mode de transformation, c'est sa nécrose, sa fonte purulente. Sa teinte grisâtre devient jaunâtre; de compacte qu'il était, il devient pulpeux, ses éléments se désagrégent et l'on voit les globules se gonfler, pâlir, leurs contours devenir moins nets. *Ce sont les globules du pus.*

« Les amas grisâtres qui en occupaient l'intérieur se sont en partie transformés en gouttes huileuses. Ce sont elles qu'on a décrites comme noyaux multiples des globules du pus; car la plupart des observateurs, imbus de la brillante théorie de Schleiden se sont évertués à trouver, dans tout globule, un noyau, dans chaque noyau, un nucléole. Je crois que l'on s'est trop hâté en généralisant ces filiations de la cellule, et je saisis cette occasion pour déclarer qu'en étudiant les tissus sains et morbides de l'organisme humain, je n'ai observé à l'appui de la susdite théorie que quelques faits douteux : que bien plus souvent, j'ai vu la cellule préexister à son prétendu noyau, et je crois, dans la plupart des cas, pouvoir considérer les changements que l'on remarque dans l'intérieur des cellules comme liées, tantôt à la génération endogène, tantôt aux transformations graisseuses.

« Si l'on veut ne conserver aucun doute sur la liaison des faits que je viens d'exposer, il faut étudier, ainsi que je l'ai fait, les bourgeons charnus suppurants, chez l'homme et de préférence chez le chien, dont le suc nourricier manifeste sous l'influence des irritants une activité prodigieuse. Ces bourgeons charnus ne sont autre chose que le tissu inflammatoire, toujours le même, substitué aux couches superficielles des tissus les plus divers, mis à nu, exposés à l'action irritante de l'air, par exemple. En effet ,on n'y remarque aucune différence de texture, quel que soit l'organe sur lequel on les trouve greffés; que ce soit le derme, le tissu cellulaire, un os, un muscle, etc., partout on les trouve constitués par quatre couches, la couche purulente, la couche globulaire privée de vaisseaux;

la couche vasculaire dans laquelle le globule est en voie de transformation fibrillaire, et enfin la couche médullaire dans laquelle
cette transformation est achevée et qui est relativement exsangue,
quand on la compare au stratum précédent. C'est surtout en étudiant les formes organiques que l'on trouve à la surface solide des
bourgeons, c'est-à-dire entre les globules vivants réunis en masse
compacte, et le pus, que l'on arrive à ne plus conserver le *moindre
doute sur la nature de ce dernier.* Les globules caractéristiques qui
entrent dans sa composition sont les globules fibro-plastiques,
frappés de mort, exposés qu'ils se trouvent à l'action irritante de
l'air ou des topiques. Les lois physiques exercent alors sur ces
cadavres microscopiques un empire absolu, l'imbibition les fait
gonfler comme des éponges, rend leurs contours moins nets, raréfie
leur tissu et les rend plus pâles. A la surface des bourgeons charnus, l'origine du pus ne peut donc être l'objet d'aucune contestation. »

D'autres auteurs ont cherché en outre à prouver que le globule muqueux ou purulent n'est qu'une jeune cellule arrêtée
dans son développement, et frappée de dégénérescence granulograisseuse.

Telles sont les principales opinions émises il y a déjà quelques
années par des observateurs sérieux ; les nouvelles données doivent-elles être acceptées avec plus de faveur ? Nous craignons
qu'il ne doit pas en être ainsi. Nous nous représentons en
effet beaucoup plus facilement après une plaie, une génération
d'éléments anatomiques se faisant en assez grande abondance;
mais une cause extérieure survenant, parmi ces cellules un certain nombre meurent à la période *globulaire* et nous les retrouvons plus tard à l'état de cadavres microscopiques. Cette vue si simple et qui paraît si naturelle, doit-elle être acceptée? Dans une
question aussi difficile et encore à l'étude on ne saurait être trop
réservé. Quant à admettre pour le globule purulent une spécificité,
nous le disons ici hautement, nous ne comprenons pas ce que la

maladie *peut créer;* tout produit morbide est pour nous une exagération d'un produit physiologique. A l'état normal, des éléments sont produits ; que par des conditions extérieures, de milieux surtout, cette génération soit exagérée, que des éléments ne puissent pas vivre, qu'ils meurent, le pus se trouverait constitué. Le pus serait un produit de véritable déviation du travail de régénération, un produit de désorganisation.

Nous ferons remarquer en outre que dans une plaie qui suppure il est impossible de voir un travail de régénération au début : à plus forte raison dans les cas de suppuration chronique, dans les ulcères dits atoniques ; si l'on vient dans ces cas à laver la plaie, on trouvera bien des bourgeons charnus, mais ces bourgeons charnus n'auront pas un degré de vitalité suffisant ; ils seront pâles et ce n'est qu'en excitant la plaie que l'on peut arriver à la régénération. C'est que, dans ces cas, les éléments nouveaux deviennent des cadavres qu'il est facile de constater au moyen du microscope. Les éléments de régénération dans ces cas, pensons-nous, se détruiraient à mesure qu'ils se produiraient.

Un assez grand nombre d'histologistes, en France surtout, ont insisté sur ce fait que la génération des éléments anatomiques ne s'accomplit pas dans les points où l'inflammation est à son summum, c'est surtout vers la périphérie du foyer inflammatoire que se constaterait surtout la régénération des éléments anatomiques. Nous croyons devoir citer ici les paroles suivantes de M. Robin à ce sujet, car son assertion nous paraît très-importante. « L'inflammation est loin d'être favorable à l'adhésion des tissus, c'est-à-dire à la génération des éléments anatomiques, dit ce savant histologiste, c'est au contraire avant que cette inflammation ait lieu ou après qu'elle a eu lieu, ou relativement loin des points où elle est confirmée, que s'accomplissent les phénomènes de génération d'éléments anatomiques. »

Sans nous prononcer définitivement au sujet des deux theories principales de l'inflammation, de l'irritation formatrice (Virchow), du blastème (Robin), nous pourrions penser que, si l'irritation joue un grand rôle pour la prolifération des cellules embryoplastiques (et cette théorie nous semble la plus acceptable), l'inflammation en donnant lieu à une production exagérée d'éléments, mais à une élimination exagérée des cadavres microscopiques, comme le dit si bien Küss, ne servira pas en somme à la génération lente et sagement modérée qui doit nous donner un tissu parfait.

Quant à l'opinion qui veut que les globules de pus dérivent des globules blancs, théorie qui a fait dans ces derniers temps un si grand bruit et qui est soutenue par Cohnheim (1), nous croyons ne pas devoir l'admettre comme théorie générale de l'inflammation, et nous n'avons pas ici à donner les raisons qui nous font émettre cette opinion.

Ces recherches sur les globules blancs et les parois qu'ils doivent traverser, ont mis en lumière un fait qui nous paraît être cependant très-important. L'on a vu en effet que les capillaires participent au travail de prolifération, non-seulement ils donnent passage à travers leurs parois ramollies, aux globules blancs, mais encore aux principes nutritifs, et cela nous explique pourquoi, dans les cas de génération excessive des éléments embryonnaires, nous n'en trouvons qu'un nombre relativement très-petit qui, manquant de leur nourriture, ne sont plus viables. Ce sont, nous l'avons dit, ces éléments embryonnaires à un faible degré de vitalité qui constitue le pus. Cette distribution plus abondante de principes nutritifs nous explique encore pourquoi un nombre très-peu considérable d'éléments peut encore donner lieu à de grandes quantités d'éléments semblables, les uns qui pourront continuer leur évolution, les autres qui se transformeront en pus.

Un fait acquis, c'est que les corpuscules migrateurs amiboïdes existent et il est relativement facile de les observer.

(1) Cohnheim, *Virchow's Archiv*, t. XL, p. 1. 1867.

Certains histologistes, M. Cornil, Stricker, admettent une théorie mixte de l'inflammation dans laquelle les cellules amiboïdes joueraient un grand rôle. Quant à la part certaine que les éléments prennent dans la régénération, nous l'avons déjà dit, la question est pendante et loin d'être résolue. Cependant dans la plupart des cas cette opinion de Cohnheim, qui du reste avait été émise bien avant lui par Zimmermann, ne saurait être admise. Ne voyons-nous pas les cellules d'épithélium se gonfler, se diviser? L'opinion de ceux qui pensent que si le noyau en voie de segmentation se divise sans que la cellule elle-même participe à cette division et amène des globules de pus, serait rendue fort vraisemblable par les lésions que l'on observe dans l'inflammation de la peau et sur les muqueuses dans l'inflammation catarrhale et surtout dans la péritonite expérimentale.

De sorte que, d'après ces théories mixtes, l'on pourrait admettre deux modes de formation des globules de pus : par prolifération cellulaire et par suite de la sortie des globules blancs hors des vaisseaux.

RÉSUMÉ

De tout ce qui précède, nous pouvons conclure hardiment que nous ne sommes pas de l'avis de ceux trop nombreux qui ne voient pas de différence entre la régénération normale et la cicatrisation. Si nous ouvrons quelques traités de pathologie, nous y verrons les articles Inflammation, Cicatrisation, traités longuement, mais nous y chercherions en vain des considérations que nous jugeons indispensables sur la régénération normale. Nous nous sommes, il est vrai, trop habitués à voir la régénération entravée, perturbée, suivre une voie fâcheuse et aboutir à la cicatrisation, et dans nos descriptions chirurgicales nous n'avons en vue que la cicatrisation. C'est un excès que nous devons modérer ; la ré-

____

(1) *Canstatt's Jahrsb.* 1845, 172.

génération qui devrait se produire est rare, la cicatrisation est le mode le plus habituel de réparation des plaies. L'inflammation dépasse ses limites ; elle assiste à un travail auquel elle devrait être étrangère et aussi croyons nous que, si nous avons à donner une définition de l'inflammation, nous ne parlerions pas seulement de la série des phénomènes observés dans les tissus analogues à ceux produits artificiellement, mais nous dirions : « *L'inflammation est caractérisée par une série de phénomènes dus à l'irritation ;* l'activité formatrice *exagérée*, la formation de régression exagérée sont ses deux caractères essentiels. »

Un tissu qui se régénère normalement ne doit pas présenter cette activité formatrice exagérée, car il ne faut pas oublier que *toute exagération dans* la production d'un travail physiologique constitue un état pathologique, et la cicatrisation est la conséquence de cet état. Nous verrons plus loin quelles sont les conditions de milieu très-multiples qui font dévier le processus de régénération. Nous ne dirons pas qu'il suffit de soustraire une plaie au contact de l'air, pour éviter la suppuration, d'autres causes et elles sont nombreuses, interviennent. Elles ne proviennent pas du milieu extérieur seul, mais encore du milieu intérieur.

CHAPITRE VI

RÉGÉNÉRATION MUSCULAIRE

Les muscles se régénèrent-ils? A cette question la plupart des auteurs vont répondre négativement. C'est qu'en effet le plus souvent, au lieu d'une régénération, nous n'observons qu'une cicatrice. Cette cicatrice est constituée par du tissu conjonctif; le tissu conjonctif persiste. Une désagrégation se fait dans le bout libre des fibres musculaires primitives, les noyaux du myolemme *augmentent cependant*, mais il y a pour ainsi dire *avortement*, et au lieu de nouvelles masses musculaires on a une terminaison arrondie des fibres musculaires, d'autres fois un renflement.

Un certain nombre d'auteurs ont été les défenseurs de cette régénération, presque niée par tous.

Waldeyer (1) admet, comme du reste Zenker (2) l'avait fait dans ses études sur les altérations musculaires, les nouvelles fibres des jeunes cellules conjonctives du périmysium interne.

O. Weber (3) étudiant les muscles dans des cas de pyohémie trouva sur ces surfaces suppurantes un degré de néoplasie musculaire. Suivant Weber cette multiplication viendrait : 1° des cellules qui dérivent des corpuscules musculaires des cellules tubuleuses musculaires ; 2° des cellules conjonctives du périmysium interne ; 3° des noyaux du sarcolemme.

Dans ses premières recherches expérimentales en 1863, Weber avait étudié la régénération du tissu musculaire strié à la suite de sections de muscles chez le lapin. — Il vit, dit-il, dans ces cas se

(1) Waldeyer, *Virchow's Archiv*, t. XXXIV, p. 473.
(2) Zenker, *Virchow's Archiv*, t. XXXIX, p. 216.
(3) Weber, *Centralblatt für die mediz. Wissenchaften*, 1863, et *Wiener med. Woch.*, 1868.

former, par participation de tous les éléments, une production des cellules plastiques en très-grand nombre, et cela dès le quatrième jour. Il pense que, si l'irritation est vive, une partie des cellules plastiques peut se transformer en pus et une autre en une production granuleuse. — Dès le huitième jour, il vit aussi une néoformation musculaire distincte, qu'il y ait ou qu'il n'y ait pas eu production de pus. Les jeunes cellules plastiques, avec leur noyau arrondi, entouré d'un plasma finement granulé sans membrane distincte, se prolongaient des deux côtés, et c'est dans leur protoplasma qu'apparaissait la substance musculaire striée, d'un côté seulement ou sur toute la périphérie.

Dans les expériences de Weber, la division des noyaux se produisait rapidement, de telle sorte qu'on trouvait dans une jeune fibre musculaire 2,4,5,6 et jusqu'à 20 noyaux. Ils étaient disposés en séries, pressés les uns contre les autres, ou séparés par la masse striée.

Malowsky (1) fait jouer aux globules migrateurs un rôle des plus importants. Ils seraient les noyaux des nouvelles fibres.

Enfin Neuman dit que la néoformation musculaire provient de la division des anciennes fibres. Il dit nettement : *La néoformation musculaire est due au bourgeonnement des anciennes fibres* (2).

De nombreuses modifications ont été, il est vrai, apportées à ces différentes théories. Zanowitsch, Cramer, Tischunski ont essayé de présenter des théories mixtes.

Gussenbauer (3) vient de résumer ce que ses expériences peuvent lui permettre de conclure. Il décrit avec soin ce qui se passe au début de la section. Le sarcolemme des fibres musculaires se plisse. Le contenu des fibres musculaires se divise en masses cireuses et ce phénomène, on le sait, avait été bien étudié par Zenker et Erb, dans

---

(1) Malowsky, *Archiv der Heilk.* 1868.
(2) *Archiv* von Max Schultze, 4º vol. 1868.
(3) *Langenbeck's Archives.* 1871. Voir *Gazette médicale,* 1872. Revue allemande par le Dʳ Nepveu.

le typhus et dans les ruptures des muscles. Il se produit là une coagulation analogue à celle que l'on obtient en plaçant un fragment de tissu sous une cloche remplie de vapeurs chloroformiques.

Bientôt on voit apparaître les corpuscules migrateurs, qui viennent se rendre dans le périmysium interne. Nous avons signalé le rôle que Malowsky voulait faire jouer à ces éléments. Ces phénomènes ne sont pas, à proprement parler, des phénomènes de régénération, ce sont des actes préparatoires; mais si l'on va plus loin dans l'étude du phénomène, on ne tardera pas à apercevoir les noyaux des corpuscules musculaires en prolifération.

Les cellules tubuleuses musculaires de Waldeyer, d'après Gussenbauer, ne sont pas vésiculeuses, mais des prolongements solides qui viendraient des portions anciennes des fibres musculaires. Les masses cireuses (Scholle), sont bientôt pénétrées par les cellules migratrices qui s'y développent; leurs noyaux se divisent. Entre les cellules incolores du périmysium interne et celles qui se trouvent à l'intérieur des fibres musculaires, il n'y a aucune différence ni en forme ni en volume; l'absence de sarcolemme dans quelques-uns de ces points démontre la possibilité de la pénétration de ces cellules.

Deux modes principaux de reproduction musculaire se présentent donc, la multiplication par division des noyaux des corpuscules musculaires à l'intérieur d'une masse protoplasmique, qui est en rapport direct avec les anciennes fibres musculaires et qui, par son développement ultérieur, répond au bourgeonnement musculaire terminal et latéral de Neumann; en second lieu, l'isolement de quelques-unes de ces masses protoplasmiques et leur développement ultérieur. Gussenbauer n'a pu du reste observer un développement des fibres aux dépens des cellules qui l'infiltrent et s'y développent.

En résumé, nous voyons, comme nous l'avons dit, que pour cet auteur la régénération musculaire serait en grande partie due aux corpuscules musculaires des anciennes fibres.

(1) Voir aussi Colberg, *Deutsche Klinik.* 1864.

Certains auteurs ont non-seulement soutenu la possibilité de la régénération des muscles, mais ils ont encore pensé qu'il pouvait y avoir néoformation pathologique des fibres musculaires striées.

C'est ainsi que Virchow (1) dit avoir vu dans une tumeur des cellules allongées, munies d'un noyau et s'amincissant vers les extrémités ; ces cellules ressemblaient aux fibres musculaires des jeunes embryons. Il considère ce cas, ainsi qu'un cas à peu près semblable, communiqué par Rokitansky (2), comme une preuve certaine de la formation accidentelle du tissu musculaire strié.

On a objecté à Virchow, et cela peut-être avec quelque raison, que l'on ne pouvait pas considérer un tissu composé de fibres, comme du tissu musculaire, à cause de ses stries, et l'on sait même que les faisceaux du tissu conjonctif, devenus gonflés et onduleux par l'acide acétique, acquièrent une ressemblance fort grande avec les faisceaux musculaires.

Les recherches chimiques qui auraient pu nous éclairer dans ces cas ont été omises par Virchow, et l'on ne sait si les fibres appartiennent à celles qui donnent de l'albumine ou à celles qui donnent de la gélatine.

Il est vrai que Rokitansky nous dit que, d'après Ragsky, le suc de sa tumeur était absolument semblable à celui du muscle.

Ces faits, on le voit, ne viennent pas jeter un grand jour pour l'étude de la régénération musculaire.

Nous devons dire cependant que les résultats obtenus par Waldeyer, Zenker, Weber, Malowsky, Gussenbaüer, doivent être pris en sérieuse considération.

Remarquons d'abord que ces nouvelles recherches viennent à l'encontre de tout ce que les auteurs ont soutenu sur la régénération du tissu musculaire. Parmi les partisans des régénérations, un certain nombre ont dit en effet : Nous voulons bien qu'un cer-

(1) Virchow, *Ueber die pathologische Neubildung von quergestreiften Muskelfasern*, 1850. (*Würz. Verhandl.*, p. 189, Bd. I.)
(2) Rokitansky, *Gesellsch. d. Wiener Aerzte*, 1849, p. 331.

tain nombre de tissus se régénèrent, mais il en est un qui ne se régénère pas, *c'est le tissu musculaire*. Un grand nombre d'auteurs ont soutenu et soutiennent encore aujourd'hui cette opinion. Cependant les quelques résultats histologiques obtenus, incomplets nous l'avouons, tendent à nous prouver que la fibre musculaire se régénère. Il est vrai que les conditions qui entourent cette régénération sont éminemment défavorables; la rétractilité musculaire intervient d'une façon fâcheuse, la suppuration l'accompagne et alors, au lieu d'avoir une régénération musculaire, nous avons une *cicatrice musculaire*. Mais de ce que des conditions fâcheuses inhérentes à un tissu l'empêchent de se régénérer d'une façon normale, devons-nous en conclure que cette régénération n'existe pas? Le tissu musculaire *doit se régénérer*, mais il porte avec lui une condition de non-régénération : l'élasticité. Ne doit-il pas même arriver dans un grand nombre de cas, lorsqu'un instrument tranchant a sectionné une masse musculaire, et dans tous les cas où l'irritation est très-vive, qu'il y ait une contraction d'origine réflexe qui éloigne au maximum les deux surfaces musculaires? Dans ce cas, la régénération ne pourra certainement pas se faire. L'irritation inflammatoire elle-même ne doit-elle pas agir d'une façon constante dans le même sens? Toutes ces conditions de non-régénération existent malheureusement, et c'est pour cela que nous n'obtenons le plus souvent qu'une cicatrice musculaire.

Nous avons essayé du reste d'étudier expérimentalement, avec l'aide de M. Bouchard, professeur agrégé de la Faculté de médecine de Paris, les phénomènes de la réparation dans les lésions souscutanées des muscles, et ce sont les résultats que nous avons obtenus qu'il nous reste à signaler.

Nos expériences ont été pratiquées sur des lapins. Les muscles sectionnés par le ténotome étaient quelquefois les gastro-cnémiens, plus souvent les muscles des gouttières vertébrales.

Les premiers phénomènes sont l'écartement léger des lèvres de la plaie faite à l'aponévrose d'enveloppe, qui se rétracte légèrement, puis l'écartement beaucoup plus considérable des surfaces de section du muscle sous-jacent, écartement qui est toujours beaucoup plus grand à la surface que dans la profondeur, formant une sorte de V dont la base est fermée incomplétement par l'aponévrose d'enveloppe.

C'est dans cette cavité triangulaire que s'épanche et se concrète le sang après la section. Les tissus lamelleux sous-cutanés et celui qui permet les glissements du muscle sur l'aponévrose d'enveloppe, ne participant pas à la rétraction, obturent la boutonnière faite à l'aponévrose et limitent ainsi exactement le sang dans le foyer triangulaire sous-aponévrotique. Rarement le sang s'insinue dans les interstices du tissu musculaire. Quant à l'ecchymose sous-cutanée, qui résulte de la piqûre, elle est toujours très-limitée.

Le lendemain de la section, les apparences révélées par la dissection diffèrent peu de ce qu'on constate quelques instants après l'expérience ; le sang est seulement plus fermement concrété en un caillot que baigne une sérosité rougeâtre. La surface de section des muscles ne paraît pas modifiée, les éléments musculaires sont baignés directement par ce sérum sanguinolent.

Un seul fait mérite d'être signalé, c'est une congestion assez vive, du tissu cellulaire sous-cutané dans toute la région de la plaie et bien au delà des points directement intéressés. Cette congestion consisterait en une dilatation des vaisseaux de divers calibres, qui rampent dans l'épaisseur du tissu cellulaire et qui dessinent alors des arborisations très-ténues, très-nombreuses et très-élégantes, tranchant nettement avec l'aspect que présentent les parties correspondantes du côté opposé du corps.

Au microscope, on trouve dans ce tissu cellulaire congestionné d'assez nombreux éléments sphériques, beaucoup plus volumineux que les globules blancs du sang, mais ayant avec ces derniers la plus grande analogie de structure. Leur diamètre varie entre $0^{mm},010$ et $0^{mm},015$; leur forme est très-régulièrement sphérique; mais lorsqu'on les examine dans le tissu, sans adjonction d'eau ni d'aucun réactif, on voit peu à peu leur contour se déformer et l'apparence extérieure se modifier incessamment par le fait d'expansions sarcodiques. Quand on examine ainsi ces corps, sans l'emploi de l'eau ou des autres réactifs, on ne distingue rien dans leur intérieur, la masse d'apparence homogène, assez claire et transparente, mais un peu nébuleuse, ne laisse pas distinguer le contenu. L'eau, en gonflant un peu l'élément, le rend plus transparent et laisse apercevoir un, deux, quelquefois trois noyaux disposés souvent latéralement et présentant quelquefois une sorte d'étranglement qui fait soupçonner un commencement de segmentation. Les noyaux sont mis encore mieux en évidence par l'action de l'acide acétique dilué ; mais peu à peu l'enveloppe cellulaire, devenant de plus en plus transparente, finit par disparaître.

A cette époque, l'aponévrose d'enveloppe, au point où elle a été blessée, ne présente encore aucune modification histologique. Elle n'a d'ailleurs contracté aucune adhérence avec les tissus lamelleux qui recouvrent sa solution de continuité et qui, bien qu'un peu infiltrés et congestionnés, gardent leur structure normale, à part la présence des globules sarcodiques et un léger gonflement des corpuscules étoilés ou fusiformes.

Le caillot ne montre rien de particulier au point de vue de sa constitution élémentaire, non plus que le sérum qui le baigne. Les muscles ont gardé l'intégrité de structure des faisceaux primitifs ; mais déjà on voit nettement un certain gonflement des corpuscules conjonctifs dans les cloisons celluleuses interfasciculaires.

Ce gonflement est le point de départ d'un travail de prolifération qui s'opère les jours suivants à la fois dans le tissu cellulaire du muscle et dans les lamelles superposées ou sous-jacentes à l'aponévrose lésée au voisinage de la plaie qu'elle présente. Les éléments nouveaux, ayant d'abord l'aspect régulièrement ovalaire des noyaux embryoplastiques, prennent bientôt l'apparence et la structure de corps fusiformes.

En même temps, quelques modifications s'opèrent dans les

faisceaux primitifs des muscles. La striation persiste dans la plupart d'entre eux jusqu'au voisinage de la section, mais quelques-uns de ces faisceaux se gonflent, leur striation disparaît dans une certaine étendue, leur réfringence augmente, et ils se montrent alors comme des cylindres relativement volumineux, inégaux, étranglés et comme fendillés par places, vitreux, homogènes, ayant enfin tous les caractères d'une altération bien connue des éléments musculaires striés, décrite par Zenker dans les muscles des individus morts de fièvre typhoïde sous le nom de *dégénération cireuse*.

Parallèlement, d'autres faisceaux primitifs subissent une altération différente; ils deviennent grenus et montrent d'abord au centre, puis peu à peu dans toute l'épaisseur, une infiltration de fines granulations jaunâtres très-réfringentes qui, lorsque l'altération est avancée, donne au faisceau une opacité presque complète, excepté sur les bords. Ils sont alors noirs quand on les regarde par transparence, d'un blanc jaunâtre quand on les regarde par réflexion. Cette altération n'est pas de nature graisseuse, car elle résiste aux dissolvants de la graisse, s'atténue et disparaît à la longue par l'action de l'acide acétique. Elle peut être déjà assez avancée sans que la striation ait complétement disparu, et la disposition des granulations qui se substituent à la substance contractile paraît se faire en gardant la disposition des *sarcous elements*. Cependant, quand l'altération est complète, la striation longitudinale qui reste le plus longtemps apparente finit elle-même par disparaître.

C'est cette altération granuleuse qui l'emporte bientôt; et, vers le quatrième jour, elle s'observe vers la surface de section sur une épaisseur de quelques dixièmes de millimètres, sur presque tous les faisceaux primitifs, formant une sorte de vernis blanchâtre à la surface du muscle sectionné; mais, chose remarquable, on ne la voit pas toujours sur les deux faces de la section musculaire, et l'un des tronçons du muscle peut n'en présenter que quelques îlots isolés, tandis que l'autre tronçon en est recouvert par une couche continue. Pour les membres, et plus particulièrement dans les muscles gastrocnémiens, c'est le bout musculaire le plus voisin d'une attache tendineuse qui montre cette altération au degré le plus avancé.

Cette altération granuleuse s'est accompagnée d'un morcellement des faisceaux primitifs, qui se sont divisés en tronçons isolés. Un certain nombre de ces tronçons ont pu être produits mécaniquement par la section et ont pu subir secondairement la dégénération en question ; mais il est incontestable aussi que cette dégénération s'empare également des faisceaux qui n'avaient été que divisés et qui consécutivement, se fragmentent vers la surface de section.

Ainsi réduits en blocs isolés, bien que gardant toute l'épaisseur des faisceaux primitifs, les éléments musculaires ainsi dégénérés sont réunis entre eux par une substance fibroïde et grenue qui fait que la surface de section du muscle, au moment où cette dégénération est opérée, présente comme une membrane continue qu'on peut assez facilement détacher de la portion sous-jacente du muscle qui est relativement resté sain. Cette membrane non organisée, formée de blocs musculaires dégénérés, réunis par un ciment fibroïde, forme ce vernis d'un blanc jaunâtre que nous avons déjà signalé, habituellement uniformément répandu sur une des faces de la section, disséminé seulement en îlots sur l'autre face.

Pendant que cette altération s'est produite, le tissu conjonctif, comme nous l'avons dit, a proliféré non-seulement dans la couche lamelleuse sous-cutanée, mais aussi dans la membrane celluleuse qui sépare le muscle de son aponévrose d'enveloppe et dans les interstices des faisceaux primitifs du muscle lui-même ainsi que dans les cloisons inter-fasciculaires.

Partout la prolifération est plus intense et plus avancée vers le point où siége l'irritation, c'est-à-dire au voisinage de la section. De là, le travail hyperplasique va en s'atténuant vers la profondeur des tissus en s'éloignant du foyer de la lésion.

Le caillot, qui subit déjà les premières métamorphoses régressives, tend d'autre part à s'isoler, bien loin de servir à la réunion ou à la réparation. Cet isolement, dû en partie à la formation du vernis indiqué plus haut, se fait encore par la production d'une couche mince, transparente, élastique, d'une substance fibroïde qui des deux côtés recouvre les surfaces de section, et par un bourgeonnement du tissu cellulaire sous-jacent à l'aponévrose d'enveloppe, d'où résultent des expansions qui s'insinuent entre la susdite matière fibroïde et le caillot.

Il en résulte que lorsqu'on réussit à pratiquer une coupe perpendiculaire à la section, embrassant toutes les parties intéressées par elle, plus le caillot et les parties nouvellement formées, on trouve, en allant de la peau vers les os : le tissu cellulaire sous-cutané peu modifié, présentant encore quelques traces d'ecchymose, un peu épaissi, un peu congestionné ; l'aponévrose d'enveloppe, dont la section est toujours abrupte, mais dont les corpuscules fusiformes commencent déjà à se gonfler et où les noyaux peuvent être mis en évidence par le carmin ; puis. le tissu cellulaire sous-aponévrotique fortement tuméfié et soudé à travers la boutonnière de l'aponévrose d'enveloppe au tissu cellulaire sous-cutané, envoyant, d'autre part, par sa face profonde un prolongement qui tend à circonscrire le caillot et qui s'applique immédiatement sur lui.

Quand, sur la même préparation, on se dirige du muscle vers le caillot, on trouve dans des points un peu éloignés du foyer de la lésion : le tissu musculaire normal ; puis, en se rapprochant, on voit la prolifération du tissu cellulaire qui enveloppe les faisceaux primitifs et les faisceaux secondaires. Les éléments musculaires paraissent normaux, un peu espacés par le gonflement du tissu conjonctif intersticiel. Cependant l'acide acétique montre sur le sarcolemme une augmentation de volume et même une multiplication des noyaux longitudinaux de cette membrane. La prolifération des éléments du tissu conjonctif, comme celle du sarcolemme, augmente à mesure qu'on se rapproche du siége de la section.

Arrivé à la limite, on trouve que les faisceaux primitifs sont généralement terminés par une extrémité arrondie, et le tissu formé par les cellules fusiformes de nouvelle formation se réunit en une sorte de membrane entre l'extrémité des faisceaux primitifs et le vernis qui recouvre la section. La prolifération ne pénètre pas ce vernis; mais, dans certains points où il manque et dans ceux où il a pu être fendillé, le tissu conjonctif de nouvelle formation s'avance plus loin.

On trouve ensuite le vernis non organisé formé de blocs musculaires en dégénération granuleuse, réunis par une substance fibroïde ; puis, à la surface de ce vernis, la couche de substance fibroïde transparente, élastique, amorphe, déjà indiquée plus haut.

Au delà on retrouve l'expansion celluleuse envoyée par le bourgeonnement du tissu cellulaire sous-aponévrotique, et enfin on arrive au caillot.

Qu'est-ce que cette substance fibroïde élastique, transparente, immédiatement appliquée sur le vernis? Au premier abord, on peut croire qu'on a affaire à du tissu connectif. Mais cette matière, quoique fibroïde, est amorphe et ne contient pas d'éléments cellulaires. D'autre part, sa striation fibroïde persiste et s'accentue même davantage par l'action de l'acide acétique. Ces caractères doivent la faire assimiler à la *mucine*. Et cette mucine ne peut pas être considérée comme fabriquée par le caillot dont elle est séparée par un prolongement du tissu cellulaire sous-aponévrotique. Elle a sans doute son origine dans cette portion du tissu musculaire qui en dégénérant a servi à former le vernis.

La lamelle d'expansion du tissu cellulaire sous-aponévrotique est interposée à la couche de mucine et au caillot. Elle renferme de grosses cellules fusiformes ou étoilées et quelques vaisseaux.

La cicatrisation exige que cette dernière membrane se fusionne avec le tissu cellulaire de nouvelle formation qui a son origine dans

le muscle et qui est sous-jacente au vernis. Cette fusion peut
s'opérer directement dans certains points où le vernis manque.
Dans ceux où il a été fendillé, la mucine s'oppose à la réunion ; mais
peu à peu elle disparaît devant les éléments qui prolifèrent ou se
laisse pénétrer par eux. Enfin vernis et mucine, membranes transitoires, ne tardent pas à se résorber et à disparaître. Alors, à la
surface du muscle, existe un tissu riche en éléments fusiformes
provenant à la fois du tissu intersticiel du muscle et de la lamelle
cellulaire sous-aponévrotique. Ce tissu nouveau, adhérant fortement
aux tissus préexistants d'où il dérive, englobe complétement le
caillot dont la partie séreuse a déjà disparu par résorption et dont
la fibrine est déjà en voie de régression ; il pénètre ce caillot, et
les éléments granuleux de ce dernier, s'insinuant dans les canalicules plasmatiques du tissu ambiant, se disséminent et disparaissent. Le foyer est alors rempli par un tissu fibroplastique qui, au
premier abord, ressemble à du tissu musculaire vu à l'œil nu, mais
qui en somme finit par former une cicatrice fibreuse. La réparation
a fait d'un muscle ordinaire un muscle digastrique.

En même temps que s'opèrent ces dernières modifications, l'a-
ponévrose d'enveloppe dont les corpuscules proliféraient s'est
soudée au tissu interposé à la façon des tendons sectionnés. Son
adhérence avec la cicatrice du muscle peut faire place à la longue à
un tissu lâche et lamelleux.

CHAPITRE VII

RÉGÉNÉRATION DES NERFS

La régénération des nerfs commence à nous être en partie connue, et l'on sait qu'elle se produit lorsque la lésion porte sur un nerf moteur, sur un nerf sensitif mixte, et même sur le sympathique.

Cruikshank en 1776, travaillant avec Hunter et voulant démontrer que les nerfs intercostaux n'influençaient pas l'action des viscères thoraciques, pratiqua la section du huitième nerf intercostal droit, et le vit se régénérer.

Il déposa même un nerf régénéré dans le musée de Hunter.

Fontana (1) et Michaelis (2) répétèrent ces expériences.

Haighton (3) chercha des preuves physiologiques et il vit se faire le rétablissement de troncs aussi importants que ceux du pneumogastrique, par exemple.

Reil, Meger, Descot, publièrent des faits semblables.

Steinrueck a résumé d'une façon remarquable tout ce qui avait été fait avant lui.

Cependant quelques autorités s'élevèrent et nièrent la régénération nerveuse. Nous pouvons citer par exemple, Arnemann (4), Richerand.

(1) Fontana, in Haller, *Expériences sur les parties irritables et sensibles* (*Mémoires*, 1778, 3ᵉ vol.).

(2) Michaelis, *Ueber die Regeneration der Nerven. Ein Brief an P. Camper.* Cassel, 1785.

(3) Haighton, *An Experimental Inquiry concerning the reproduction of nerves* (*Philosoph. Transact.*, 1795).

(4) Arnemann, *Versuche über die Regeneration an lebenden Thieren* (*Instit.*, t. I). — *Ueber die Regeneration der Nerven.* Göttingen, 1787.

En 1827, Prévost (1) démontrait l'existence de tubes nerveux régénérés, et répétant l'expérience de Haighton, il fit voir qu'il existait des tubes nerveux qui, partant de l'extrémité du bout central, se rendaient au bout périphérique.

Flourens (2) arrive bientôt à conclure de ses expériences que : « la communication des irritations par les points réunis se rétablit en entier, et qu'il y a de nouveau continuité de vie dans le nerf, comme continuité de tissus. »

Swann (3), obtint aussi, dans ses nombreuses expériences, des régénérations parfaites.

Tiedemann (4) observe aussi la régénération nerveuse. Nous aurons à signaler bientôt le rôle que cet auteur fait jouer à la lymphe plastique dans sa théorie.

Il vit tous les nerfs du plexus axillaire qui avaient été réséqués dans une étendue de 10 lignes (0^m,022), se régénérer et amener de nouveau la sensibilité et le mouvement dans la patte de l'animal sur lequel il avait pratiqué cette expérience.

Sacrifiant cet animal au bout de vingt-un mois, il observa qu'aux points de division, les nerfs présentaient des renflements ovalaires, plus forts à l'extrémité du bout central qu'à l'extrémité du bout périphérique; un cordon plus mince que le reste du tronc nerveux unissait ces deux renflements.

Les travaux de Valentin (5), de Bidder, de Volkman (6), de Fœrster (7), sont venus aussi démontrer que la régénération nerveuse est incontestable.

(1) Prévost, *Note sur la régénération des tissus nerveux* (*Annales des sciences naturelles*, t. X, 1827).
(2) Flourens, *Annales des sciences naturelles*, t. XIII, 1828.
(3) Swann, A. *Treatise on diseases and injuries of the nerves.* Londres, 1834, in-8.
(4) Tiedemann, *Ueber die Regeneration der nerven* (*Zeitschrift für Physiologie,* 1831).
(5) Valentin, *De funct. nervorum*, 1840.
(6) Volkman, *Die Selbständigkeit des sympathischen Nervensystems durch anatomische Untersuchungen nachgewiesen.*
(7) Fœrster, *Anatomie pathologique.* Trad. par Kaula. 1853.

Jobert (1) nie cependant la régénération des nerfs. Il est vrai que cet auteur s'est placé dans de fort mauvaises conditions, et il ne faudrait certainement pas conclure, comme ce chirurgien l'a fait, que parce que, dans quelques cas, l'on ne rencontre pas de nerfs dans le tissu inodulaire des cicatrices et que l'on trouve les nerfs des parties voisines limités à la périphérie des cicatrices par des renflements analogues à ceux qu'on trouve sur les nerfs des amputés, la régénération normale de la substance nerveuse ne puisse se faire.

L'histologie est venue ensuite, et elle a permis d'assister jour par jour au travail de régénération, de telle sorte qu'il a été impossible de nier la régénération des tubes nerveux.

Les principaux phénomènes qui se passent après la section d'un cordon nerveux sont les suivants :

Le bout supérieur s'hypertrophie, devient noueux. Le sang qui s'était d'abord épanché se résorbe. De nouveaux vaisseaux apparaissent bientôt dans la lymphe épauchée qui succède à cette résorption.

Le névrilemme se reconstitue rapidement en se portant de l'un à l'autre bout, et adhère d'une façon intime à la matière glutineuse qui les sépare. Les tubes nerveux apparaissent dans cette lymphe plastique (Vulpian).

Après quelques jours, du bout supérieur légèrement renflé, naît un faisceau grisâtre qui se dirige en s'amincissant vers l'extrémité libre du bout périphérique et vient s'y réunir. Ce faisceau est constitué par des fibres nerveuses de nouvelle formation.

« Les fibres de ce faisceau sont plus grêles, dit M. Vulpian (2), que celles qui constituent le bout central ; les unes sont complètes, les autres n'ont pas de matière médullaire, ce qui donne à ce faisceau un aspect grisâtre. Puis, peu à peu, ce dont on se rend compte en étudiant à des époques différentes des animaux d'une même série, ce faisceau augmente de volume, prend une teinte de plus en plus

(1) Jobert, *De la réunion en chirurgie.* 1864.
(2) Vulpian, *Leçons sur la Physiologie du système nerveux.* Paris, 1866.

blanche par suite de la production de nouvelles fibres complètes ;
mais ce n'est qu'après quelques mois qu'il aura acquis un diamètre
à peu près égal à celui des deux bouts. Après quatre, cinq ou six
mois, on a sous les yeux un cordon nerveux de nouvelle formation,
allant de l'extrémité du bout central à l'extrémité voisine du bout
périphérique, d'un diamètre moins considérable que celui de ces
deux bouts, quelquefois un peu plus grêle vers le bout périphérique que vers le bout central, et se distinguant surtout bien de ce
dernier qui offre encore pendant longtemps un léger renflement
terminal. »

Follin pense que les tubes nerveux partent également du bout
central et du bout périphérique.

Ch. Robin dit que les tubes nerveux naissent par genèse spontanée dans le tissu cicatriciel et se dirigent l'un vers l'autre.

Les différentes modifications qui se produisent à la suite de la
section d'un nerf, et que nous venons de passer très-rapidement en
revue, ne sont pas les seules importantes à noter et il nous reste
maintenant à examiner ce qui se passe entre les deux bouts du nerf
divisé.

Le bout central, c'est-à-dire celui qui reste en rapport avec la
moelle, ne va pas subir de modifications, mais le bout périphérique
au contraire va s'atrophier et dégénérer enfin, avant de présenter
les phénomènes de régénération, de sorte qu'il nous reste à étudier
les phénomènes de *Dégénération* et les phénomènes de *Régénération*.

C'est un fait reconnu par un grand nombre d'histologistes que la
portion périphérique du nerf sectionné s'altère complétement. —
Il importe cependant d'être fixé sur ce qu'on entend par bout périphérique, ce que l'on entend par bout central. Pourquoi, en
outre, le bout périphérique s'altère-t-il ? La solution de ces deux
questions est pleine de difficultés ; cependant, grâce à quelques
travaux récents, l'obscurité qui régnait en grande partie a disparu.

Et d'abord les nerfs s'altèrent-ils parce que leurs fonctions sont
anéanties ? Cette opinion nous paraît peu soutenable.

Devons-nous penser, au contraire, à l'exemple de Vulpian, que le centre cérébro-spinal n'a aucune influence sur la nutrition des nerfs, mais que la section agit, non pas en isolant une portion du nerf, mais en tant que section ? Pourquoi alors, dans ces cas, la section n'agirait-elle pas aussi bien sur le bout central que sur le bout périphérique ?

Les travaux de **M. Waller** (1) sur ce sujet doivent être pris en sérieuse considération; car Waller, dit Claude Bernard, a donné, le premier, une signification à ce fait que lorsqu'on coupe un nerf, qu'on le sépare de son centre, il s'altère chez les animaux supérieurs suivant une direction déterminée.

Voici les principales expériences qui ont permis à ce physiologiste de formuler ses conclusions :

Waller ayant coupé les deux racines de la deuxième paire cervicale d'un chien, l'antérieure vers sa partie moyenne, la postérieure entre le ganglion et la moelle, observa que la racine antérieure ne s'altéra pas dans le bout qui tenait à la moelle, la portion périphérique seule dégénéra ; pour la racine postérieure, la partie attenante à la moelle fut seule atteinte de dégénération, le bout périphérique qui contenait le ganglion spinal ne subit aucune altération. En faisant porter la section de la racine postérieure entre le ganglion spinal et le point de jonction des deux racines, Waller vit que la racine antérieure se conduisait comme dans le cas précédent, mais, pour la racine postérieure, il observa l'inverse, c'est-à-dire que le bout périphérique s'altéra. Le bout central, qui contenait le ganglion, demeura intact. La nutrition de la racine postérieure ne dépend donc point de la moelle, mais du ganglion, la nutrition de la racine antérieure dépend des cordons antérieurs de la moelle, de sorte que Waller, assimilant les cordons antérieurs à des amas de ganglions nerveux, a pu dire que les ganglions rachidiens sont les centres trophiques des nerfs.

(1) Waller, *Nouvelle Méthode anatomique pour l'investigation du système nerveux* (*Comptes rendus de l'Académie des sciences*, 1851).

Claude Bernard a répété ces expériences et est arrivé aux mêmes résultats.

M. Schiff admet bien un centre trophique, pour chaque racine antérieure et postérieure, mais il hésite à penser que le centre trophique des racines antérieures siége dans les cordons antérieurs de la moelle, que le centre des racines postérieures se trouve dans les ganglions spinaux. Cependant, d'après cet auteur, le centre trophique réside au niveau des ganglions.

Schiff admet même que quelques nerfs possèdent plusieurs centres trophiques qui siégeraient au niveau des ganglions.

D'après toutes ces expériences que la plupart de nos physiologistes modernes ont répétées, nous pouvons admettre que le bout du nerf seul qui est en rapport avec le centre trophique ne subira aucune altération. Ce bout méritera dès lors le nom de bout central, le bout périphérique seul subira la dégénération.

Examinons donc maintenant quelles sont les diverses phases de ce phénomène.

Les premiers indices d'altération ne consistent qu'en une diminution de la transparence des fibres nerveuses ; leur contenu semble tendre à devenir un peu nuageux ; les bords des fibres sont moins nettement dessinés ; toutefois ce ne sont là que des indices très-légers et qui ne peuvent d'abord être reconnus que par voie de comparaison.

Vers le huitième jour de la section d'un nerf, les fibres du bout périphérique du nerf sectionné sont déjà bien modifiées ; leur contenu offre un aspect manifestement trouble ; le double bord qui limite les fibres de chaque côté est irrégulier, interrompu par places : il semble que la substance médullaire devienne comme étranglée de distance en distance et qu'elle soit sur le point de se segmenter, ce qui ne tarde pas à arriver, et le dixième jour cette substance est comme disloquée, divisée en segments de longueur variable. Il y a une sorte de coagulation de cette substance en petites masses. Les jours suivants, la segmentation fait de nouveaux progrès et la gaîne de Schwann de chaque tube nerveux renferme des gouttes d'aspect graisseux, plus ou moins régulièrement arrondies, d'abord assez grosses, puis devenant de plus en plus petites, par suite de la division qui continue à s'opérer.

Après un mois ou six semaines cette segmentation est devenue plus complète, la matière médullaire est réduite en globules de faibles dimensions. Ces granulations de la matière médullaire diminuent de plus en plus de volume et après deux ou trois mois, l'on ne voit plus dans la fibre nerveuse que des granulations si fines qu'elles ressemblent à une poussière qui remplirait la gaîne conjonctive.

Enfin, ces granulations disparaissent. Nous arrivons alors à l'altération ultime. La gaîne de Schwann revient sur elle-même et se plisse, si bien que lorsqu'on examine un certain nombre de fibres nerveuses primitives juxtaposées, on croirait voir sur le champ du microscope un faisceau de tissu conjonctif filamenteux.

La coloration blanche des fibres nerveuses est détruite par la disparition de la matière médullaire, les nerfs deviennent grisâtres, les gaînes peuvent persister dans cet état indéfiniment (Vulpian).

« Si l'on écarte les fibres, dit M. Vulpian (1), on voit qu'elles ont encore un diamètre assez grand, et l'on constate bien l'état plissé de là gaîne de Schwann. Cette gaîne contient encore çà et là quelques très-fines granulations graisseuses en séries longitudinales, derniers vestiges de la substance médullaire; on peut y reconnaître aussi des gouttelettes d'une substance très-transparente, n'ayant pas d'éclat gris, ni de réfringence bien notable, et dont nous n'avons pas pu déterminer la nature; enfin, il y a souvent aussi de fines granulations graisseuses en dehors même des tubes nerveux, ce qu'on ne peut bien voir que sur de petits fascicules de tubes dissociés. Lorsqu'on fait agir sur les tubes ainsi dépourvus de matière médullaire de l'acide acétique, on voit immédiatement apparaître les noyaux de la gaîne de Schwann. »

(1) Vulpian, *Leçons sur la Physiologie du système nerveux*, p. 238. Paris, 1866.

Un certain nombre de physiologistes ont cherché à savoir ce que devenait le cylinder axis pendant que la myéline se résorbait.

Il faut avouer qu'une grande incertitude règne encore sur ce point.

Leydig (1), par exemple, prétend que le contenu du nerf est un mélange; suivant cet auteur, la distinction entre le cylinder axis et la substance médullaire ne s'effectuerait qu'après la mort.

Virchow (2), on le sait, et un grand nombre d'histologistes avec lui, admettent que le cylindre axe (*band* de Remak) existe, et c'est à lui qu'est dû le fonctionnement régulier du nerf; la moelle ne serait qu'une partie accessoire.

Tandis que Waller prétend que les filaments axiles disparaissent lors de la dégénération, M. Schiff dit qu'ils persistent dans les nerfs les plus altérés.

D'après M. Ranvier il y aurait une destruction des cylinder axis pendant la période de dégénération.

Pour M. Schiff, la dégénérescence consiste donc seulement dans la segmentation et la disparition de la substance médullaire. Les tubes nerveux étant encore, d'après lui, constitués par la membrane limitante et le cylinder axis au moment de cette dégénérescence, la régénération consiste, pour ce physiologiste, dans la production d'une substance médullaire dans la gaîne de Schwann autour du cylinder axis. C'est aussi l'opinion adoptée par Vulpian.

« Devons-nous croire, disent MM. Vulpian et Philipeaux (3), avec M. A. Waller, que le nerf se détruit complétement et que ses éléments, perdant de plus en plus leurs caractères, se réduisent à l'état de tissu cellulaire ou conjonctif, ou bien adopterons-nous l'opinion de M. Schiff (4), qui admet que la matière médullaire se détruit seule, et que la gaîne et le cylindre-axe survivent à la destruction de cette substance? Nos expériences nous amènent à nous

(1) Leydig, *Traité d'histologie comparée*, traduit par Labilonne, 1866.

(2) Virchow, *Pathologie cellulaire*, traduct. de P. Picard. 3° édit. Paris, 1868.

(3) Vulpian et Philipeaux, *Recherches expérimentales sur la régénération des nerfs séparés des centres nerveux*, Paris, 1860.

(4) Schiff, *Comptes rendus de l'Académie des sciences*. 6 mars 1854.

ranger parmi les partisans de cette dernière opinion. Déjà, à l'exemple de plusieurs physiologistes, nous avons été convaincu par les preuves imposantes accumulées par Schiff. »

Cette intégrité de la gaîne externe et du filament axile est un fait de la plus haute importance, car, s'il était démontré, nous serions obligé de dire que le retour à l'état physiologique du nerf n'est pas une régénération dans le sens propre du mot, mais une simple restauration.

La régénération consisterait uniquement dans la réapparition de la myéline.

Disons encore que, d'après Waller et Vulpian, la dégénération se fait en même temps dans toute l'étendue du nerf.

Certains physiologistes, au contraire, ont soutenu qu'elle se faisait de la périphérie au centre; d'autres, du centre à la périphérie.

L'altération semble s'établir à peu près en même temps dans toute la longueur périphérique du nerf coupé.

Après l'altération et la dégénération nerveuse, nous ne tardons pas alors à voir se faire la régénération.

Cette régénération des nerfs a fortement attiré l'attention des histologistes, et ce sont les différentes théories que l'on a proposées qu'il nous reste à examiner.

La réunion par première intention, disons-le tout d'abord, ne nous paraît pas exister, et dans un chapitre où nous rapprocherons la suture des nerfs de celle des tendons, nous donnerons les raisons qui ne nous permettent pas d'admettre qu'un nerf sectionné puisse immédiatement reprendre ses fonctions, et que ses deux bouts se réunissent aussi rapidement que certains auteurs l'ont prétendu.

Les phénomènes de régénération demeurent un certain temps sans se manifester, et ce n'est qu'après que les communications se sont définitivement établies entre le bout périphérique et le bout central que de nouveaux éléments nerveux apparaissent.

Nous savons qu'à la suite d'une section une hémorrhagie a lieu, un caillot existe et ce caillot englobe les deux bouts du nerf divisé.

Certains auteurs, parmi lesquels nous citerons Laveran (1), semblent vouloir faire jouer un grand rôle à ce caillot dans leurs théori es de régénération. Des traces de ce caillot existeraient à une époque très-éloignée de celle de la section, et il ne serait pas rare de trouver un tractus jaunâtre, demi-transparent, isolé des parties voisines, qui réunit les deux bouts du nerf coupé au dixième et même dans quelques cas au trentième jour. M. Landry a toujours trouvé au bout d'une ou deux semaines un tractus blanc confondu à ses deux extrémités avec chaque segment du nerf coupé.

Laveran dit avoir constamment trouvé dans ce tractus des cellules jeunes en voie de prolifération, des granulations, quelques globules graisseux, dans un cas même de gros éléments de 1/70 de millimètre de diamètre en voie de dégénérescence qui ne pouvaient, dit-il, être que des globules blancs du sang.

Dans ces cas, a-t-on donc affaire à une véritable organisation du caillot ? Virchow, on le sait, admet cette organisation, qui n'est pas due suivant lui au globule blanc du sang, mais aux *globules blancs jeunes*, les globules blancs plus anciens subiraient la dégénérescence graisseuse. Billroth (2) disait aussi, il y a quelques années : « J'avoue que je me suis longtemps refusé à croire que le sang pût trouver en lui-même les éléments nécessaires pour s'organiser en tissu conjonctif muni de vaisseaux, mais, après avoir examiné des coupes transversales d'artères thrombosées, j'ai acquis la conviction qu'il en est réellement ainsi. Ces études m'ont fait reconnaître que la naissance de jeunes cellules ne marche pas de la périphérie au centre du thrombus, comme il faudrait que cela arrivât si la néoplasie cellulaire partait de la membrane épithéliale du vaisseau, membrane qui, soit dit en passant, ne peut pas être aperçue sur une artère de moyen calibre, mais que la néoplasie se fait dans toute l'épaisseur du thrombus, et souvent avec une rapidité toute

(1) Laveran, *Thèse de Strasbourg*, 1867.
(2) Billroth, *Cicatrisation des muscles, des nerfs et des vaisseaux*. Traduction de Culmann (*Revue des cours scientifiques*, 10 août 1867).

particulière dans son centre. D'où procèdent les cellules nouvellement formées ? Je ne doute pas, pour ma part, qu'elles ne tirent leur origine des corpuscules blancs du sang. »

Partant de ces faits, M. Laveran (1) a prétendu que les cellules trouvées dans les tractus intermédiaires aux deux bouts des nerfs coupés provenaient des globules blancs du sang.

Nous verrons plus loin le rôle que l'on a voulu faire jouer au sang dans les théories de la régénération des tendons.

Si les derniers faits que nous venons de signaler peuvent être contestés, il en est qui, confirmés par un grand nombre d'observateurs, sont peut-être plus admissibles. — Nous voulons d'abord parler de la prolifération du tissu conjonctif qui existe en grande quantité entre les faisceaux nerveux à l'état de névrilemme. C'est à cette prolifération qu'est dû le renflement que l'on observe surtout dans le bout central.

Vulpian nous dit que les tubes nerveux bourgeonnent ; ils subiraient, comme les végétaux, une véritable pousse. « En effet, dans les premiers temps, le faisceau de nouvelle formation va en s'amincissant, comme je l'ai dit, du bout central vers le bout périphérique, et, pendant toute la première période de son développement, c'est dans la partie la plus rapprochée du bout central que l'on trouve le plus grand nombre de tubes nerveux complets, c'est-à-dire remplis de matière médullaire. »

Nous ne savons ce qu'il faut penser de cette opinion. M. Laveran dit ne pas pouvoir admettre cette hypothèse. « On devrait toujours trouver dans la cicatrice nerveuse, dit-il, un point où cessent les tubes nerveux et où commence le tissu de cicatrice. — Or il n'en est rien ; même à une période peu avancée de la régénération, nous avons trouvé des tubes nerveux en voie de formation dans toute l'étendue de la cicatrice. »

De même que nous verrons pour la régénération des tendons la théorie du blastème formateur et de l'exsudat plastique être invo-

(1) Laveran, *Thèse de Strasbourg*. 1867.

quée, de même pour la régénération des nerfs un certain nombre d'auteurs ont voulu proposer ces différentes explications. — Tiedemann a soutenu que la lymphe plastique jouait un grand rôle dans la régénération des nerfs.

En dernière analyse et en nous appuyant surtout sur les recherches de Vulpian et de Schiff et rapprochant les phénomènes de la génération des éléments nerveux décrits avec grand soin par certains histologistes chez l'embryon de ce qui se passe à la suite d'une section nerveuse, nous serions fort porté à croire que dans les deux cas il n'existe aucune différence. Ce n'est pas d'ailleurs la première fois, dans l'étude que nous venons de faire des régénérations, que cette particularité intéressante nous a été dévoilée par l'examen histologique de la partie régénérée et, pour un certain nombre de tissus, le fait est hors de doute, de sorte que, comme nous l'avons déjà dit, la régénération est une nouvelle création.

Pour la régénération des nerfs, M. Vulpian a signalé que les cellules plasmatiques de la cicatrice s'unissaient bout à bout pour former des canaux dans lesquels venaient s'engager les cylindres-axes du bout central, de façon à aller rejoindre ceux du bout périphérique; d'un autre côté, nous voyons Kölliker nous décrire le mode d'apparition des éléments nerveux chez l'embryon de la façon suivante : « Les tubes des nerfs périphériques se développent toujours sur place, de telle sorte que les parties centrales naissent avant les parties périphériques. A l'exception des extrémités des nerfs ils naissent de cellules à noyaux, qui ne sont autres que les cellules embryonnaires, lesquelles se combinent ensuite pour former des tubes ou fibres pâles, aplatis, longs, contenant des noyaux, d'une longueur de 1/1000 à 3/1000 de millimètre. — Au début les nerfs sont constitués par ces fibres et par les rudiments du névrilemme ; ils sont gris ou d'un blanc mat ; plus tard, chez l'embryon, aux quatrième et cinquième mois, ils deviennent plus blancs. — Dans l'intérieur des fibres on voit se développer la substance blanche proprement dite ou substance médullaire, on n'a jamais pu savoir comment. » — Dans ces derniers temps Hastings a pensé que les cylindres-axes pourraient bien être des prolongements des cellules nerveuses embryonnaires.

Des trois hypothèses proposées par Schwann pour expliquer le mode de formation de la moelle nerveuse, une seule reste possible dans l'état actuel de la science, c'est celle qui admet que la gaîne cellulaire est un produit de sécrétion déposé entre l'enveloppe des fibres à noyaux de l'embryon et de leur contenu; ce dernier, dans ce cas, deviendrait le cylindre de l'axe. — Mais il se pourrait aussi que la moelle ne fût que la portion externe du contenu des fibres embryonnaires, laquelle aurait subi une transformation chimique, tandis que le cylindre de l'axe serait la portion centrale non modifiée. Laquelle de ces deux suppositions est la vraie? C'est ce qu'il est difficile de déterminer. Ce que nous montre l'observation directe, c'est que le contenu des tubes embryonnaires, toujours très-pâle, ayant insensiblement des bords de plus en plus foncés, se transforme en définitive en une véritable fibre opaque; mais elle ne nous apprend absolument rien sur la manière dont se développe la substance blanche; toutefois, comme il est démontré que les fibres, en se-modifiant, ne changent point de diamètre, il nous semble que la dernière supposition devient la plus probable.

Ainsi donc, malgré l'incertitude qui règne encore au sujet de la connaissance du mode d'apparition des éléments nerveux chez l'embryon et dans une partie nerveuse qui se régénère, l'on ne saurait peut-être conclure, que ce qui se passe dans la régénération se passe aussi chez l'embryon.

Quant aux phénomènes qui se montrent à la suite de la dégénérescence, les observations de Vulpian nous ont démontré qu'ils consistaient dans la réapparition de la myéline qui paraît dans ces cas être sécrétée par les gaînes celluleuses. — Virchow, on le sait, a décrit dans les gaînes nerveuses des noyaux; ce sont ces noyaux qui sont chargés de sécréter la substance médullaire.

Les travaux d'un grand nombre de physiologistes ont démontré

que cette régénération ne pouvait se faire dans les tubes nerveux
dégénérés qu'à la condition que la continuité des deux bouts du
nerf se soit rétablie. — Vulpian a dit au contraire que cette réunion n'était pas indispensable, et il a admis ainsi la *régénération
autogénique.*

Qu'est-ce donc que l'*autogénie* des nerfs? Cette question est très-
importante au point de vue des régénérations, et il nous paraît nécessaire d'entrer dans quelques détails à ce sujet.

Vulpian et Philipeaux, dans un mémoire qu'ils présentaient à la
Société de biologie, en 1859, donnaient les conclusions suivantes :
1° Les nerfs séparés des centres nerveux, après s'être altérés
complétement, peuvent se régénérer, tout en demeurant isolés des
centres; 2° ils peuvent recouvrer leurs propriétés physiologiques

Nous n'avons à nous occuper ici que de la première de ces conclusions, la critique de la seconde nous entraînerait dans des développements qui ne nous paraissent pas nécessaires pour l'étude des régénérations.

Vulpian et Philipeaux ont pratiqué quinze expériences, les unes sur
les nerfs moteurs, les autres sur les nerfs sensitifs et enfin sur les
nerfs mixtes. Examinons ce que ces expériences peuvent nous donner de certain.

Les expériences sur les nerfs moteurs ont été pratiquées exclusivement sur le nerf grand hypoglosse.

Certains auteurs, et c'est peut-être avec raison, ont accusé
Vulpian et Philipeaux d'avoir exclusivement opéré sur le grand
hypoglosse, qui est un nerf qui ne se trouve pas dans les mêmes
conditions que les autres nerfs moteurs, et d'avoir donné une
description des tubes régénérés qui ferait penser que ces tubes
ont été confondus avec ceux en voie d'altération.

Les expériences sur les nerfs sensitifs ont aussi porté sur un même
nerf, c'est-à-dire sur le nerf lingual. Dans ces cas, M. Vulpian affirme qu'après une division de ce nerf, la partie périphérique est susceptible de se régénérer, sans réunion préalable au segment central.

Quant aux expériences sur les nerfs mixtes, les résultats obtenus sont loin de présenter toute la netteté désirable, et il n'y a pas encore d'expérience qui démontre qu'un segment périphérique isolé du segment central ait pu se régénérer.

Nous dirons donc que si l'autogénie doit être admise pour deux nerfs, le lingual et l'hypoglosse, qui présentent des conditions anatomiques et physiologiques spéciales (ganglions nerveux, anastomoses nombreuses), il faut se garder de généraliser et d'affirmer que tous les nerfs peuvent se régénérer lorsqu'ils sont séparés des centres nerveux. Nous ne devons pas nous hâter de conclure; il est cependant permis de remarquer qu'un certain nombre d'expérimentateurs, qui ont voulu dans ces dernières années vérifier la doctrine de l'autogénie pour des nerfs autres que le grand hypoglosse et le lingual, ont vu leurs tentatives échouer, lorsqu'ils ont opéré sur des nerfs mixtes, le sciatique par exemple.

M. Schiff (1) dit ne pouvoir admettre les conclusions de Vulpian et Philipeaux et il attribue les résultats obtenus à l'âge très-tendre des animaux. « Il paraît que dans le très-jeune âge, dit-il, la végétation des nerfs est plus indépendante des centres ou que les points que nous avons désignés sous le nom de *foyers végétatifs des nerfs* et qui sont distincts des centres de l'action nerveuse, sont multipliés. Chez l'adulte, la plupart des nerfs n'ont qu'un foyer nutritif; cependant quelques nerfs en ont encore deux ou trois, lesquels sont situés au niveau des ganglions. Il paraît que, dans la vie embryonnaire, l'indépendance des troncs nerveux est encore plus grande que dans les jeunes animaux. Dans les cas d'atrophie ou même d'absence complète de la moelle, on trouve quelquefois sur le fœtus les nerfs de mouvement complétement intacts et sans altération pathologique. »

M. Schiff nous dit que dans ses expériences sur des animaux adultes, malgré toutes les précautions qu'il a prises pour que son

---

(1) Schiff, *Remarques sur les expériences de* MM. *Vulpian et Philipeaux* (*Journal de physiologie* de Brown-Séquard. 1860).

examen fût exact, il n'a pu observer un seul tube en voie de réparation.

M. Landry (1) a aussi pratiqué des expériences, et il a vu, dit-il, au bout d'une à deux semaines, les deux bouts du nerf divisé réunis par un *tractus blanc*, entièrement confondu à ses deux bouts avec chaque segment du nerf coupé. Ce tractus, d'après M. Vulpian, n'a jamais été vu avant sept semaines, trois mois, cinq mois.

Il existe entre ces deux expérimentateurs, on le voit, une divergence d'opinions assez grande.

M. Landry prétend encore contrairement à M. Vulpian, qu'au bout de trois mois, il n'avait pas pu encore observer de régénération des tubes nerveux dans le segment périphérique des nerfs coupés.

La régénération, d'après Vulpian, se produirait au bout de sept et même de cinq semaines après la résection.

M. Landry termine son travail en nous disant que la nutrition des cordons crâniens et spinaux est subordonnée à l'influence de la moelle (allongée et spinale), et que la régénération des tubes nerveux ne saurait avoir lieu dans des portions de nerf complétement isolées de l'axe cérébro-spinal.

Quant à prétendre, comme semble le vouloir Landry, qu'il y a eu erreur, et que l'on a pu prendre pour un commencement de régénération la troisième phase du travail atrophique, ce reproche ne peut être adressé à certaines observations de Vulpian où il a dit que la myéline avait reparu dans des tubes nerveux.

Si l'autogénie nous semble donc incontestable *dans quelques cas*, cela a surtout lieu pour certains nerfs qui, en raison des conditions anatomiques où ils se trouvent, possèdent très-probablement des centres nutritifs. — Ne pourrait-on pas penser, par exemple, que le ganglion sous-maxillaire joue, pour le lingual, le rôle de centre nutritif accessoire ?

(1) O. Landry, *Réflexions sur les expériences de MM. Philipeaux et Vulpian* (*Moniteur des hôpitaux*, t. VII, 1859).

De nouvelles expériences sont nécessaires pour nous éclairer sur tous ces points, et nous dirons, jusqu'à nouvel ordre, que pour que la régénération nerveuse, que nous venons de voir démontrée par un si grand nombre de travaux, se fasse, il faut que la continuité du segment périphérique avec le centre trophique se soit réblie au moment où les éléments cellulaires jeunes dont est composé le tissu qui rétablit la continuité entre les deux segments du nerf sectionné vont se transformer en tubes nerveux.

M. Ranvier (1), qui a étudié d'une façon spéciale la structure normale du tube nerveux, vient d'arriver à quelques notions nouvelles et très-importantes sur la régénération nerveuse.

Pour M. Ranvier le tube nerveux serait une sorte de colonne séparée par des étranglements au niveau desquels la moelle serait interrompue et où le cylinder–axis ne serait pas segmenté. Tout l'espace compris entre les anneaux d'étranglement, espace qui représente une cellule tubulée, est appelé par M. Ranvier *segment interannulaire.* Ce segment, qui a son individualité histologique, qui a sa vie propre, serait donc constitué par une membrane enveloppante, transparente et homogène (membrane de Schwann), doublée d'une couche de protoplasma contenant un noyau lenticulaire, situé à la partie moyenne. Au–dessous du protoplasma se trouverait la gaîne de myéline qui donne passage à son centre au cylindre-axe. Ce dernier serait même revêtu d'une couche de protoplasma réfléchi au niveau des étranglements annulaires qui limitent le segment.

Utilisant ces nouvelles notions, M. Ranvier nous donne la description des modifications qui se passent dans le bout périphérique et le bout central d'un nerf sectionné.

Dans le bout périphérique les noyaux des segments interannulaires sont gonflés ; il y a une suractivité formatrice exagérée, on peut voir alors entre la myéline et le noyau, entre ce dernier et la

____

(1) Ranvier, *Comptes rendus de l'Académie des sciences,* 1873 et *Comptes rendus de la Société de biologie,* séance du 3 février 1873.

membrane de Schwann une couche de protoplasma granuleux. Le
gonflement du noyau va en augmentant et le cylindre-axe est coupé
au niveau de chaque noyau vers la fin du troisième jour.

La dégénérescence se poursuit et bientôt la myéline est réduite
en petits fragments; le protoplasma contient des granulations
graisseuses.

Dans le bout central il existe une différence considérable, d'après
M. Ranvier, entre ce qui se passe à son extrémité et dans la portion
périphérique. La myéline, au lieu d'être séparée en segments par un
accroissement du noyau et du protoplasma, subit une décomposition
en granulation, fines qui forment des masses ovalaires.

Le cylinder-axis est conservé jusqu'au niveau de la section du
tube nerveux. Les noyaux subissent une multiplication, le protoplasma devenu très-évident forme une couche continue dans laquelle les noyaux placés entre le cylindre-axe et la membrane de
Schwann présentent un aplatissement. — *Les cylindres-axes, ayant
conservé leur relation avec les centres nerveux, résistent énergiquement à l'action destructive exercée par les noyaux et le protoplasma.*

Dans la régénération, le bout central, qui présente un moignon,
s'unit à un moignon semblable du bout périphérique à l'aide d'un
filament cicatriciel.

Dans le bout périphérique on observe des fibres nouvelles nerveuses qui se forment entre les tubes, et non aux dépens de ceux-
ci et dans l'intérieur des anciens tubes. Ces nouveaux tubes nerveux possèdent des segments interannulaires.

Ces fibres nerveuses nouvelles proviennent des tubes nerveux
de l'extrémité du bout central qui donne naissance à un grand nombre de jeunes fibres. Celles-ci forment le filament cicatriciel qui
réunit les deux bouts. — On voit donc que les tubes nerveux du
bout central donnent naissance à des faisceaux de tubes nerveux
de nouvelle formation ; ceux-ci forment filament cicatriciel et pénètrent dans le bout périphérique entre les anciens tubes dégénérés
ou dans l'intérieur de ceux-ci.

CHAPITRE VIII

RÉGÉNÉRATION DES CENTRES NERVEUX. — MOELLE ÉPINIÈRE. — CERVEAU.

Quelques observateurs ont prétendu qu'après l'ablation de parties assez considérables des centres nerveux, il pouvait y avoir une véritable régénération.

M. Brown-Séquard (1), ayant coupé la moelle épinière à un pigeon adulte, le tua et trouva, non sans surprise, que les deux bouts de la moelle s'étaient réunis.

Follin, qui examina la partie régénérée au microscope, trouva des cellules de substance grise et des fibres nerveuses ; mais ces dernières étaient en quantité moindre qu'à l'état normal.

Malgré cette régénération, on n'avait pas observé chez l'animal un retour complet de la sensibilité et des mouvements volontaires.

Cette régénération de la moelle épinière est incontestable chez les reptiles et les batraciens urodèles. Nous savons que chez la salamandre, le triton, si l'on enlève la queue, un nouvel appendice caudal ne tarde pas à apparaître muni de vaisseaux et de nerfs, la partie caudale de la moelle épinière s'est donc parfaitement régénérée.

Si la régénération de la moelle épinière ne nous semble devoir être admise qu'avec une grande réserve, doit-il en être de même pour la régénération du cerveau ?

Voigt (2) nous dit avoir enlevé chez un pigeon le cerveau propre-

---

(1) Brown-Séquard, *Régénération des tissus de la moelle épinière* (*Comptes rendus de la Société de biologie.* 1850.)

(2) Voigt, *Munch. Acad. Bericht,* 1873 ; *Centralblatt,* 1864, p. 53 ; et Voigt, *Observa-*

ment dit. Cet oiseau marchait, volait souvent, ou reculait lorsqu'on voulait le saisir, seulement il ne mangeait pas de lui-même.

Cinq mois après l'opération, il fut tué : « à la place du cerveau enlevé, on trouva une masse blanche qui se continuait sans interruption et sans démarcation avec les pédoncules non enlevés du cerveau. Elle avait la forme des deux hémisphères dont chacun contenait une petite cavité remplie de liquide. Toute la masse consistait en fibres nerveuses à double contour parfait, avec des cellules ganglionnaires intercalées. Ce serait là, ajoute M. Rosenthal, qui fait l'analyse du travail de Voigt, le premier fait de nouvelle formation de la masse cérébrale, avec restauration de ses fonctions.

Chez un autre pigeon, auquel Voigt avait aussi enlevé le cerveau proprement dit, et qui fut tué vingt-deux mois après l'opération, on n'observa pas les mêmes phénomènes de régénération.

M. Philipeaux nous a dit avoir pratiqué quelques expériences afin de savoir si la régénération du cerveau est bien réelle. Cet habile physiologiste n'est pas encore arrivé à des résultats bien certains, et nous devons attendre que de nouvelles recherches nous aient éclairés sur cette question difficile.

---

tions sur l'ablation des hémisphères cérébraux chez le pigeon (Munch. Acad. Bericht, 1868, p. 105; *Centralblatt,* 1868, p. 752).

CHAPITRE IX

RÉGÉNÉRATION DES OS ET DES ARTICULATIONS

ARTICLE Ier

RÉGÉNÉRATION DES OS

Nous nous dispenserons de faire un historique complet de la question de la régénération des os ; nous nous contenterons de citer les principales opinions et les résultats acquis par une expérimentation bien conduite.

Nous renvoyons du reste aux différents traités, si nombreux, publiés sur ce sujet et en particulier au beau travail de M. Ollier (1).

Disons d'abord que certains auteurs ont prétendu que la régénération osseuse ne pouvait exister ; d'autres ont admis cette régénération, mais en faisant jouer un rôle différent aux parties de l'os (périoste, moelle) pour l'accomplissement de ce phénomène.

Duhamel (2), par exemple, établit par de solides expériences que le périoste servait à la formation des os en se tuméfiant d'abord, puis en se transformant en cartilage et ensuite en os.

Fougeroux, son neveu, insiste sur ce fait qu'il regarde comme capital : la transformation du périoste en os.

Dans un de ses derniers travaux, Duhamel admit que ce n'était pas, à proprement parler, le périoste lui-même, mais une matière interposée entre le périoste et l'os qui fournissait les éléments de l'ossification.

---

(1) Ollier, *Traité expérimental et clinique de la Régénération des os.* Paris, 1867.
(2) Duhamel, *Histoire de l'Académie des sciences.* 1739, 1741, 1742.

Haller (1), Dethlef, Bordenave s'élevèrent contre cette théorie.

Haller prétendait que les fractures se réunissaient par un suc osseux s'écoulant des bouts de l'os ou de la moelle ; le périoste, selon lui, n'avait aucune part dans la formation osseuse.

Bordenave (2) prétendait que le périoste n'est pas une membrane qui ait une action particulière sur les os ; elle soutiendrait et accompagnerait les vaisseaux destinés aux os et se continuerait avec le tissu vésiculaire dont les os sont formés. C'est de cette continuité et des vaisseaux qui le traversent que le périoste tire ses propriétés.

Dix-huit ans après le dernier travail de Duhamel, en 1775, Troja (3) prétendit qu'il existait une matière gélatineuse produite entre le périoste et l'os. Suivant cet auteur, la production de l'os par le périoste serait due à cette matière gélatineuse. De ses nombreuses expériences, il ressort que le périoste peut reproduire les os. En détruisant la moelle et en faisant nécroser l'os déjà formé, cet auteur voyait qu'un os nouveau, développé sous le périoste, était reproduit tout autour de l'os mort.

A cette époque un assez grand nombre de mémoires parurent sur la régénération des os. Nous citerons les travaux de David (4), Tenon (5), Vigarous (6), Koler, Blumenbach, Chopart, Desault, celui de Weidmann (7) en 1793.

J. Hunter (8) fit des expériences sur les os, et il invoqua, pour

(1) Haller, *Mémoire sur les os*, dans Fougeroux, p. 174.
(2) Bordenave, *Mémoire sur les os*, dans Fougeroux, p. 174.
(3) Troja, *De novorum ossium regeneratione*. Paris, 1775, in-18.
(4) David, *Observations sur une maladie d'os connue sous le nom de Nécrose* (nouv. édit. an VII).
(5) Tenon, *Mémoire sur l'exfoliation des os*, in *Mémoires et observations sur l'anatomie, la pathologie et la chirurgie*. Paris, 1806, in-8.
(6) Vigarous, *Considérations générales, pratiques et théoriques sur la régénération partielle et totale des os du corps humain*, dans Barthélemy Vigarous, *Œuvres de chirurgie pratique civile et militaire*. Montpellier, 1812.
(7) Weidmann, *De necrosi ossium*. Francfurti ad Mœnum, 1793.
(8) Hunter, *Œuvres complètes*. Trad. Richelot, 4 vol. in-8, 1844.

expliquer les changements de forme de ces organes, l'*absorption mo-delante*, par laquelle la substance osseuse est enlevée en certains points, tandis qu'elle se dépose sur d'autres.

Dans la formation du cal il faisait jouer un rôle important à l'organisation du sang.

Macdonald (1), dans un savant mémoire, donna le résultat de ses expériences. Il fit jouer un grand rôle au périoste, mais il considéra la gelée produite sous le périoste comme la matière du cal.

Bichat, en 1802, se rattacha plutôt à Haller qu'à Duhamel : il faisait dépendre la formation du cal de toutes les parties de l'os divisé et il refusait au périoste toute prééminence soit dans la formation, soit dans l'accroissement, soit dans la réparation des os. Pour lui, le cal se formerait par des bourgeons charnus venant de l'os.

« Le périoste, dit-il, est étranger à la formation des os, il n'est qu'accessoire à celle du cal ; il est une espèce de limite qui circonscrit dans ses bornes naturelles l'ossification, et l'empêche de se livrer à d'irrégulières aberrations. »

Scarpa adopta en grande partie ces idées.

Béclard pensa aussi que cette membrane jouait un rôle très-peu important dans la régénération.

Léveillé et Richerand, nous l'avons déjà signalé dans un autre chapitre, nièrent même que la régénération pût se faire.

En 1813, Dupuytren, en exposant sa remarquable théorie du cal, accordait une grande importance au périoste qui constituait la virole externe du cal provisoire.

Cruveilhier (2) conclut de ses expériences très-nombreuses que le périoste sert bien certainement à la production du cal, mais que toutes les parties molles y prennent aussi une grande part.

Charmeil (3), en 1821 fit aussi des expériences, et il conclut de

---

(1) Macdonald, *Considérations générales sur es nécroses*, in Scarpa et Léveillé, *Mémoires de Physiologie et de chirurgie pratiques*.

(2) Cruveilhier, *Essai sur l'anatomie pathologique*. 1816.

(3) Charmeil, *Recherches sur les métastases, suivies de nouvelles expériences sur la régénération des os*. Metz, 1821, in-8.

son côté que la régénération s'opère sans le concours du périoste.

Meding (1) regarde le périoste comme l'agent essentiel de la régénération.

Rayer (2) regarde l'ossification comme le résultat de l'inflammation, fréquente dans le tissu fibreux et surtout dans le périoste.

Mais bientôt apparut le remarquable travail de Bernhard Heine, de Wurtzbourg (3), qui dans ses expériences enleva les os, tantôt en conservant le périoste, tantôt en enlevant cette membrane.

Il conclut que les parties qui concourent le plus à la reproduction du tissu osseux sont par ordre d'importance :

1° Le périoste et ses appendices membraneux;

2° Les os eux-mêmes avec la membrane médullaire garnie de ses appendices ;

3° Les parties molles environnantes quand on a enlevé l'os entier avec le périoste, et qu'il ne reste plus que quelques vestiges de cette membrane avec les muscles et les tendons environnants ou les gaînes de ces tendons.

D'après Jobert (4), le périoste formerait et réparerait l'os, la moelle le résorberait.

De 1840 à 1841 parurent les remarquables recherches de Flourens (5).

« Ma théorie, dit cet illustre physiologiste, repose sur les six propositions suivantes :

La première que l'os se forme dans le périoste;

La deuxième, qu'il croît en grosseur par couches;

---

(1) Meding, *Dissertatio de regeneratione ossium per experimenta illustrata.* Lipsiæ, 1823, in-4.

(2) Rayer, *Mémoire sur l'ossification morbide considérée comme terminaison de la phlegmasie.* 1832 (*Archives générales de médecine*, t. I).

(3) Heine, *Journal de Graefe et Walther.* 1834 et 1840. — *Gazette médicale de Paris*, 1837.

(4) Jobert, *Recherches sur la nécrose et la trépanation des os.* (*Journal hebdomadaire des progrès des sciences médicales.* 1836).

(5) Flourens, *Théorie expérimentale de la formation des os.* 1847.

La troisième, qu'il croît en longueur par couches juxtaposées ;

La quatrième, que le canal médullaire s'agrandit par la résorption des couches internes de l'os ;

La cinquième, que les têtes sont successivement formées et résorbées pour être reformées encore tant que l'os croît ;

Et la sixième, que la mutation continuelle de la matière est le grand et merveilleux ressort du développement des os. »

En 1858, Ollier commença ses belles recherches expérimentales qui, nous devons le dire, confirmèrent en bien des points les conclusions de Duhamel.

Un des points les plus intéressants de ses recherches, c'est celui qui se rapporte à la transplantation du périoste.

Flourens avait dit : « Puisque c'est le périoste qui produit de l'os, partout où j'aurai du périoste, c'est-à-dire partout où je pourrai conduire, introduire le périoste, j'aurai de l'os. Je pourrai multiplier les os d'un animal, je pourrai lui donner les os qu'il n'avait pas. »

Mais Flourens, partant de cette idée, n'en avait pas essayé la réalisation complète et il s'était contenté uniquement de percer un os et d'introduire une canule d'argent dans cet os percé. Bientôt, dit-il, il voit le périoste qui s'est introduit dans cette *canule* s'épaissir, devenir cartilage et puis devenir os ; il n'avait vu que ce fait, très-important d'ailleurs, que « le périoste introduit dans un tuyau, une *canule*, dans un *lieu* qui n'est pas le sien, dans un corps étranger au corps de l'animal, et complétement isolé, complétement seul, pouvait donner de l'os, devenir os. »

M. Ollier va plus loin et, suivant en tous points l'idée de Flourens : « *Partout où il y aura du périoste, il y aura de l'os*, » il transplante le périoste dans les muscles, d'abord en le laissant adhérer à l'os, ensuite en l'isolant complétement et en le plaçant dans des régions éloignées, en dehors de toute influence susceptible de favoriser l'ossification, sous la peau du front par exemple, et un succès complet vient couronner ses efforts. Le périoste dans ces conditions donnait lieu à un os parfait.

« Nous avons opéré ces transplantations sur presque tous les points du corps de l'animal, » dit M. Ollier, « et partout où nous avons pu greffer du périoste nous avons obtenu du tissu osseux, ou plutôt de véritables os, ayant la structure des os normaux, entourés d'un périoste et contenant de la moelle dans leur intérieur. »

Mais il importe, avant d'aller plus loin, d'examiner quelles sont les parties qui, dans le périoste, jouent un rôle essentiel dans la régénération. — Est-ce à la membrane vasculaire, fibreuse, que l'on a appelée, pour la commodité de la description, périoste, ou à la couche profonde appelée *blastème sous-périostique*, *blastème d'ossification de Kölliker*, *couche de prolifération du périoste de Virchow*, et qui, d'après les recherches de Ranvier (1), serait formé par des éléments médullaires, — par une couche continue formée par les éléments de la moelle ?

Après de concluantes expériences d'Ollier et de M. Sedillot notre hésitation n'est plus permise. — C'est à cette raclure de périoste qu'est due en grande partie l'ossification.

Mais le périoste, jouant le rôle de membrane nutritive, ne sera pas inutile et, en raison de sa structure fibro-vasculaire, il viendra apporter des matériaux de nutrition à l'élément qui pourra vivre et évoluer.

Les transportations du périoste privé de sa couche profonde (couche ostéogène d'Ollier) ne donnent lieu à aucune régénération.

Mais la raclure de périoste, si elle est placée dans un milieu vasculaire, va donner naissance à un os.

Le rôle de cette couche profonde est donc d'une immense importance. Ces résultats ont servi à établir des considérations pratiques sur la régénération des os après des résections — et la

(1) Ranvier, *Considérations sur le développement du tissu osseux*. Thèse de Paris, 1865.

chirurgie a déjà largement bénéficié des solides données fournies par la physiologie expérimentale.

Si l'on nous demandait maintenant quelles sont les modifications histologiques qui se passent dans l'os qui se régénère, nous ne pourrions cacher notre embarras.

Les mêmes modifications qui se passent dans le développement primitif du tissu osseux se passent vraisemblablement dans le tissu qui se régénère, des deux côtés une grande obscurité règne pour l'explication de différentes phases du phénomène, qu'il nous importerait tant de connaître.

L'ostéoplaste dérive-t-il du tissu conjonctif, des cellules plasmatiques (Kölliker), comme le veut Virchow? — Faut-il aussi penser, avec Kölliker, que dans l'ossification aux dépens du cartilage le corpuscule osseux provient directement d'une cellule cartilagineuse et que la substance osseuse n'est autre chose que la substance fondamentale du cartilage?

Certains observateurs, Brüns, Platner (1), Lessing, Tood, et Bowmann, Zuckett (2) ont admis aussi que les corpuscules osseux se formaient non aux dépens de la cellule cartilagineuse, mais bien de son noyau.

Müller (3) dit que Gerber considérait les ostéoplastes comme des noyaux de cellules qui en s'allongeant produisaient des canalicules rayonnés. « Je n'hésite pas, d'après ce que j'ai vu, dit-il, à adopter l'opinion de Gerber. »

M. Morel et Laënnec (4) viennent, plus récemment, de soutenir la même opinion. Pour ces deux histologistes, dans le développement de l'os, c'est aux dépens du noyau de la cellule cartilagineuse que se formerait l'ostéoplaste; pour les tissus fibreux, l'ostéoplaste

---

(1) Platner, *Grundzüge einer allgemeinen.Physiologie*. Iéna, 1844.

(2) Zuckett, *Lectures on histology, delivered at the Royal College of surgeons* (*Medic. Times,* 1851.)

(3) Müller, *Manuel de physiologie*, traduit par J.-L. Jourdan, 1845.

(4) Laënnec, *Recherches sur le développement et la structure intime du tissu osseux*. Paris, 1858.

au contraire se formerait aux dépens de la cellule plasmatique, analogue de la cellule cartilagineuse.

D'après Rouget, les os de la voûte du crâne se développent aux dépens d'une membrane située entre le périoste et la dure-mère, « constituée par un blastème fibroïde et granuleux, parcouru çà et là par des faisceaux fibreux entre-croisés dans toutes les directions, mais caractérisé surtout par la présence dans son épaisseur d'innombrables cellules plasmatiques, ovoïdes ou arrondies, et de noyaux libres. »

M. Ranvier, qui s'est occupé avec tant de succès de l'étude du développement du tissu osseux, a émis une opinion qu'un très-grand nombre de faits tendent à confirmer. Pour cet histologiste, le tissu osseux se forme dans le cartilage et dans le tissu fibreux suivant la même loi générale.

Deux phases principales, nous dit-il, doivent être distinguées dans le travail d'ossification : une première dans laquelle la substance fondamentale des tissus fibreux et cartilagineux se dissout, les cellules deviennent libres, prolifèrent et forment ainsi les cellules de la moelle embryonnaire.

La seconde phase est caractérisée par la transformation des cellules médullaires en ostéoplastes radiés et par la formation d'une substance intercellulaire nouvelle, la substance osseuse.

En résumé, que l'os dérive du cartilage ou du tissu fibreux, il se formera d'abord des éléments embryonnaires (moelle embryonnaire), et ces éléments formeront des corpuscules osseux, et autour de ces corpuscules se produira une substance nouvelle dans laquelle les éléments protéiques et les sels calcaires seront intimement combinés.

« Le tissu osseux est formé aux dépens du tissu fibreux et cartilagineux par hétéroplasie physiologique ; ce qui veut dire que les éléments cellulaires des os, tout en provenant de ceux des cartilages et du tissu fibreux, ont une forme et des fonctions différentes de celles des éléments formateurs. La substance osseuse en effet est un produit nouveau sans analogue dans le reste de l'organisme (1). »

Si nous admettons la théorie de Ranvier par quoi sera donc formée cette *couche ostéoïde* située sous le périoste ? Cette couche improprement appelée blastème sous-périosté est simplement une couche continue formée par les éléments de la moelle (moelle embryonnaire). Nous devons dire que la manière dont cette couche se prolonge dans les espaces médullaires qui représentent chez le fœtus les canaux de Havers et se produit jusque dans le canal central, vient encore à l'appui de cette opinion.

Le tissu médullaire forme un tout continu et le tissu osseux serait pour ainsi dire baigné dans la moelle.

L'os s'accroîtrait au-dessous de la moelle embryonnaire sous-périostée.

C'est cette même couche sous-périostée qui jouerait le plus grand rôle dans la régénération osseuse.

Dans la régénération qui s'accompagne d'accidents inflammatoires, c'est-à-dire dans la cicatrisation osseuse, le tissu nouveau peut se former directement au sein de nombreuses cellules médullaires à divers degrés d'évolution.

Dans tous les cas il se ferait, d'après certains auteurs, un rajeunissement de tous les éléments qui entourent la partie lésée et irritée ; mais ce serait surtout la moelle centrale qui, redevenant à l'état embryonnaire, fournirait de la substance osseuse par le mécanisme que nous avons indiqué.

D'après ces dernières expériences, on le voit, la moelle devrait jouer un grand rôle dans la régénération.

Cette théorie nous semble fort admissible et dans l'étude des régénérations nous ferons remarquer la fréquence de ce rajeunissement qui précède la formation d'éléments nouveaux. Ce phéno-

(1) Ranvier, *Considérations sur le développement du tissu osseux. Thèse de la faculté de médecine. Paris*, 1865, p. 35.

mène doit surtout attirer notre attention, lorsque nous observons une partie osseuse enflammée ; la moelle, qui était passée à l'état adulte, repassera, sous l'influence de l'irritation, à l'état embryonnaire, et elle possédera dès lors une des conditions favorables à l'ossification. De là, les ossifications intramédullaires qui ont été déjà observées par un assez grand nombre d'auteurs et que nous avons eu l'occasion d'observer assez fréquemment pendant cette dernière guerre à la suite de plaies osseuses par armes à feu (1).

Nous n'essayons pas d'ailleurs de discuter cette proposition : La moelle sert-elle, oui ou non, à l'ossification ? Malgré les efforts tentés par un grand nombre d'expérimentateurs nous craindrions de ne pouvoir nous prononcer définitivement sur une semblable question.

Mais ce que nous pouvons affirmer c'est que la régénération osseuse commence à nous être en grande partie connue, et nous pouvons penser que le temps n'est pas éloigné où les quelques obscurités qui règnent encore à cet égard auront complétement disparu.

Les conséquences pratiques qui découlent immédiatement des résultats scientifiques bien établis par l'expérimentation physiologique, nous sont aujourd'hui d'un immense secours, et dans les résections que nous pratiquons tous les jours nous savons les parties qui doivent concourir à la régénération et à la cicatrisation osseuse, nous savons, résultat immense, que nous devons conserver le périoste qui servira de support aux vaisseaux qui sont destinés à alimenter la couche ostéoïde, partie essentielle pour la régénération osseuse.

(1) Voir Redard, *Considérations générales sur la moelle des os.* (*Gazette hebdomadaire de médecine et de chirurgie.* 1872.)

ARTICLE II

RÉGÉNÉRATION DES ARTICULATIONS.

Après avoir vu que la régénération osseuse ne peut plus aujour-d'hui être niée, il nous reste à examiner rapidement si ce tout complexe que l'on appelle une articulation, peut aussi se régénérer, question difficile et qu'il importerait tant au chirurgien de con-naître complétement.

Un premier problème à résoudre, c'est de savoir si les os, ou plutôt si les extrémités articulaires une fois retranchées peuvent se reproduire avec leur forme et leur type primitif.

Un assez grand nombre d'expérimentateurs et de chirurgiens ont pratiqué des résections et ont cherché à vérifier par l'autopsie com-ment la réparation s'était faite dans ces cas. Avec M. Ollier, l'on a pratiqué des résections sous-capsulo-périostées et, grâce à la con-servation du périoste, l'on a pu voir des extrémités osseuses résé-quées dans une assez grande étendue apparaître de nouveau.

Nous admettons bien une reproduction des os par le périoste, mais le nouvel os n'est évidemment pas comparable aux os préexistants. Dans les cas de résections articulaires, le périoste ne peut pas créer à nouveau des extrémités osseuses exactement semblables aux os re-tranchés; il ne peut pas en un mot reconstituer sur son type primitif une articulation détruite par l'opérateur ou par un traumatisme.

Nous rappellerons d'abord que si l'on a affaire à des extrémités osseuses recouvertes de cartilage d'encroûtement, il n'y aura aucune espèce de régénération.

En opérant sur des extrémités articulaires, M. Ollier, dans ses ex-périences sur des animaux, a pu, grâce à la résection sous-capsulo-périostée, obtenir des masses osseuses qui tendaient à suppléer les os détruits. — Comme le fait remarquer cet habile expérimentateur, la capsule et les ligaments de l'articulation primitive servent de guide et de moule aux productions périostiques. Mais le périoste diaphysaire, bien que reproduisant une grande partie de l'os détruit, donne dans quelques cas des os ayant une forme se rapprochant beaucoup de celle des os primitifs, mais qui en diffèrent cependant assez notablement.

Dans de rares autopsies pratiquées chez l'homme on a pu voir aussi qu'il n'existait pas une régénération véritable.

Dans un cas fort intéressant où l'autopsie a pu être pratiquée par M. Jasseron (1), nous voyons qu'à la suite de la résection du coude, l'humérus, qui avait été retranché dans une assez notable étendue, avait repris la presque totalité de ce qu'il avait perdu; mais l'extrémité libre ne présentait rien qui pût ressembler à l'extrémité normale. Il y avait partout des stalactites d'une configuration bizarre, échappant à toute description. En dedans, pas trace d'épitrochlée ; en dehors, *quelque chose* qui pouvait, *à la rigueur*, passer pour un épicondyle, et au-dessous de *ce quelque chose*, une sorte de longue apophyse recourbée qui allait rejoindre le cubitus.

Du côté du radius, il n'y avait ni col, ni tête, ni cupule, il n'y avait qu'une sorte de tubercule resté sans connexion avec l'humérus.

L'extrémité supérieure du cubitus s'était reproduite partiellement, mais avec une configuration très-irrégulière et bien différente de la forme normale. En avant se trouvait une forte apophyse, aplatie transversalement, représentant l'apophyse coronoïde ; en dedans, une épine saillante et pointue.

En résumé, dans ce cas, nous voyons bien la reproduction presque intégrale, comme longueur, des os enlevés, mais les extrémités articulaires sont loin de s'être reproduites avec leur forme normale. Or, nous croyons que dans la plupart des cas il en est ainsi. Nous pourrions citer un assez grand nombre de faits où l'on a pu constater que la reproduction osseuse était imparfaite.

«Chez les opérés que j'ai vus, dit M. Ollier, six et huit mois après

(1) Jasseron, *Bull. de la Société de chirurgie,* 1872.

l'opération, on sentait à l'extrémité inférieure de l'humérus deux tubérosités latérales.

« Sur deux autopsies de résections du coude (quinze mois après la guérison), il y avait une articulation ayant les caractères d'un ginglyme, une mortaise qui maintenait suffisamment le rapport des os.»

D'après les paroles mêmes de M. Ollier, il est impossible de penser qu'il y ait eu une véritable régénération des extrémités osseuses.

Dans un cas présenté par M. Verneuil, à la suite d'une résection du coude, il y avait une tubérosité reproduite à la place de l'épicondyle et il y avait un crochet olécranien.

Dans ce cas aussi, on n'oserait certainement pas soutenir que l'on eût affaire à une tubérosité et à un crochet olécranien parfaits.

Quant aux ligaments, une fois détruits, ils ne se régénèrent plus. Dans les autopsies on les trouve épaissis et des tractus fort nombreux se forment très-rapidement, si l'on n'a pas soin de recommander au malade de faire quelques mouvements.

« La reproduction des moyens d'union intra-articulaires ne s'opère jamais régulièrement, dit M. Ollier. On constate entre les surfaces osseuses des tractus fibreux plus ou moins épais, plus ou moins lamellaires, mais rien de fixe ni de régulier. » Et plus loin : « Ce sont des faisceaux irréguliers, dus à des expansions du périoste, de la capsule et des ligaments anciens, qu'on peut comparer, par une analogie un peu forcée, aux éléments normaux, mais dont la forme ne nous paraît déterminée que par la pression accidentelle des surfaces osseuses nouvelles. »

Les autres parties qui composent l'articulation ne se régénèrent pas plus que les ligaments.

Quant aux tendons, une fois détachés, en ne laissant pas le périoste se continuer avec la capsule, ils ne paraissent plus reprendre leur point d'attache sur l'os. Il existe, le plus souvent, des unions désordonnées des muscles entre eux.

Nous croyons donc pouvoir conclure de ces quelques faits que la régénération des articulations n'existe pas. Il peut bien y avoir une

sorte d'ébauche, mais jamais nous n'obtiendrons une nouvelle articulation. Si le malade fait des mouvements, nous pourrons voir
la fonction se rétablir ; le mode d'engrènement des os sera celui
d'une diarthrose, d'une énarthrose, etc., mais les surfaces articulaires seront irrégulières.

Nous pourrons bien dire que dans un assez grand nombre de cas
il y a rétablissement de la fonction ; mais nous nous garderons bien
de dire, avec quelques chirurgiens, qu'il y a régénération.

A l'appui de notre manière de voir, nous aurions pu reproduire
les notes que nous avons prises au musée de Wurtzbourg, sur les
pièces anatomique que Heine, qui s'est tant occupé de ce sujet,
y a déposées ; là, comme dans les faits cités par M. Ollier, nous
n'avons point trouvé de véritables articulations, mais bien des pseu-
darthroses. On pourra encore trouver des observations intéressantes
sur ce sujet dans les recherches que j'ai faites sur les résections
articulaires dans les blessures par armes de guerre actuellement en
cours de publication, grâce au concours si intelligent du docteur
Cousin (1).

Un malade que nous observions récemment et chez lequel nous
avions pratiqué, il y a un an, la résection de l'humérus à sa partie
inférieure, dans une étendue de 7 centimètres, et du radius et du
cubitus, dans une étendue de 2 centimètres, peut servir à démontrer les faits que nous avançons. — Chez lui en effet on peut voir
un rétablissement complet de la fonction, les mouvements se font
comme à l'état normal, et si l'on n'examine pas bien attentivement,
l'on pourrait croire que l'on affaire à une articulation parfaite. —
L'extrémité humérale reproduite est cependant très-irrégulière et
c'est à sa partie externe que sont venues s'appliquer les extrémités
du radius et du cubitus nouvellement formées. Un nouveau ginglyme s'est formé. Mais avons-nous là une articulation semblable à
l'articulation primitive, en un mot une articulation régénérée ?
Personne n'oserait le soutenir.

(1) Voir *Union médicale*, 1872-1873.

CHAPITRE X

RÉGÉNÉRATION DES TENDONS

Parmi les tissus qu'il importe le plus au chirurgien de connaître au point de vue des régénérations, il en est un, le tissu tendineux, qui mérite pour plusieurs motifs d'attirer notre attention, et
c'est pourquoi j'ai été amené à étudier la reproduction des tendons
d'une façon à peu près complète ; après avoir cherché à vérifier les
phénomènes qui s'accomplissent à la suite de leur division, je me
suis alors bien vite aperçu que les diverses théories imaginées pour
rendre compte des faits, étaient loin d'être l'expression de la vérité.
J'ai varié à l'infini mes expériences ; j'ai appelé à mon aide le
microscope, et il est résulté pour moi de cette étude une théorie
plus vraie, plus nette et plus en harmonie avec les idées histologiques modernes, que toutes celles qui ont été émises jusqu'à ce
jour.

ARTICLE Ier

CONSIDÉRATIONS GÉNÉRALES

Parmi ces théories il en est sur lesquelles il est à peine nécessaire
d'insister.

Stromeyer (1), en effet, supposait que la section d'un muscle rétracté subissait une élongation active qui permettait aux deux bouts
de ce tendon de se rapprocher et de se réunir par un travail
adhésif, comme cela a lieu dans la réunion primitive des plaies.

(1) Stromeyer, *Physiologia tenotomiæ.* Dresde, 1837. Trad. *Journal l'Expérience.*

L'observation clinique, l'expérimentation ont démontré tout ce que cette idée avait d'erroné.

Ces deux sources fécondes de nos connaissances physiologiques et pathologiques ont également fait raison de cette autre pensée qui a porté un éminent chirurgien, M. Sédillot, à ne voir dans le travail de régénération qui suit la section des tendons qu'un travail de physiologie pathologique analogue à celui qui se passe dans la réunion primitive des plaies.

« Les plaies de la ténotomie se cicatrisent par réunion immédiate; telle est, comme nous l'avons démontré, la véritable raison de leur innocuité. Étudier les causes de l'innocuité des plaies ténotomiques, c'est donc rechercher les conditions sous l'influence desquelles on obtient leur adhésion primitive, et nous allons montrer qu'on en rencontre rarement de plus favorables. »

Il aurait suffi, pour dissiper l'erreur, de pratiquer une ténotomie sur un animal vivant, et de constater, au bout de quinze jours, que le tendon divisé avait subi un écartement de 2 à 3 centimètres au moins et qu'une substance nouvelle avait réuni les deux bouts divisés.

Enfin des chirurgiens distingués, des hommes habiles dans leur art, se sont bornés, après avoir éclairé leur pratique par l'expérimentation physiologique, à décrire fidèlement les diverses phases par lesquelles passaient les éléments du tendon divisé pour arriver à la régénération.

Parmi ces chirurgiens, il n'en est point de plus fidèle et de plus vrai que M. Vincent Duval (1), qui a donné une description fort exacte des divers phénomènes qui s'accomplissent quand un tendon a été divisé.

Notre savant collègue, M. Bouvier, a fait aussi des expériences dont il nous a donné un résumé très-net et très-précis. Mais ce médecin distingué ne s'est pas borné à décrire les phénomènes de

(1) V. Duval, *Traité pratique du pied-bot*. Paris, 1839.

régénération des tendons, il a, ainsi que nous le verrons plus loin, exposé une théorie sur la cause de cette régénération.

J'arrive aux théories qui ont eu dans la science les plus illustres représentants.

ARTICLE II

RÉPARATION DES TENDONS AU MOYEN DU SANG EXTRAVASÉ

Hunter peut à juste titre être regardé comme ayant fourni des éléments à deux de ces théories. Croyant, d'après ses recherches et ses études sur le sang et la lymphe, que le sang était doué d'une vie propre, spéciale, il se vit avec raison amené à conclure que le sang est un liquide vivant encore, même lorsqu'il est épanché dans les tissus et pouvant servir de moyen de réunion; en effet, il dit (1) : « La réunion par l'intermédiaire du sang extravasé peut s'effectuer sans inflammation. » Plus loin (2) : « Il peut porter au contact les parties divisées, ou retiendra aussi le sang extravasé, mais vivant, qui, en se coagulant, peut servir de moyen d'union, » et : « Le sang, étant vivant, est un moyen d'union qui devient immédiatement une partie de nous-mêmes, et les tissus ne sont point affectés d'une manière fâcheuse. Par son contact il ne survient aucune irritation, les particules rouges du sang sont absorbées et il ne reste que la lymphe coagulable qui, étant le véritable moyen d'union vivant, devient en-suite de nature vasculaire et nerveuse. »

Plusieurs chirurgiens éminents ont attribué la reproduction du tendon au sang épanché.

Ainsi Ammon, qui, un des premiers, a fait des expériences sur ues animaux, pour éclairer les phénomènes de la régénération des

(1) Hunter, *Œuvres complètes*, Tome I, page 420.
(2) Id., *ib.*, page 444.

tendons, dit que « le sang s'interpose entre les deux bouts du
tendon divisé en assez grande quantité pour remplir l'intervalle
qui existe entre eux, que le sang se coagule et devient de plus en
plus solide. Puis, au bout de deux jours, de la lymphe plastique
est sécrétée autour du caillot qui est pénétré par elle ; enfin le nouveau produit s'organise, et, au bout de quinze jours, sa solidité
est assez grande pour que les fonctions du membre soient rétablies. »

Thierfelder nous a donné une dissertation sur les phénomènes histologiques qui se passent dans la régénération des tendons après la ténotomie, en s'appuyant sur les expériences faites
sur le tendon d'Achille d'un lapin. Voici les idées de l'auteur à ce
sujet : « Les parties solides et liquides du sang épanché dans le
canal de la gaîne tendineuse produisent un tissu en forme de
cordon, d'une dureté analogue à celle du cartilage ; ce tissu est réuni
intimement des deux côtés avec les extrémités tendineuses, il est
divisé en plusieurs parties, dans le sens de sa longueur, par des
prolongements de la gaîne composés en partie par des fibres de tissu
cellulaire parallèles entre elles et à l'axe du tendon divisé et disposées très-régulièrement. Le tissu interstitiel, c'est-à-dire la portion
intermédiaire, est très-ressemblant, quant à ses propriétés mor-
phologiques et physiques, à du tissu tendineux normal ; on peut
dire qu'il est identique, d'autant plus que les noyaux embryoplastiques des tendons normaux sont identiques avec les fibres dont
on examine le développement dans le tissu de nouvelle formation. »
Dans ce sang épanché un double phénomène va se produire, c'est-
à-dire qu'il va se former des corpuscules insolubles dans l'acide
acétique, d'une petitesse incommensurable, qui peuvent être suivis
peu à peu à l'état de noyaux avec un nucléole distinct. Il se trouve
déjà de très-bonne heure autour de ces petits noyaux une enveloppe
granuleuse, et enfin une membrane homogène, incolore et soluble
dans l'acide acétique ; ces cellules deviennent enfin fusiformes,
elles représentent les cellules embryoplastiques du tissu conjonctif ;

un peu plus tard, le noyau de la cellule disparaît, et on voit à sa place des granulations graisseuses; il se forme un épaississement de la cellule, d'où proviennent des corps fusiformes, en partie solides et en partie creux. A l'extrémité de ces corps se forment des prolongements fibrillaires extrêmement fins, se soudant aux prolongements analogues des autres cellules et s'épaississant, tandis que la partie moyenne de la cellule se rétrécit.

Nous venons de voir la partie liquide du sang donner lieu à des cellules embryoplastiques, et finalement à des fibres. Quant à la partie solide, voici comment s'exprime l'auteur allemand : « Cette partie du coagulum qui ne s'est point transformée en noyaux et en cellules paraît former la substance intercellulaire qui apparaît d'abord striée dans la direction de la longueur du tendon, dans laquelle sont déposés également des noyaux et des cellules allongées ; mais, après cinquante-six jours, elle est complétement homogène : la masse de la substance intercellulaire est d'abord relativement fort petite, dans quelques points les noyaux se touchent presque, mais peu à peu elle augmente, et déjà le quatrième jour, la plupart des noyaux et des cellules sont séparés les uns des autres par des espaces appréciables. »

Il résulte donc du travail de Thierfelder : 1° que la partie liquide du sang joue le rôle d'un blastème au sein duquel se développent des cellules embryoplastiques ; 2° que la partie solide du sang s'organise et devient substance intercellulaire.

En 1854, Bower (1) concluait de ses expériences faites sur les lapins : que l'organisation incomplète du tendon, malgré la vascularisation de la gaîne, tenait à un défaut d'épanchement du sang, et que la bonne conformation du nouveau produit tenait à un épanchement suffisant de ce dernier. Voici comment il s'exprime : « Il est facile de suivre pas à pas l'organisation du sang coagulé : en examinant le caillot le deuxième jour de la coagulation, on

(1) Bower, *Sur la régénération des tendons divisés* (Virchow's *Archiv*, vol. VII, p. 162).

voit que les globules sanguins se sont réunis irrégulièrement, que son contenu est granuleux, que l'hématine est en dissolution, et que le coagulum est partout uniformément imbibé. On n'y voit pas encore ou très-peu de matière organisée : le quatrième jour, les globules sanguins sont complétement détruits, toute la masse est alors granuleuse et uniformément rouge, on y voit apparaître des cellules rondes munies de noyaux. Ces cellules, dont la prolifération est très-rapide, perdent bientôt leur forme arrondie en devenant longitudinales et aplaties ; leurs noyaux sont très-distincts et de forme allongée (fusiforme à peu près). Le sixième jour, le caillot, si l'on vient à pratiquer une coupe, présente une couleur pâle, qui va en augmentant de la périphérie au centre (par la résolution de l'hématine en dissolution). Soumis au microscope, on y voit des cellules longitudinales et aplaties à partir du huitième au dixième jour, le caillot est tout à fait blanc et les parois des cellules qu'il renferme sont très-minces et chaque cellule s'effile jusqu'à la prochaine cellule, effilement qu'on peut réussir çà et là à poursuivre d'une cellule à l'autre : la substance intercellulaire présente des stries longitudinales qui donnent à ce tissu l'aspect de celui du tendon. L'organisation du caillot en tissu tendineux est ainsi terminée à la fin de la seconde semaine, mais elle n'atteint la consistance normale du tendon qu'en deux ou quatre semaines et au delà. »

M. Jobert a, en 1864 (1), a étudié tout au long les phénomènes connus de la reproduction des tendons divisés ; il a fait à ce sujet un grand nombre d'expériences sur les animaux, les chiens, les chevaux, et il résulte de toutes ces expériences que le tendon se régénère de la façon suivante :

1° Écartement plus ou moins considérable des deux bouts divisés, immédiatement après la solution de continuité ;

2° Rétablissement de continuité de la gaîne, rétablissement qui se produit avec une rapidité et une perfection telles, que sou-

(1) Jobert, *De la réunion en chirurgie.* Paris, 1864.

vent au bout de peu de jours il est absolument impossible de retrouver le point par où l'instrument a pénétré pour couper le tendon ;

3° Dépôt de sang dans l'intérieur de la gaîne et dans l'intervalle qui sépare les bouts rétractés des tendons.

C'est le sang, qui, au dire de M. Jobert, va former la réparation du tendon, et voici comment s'exprime ce célèbre chirurgien :

« L'observation montre que cette substance que renferme la cavité de la gaîne n'est autre que le sang liquide dans le principe, mais qui ne tarde pas à se solidifier ; on découvre alors un caillot dans lequel se développent des lamelles qui s'étendent d'une paroi de la gaîne à l'autre, de manière à former des cloisons incomplètes qui deviennent des cellules régulières, communiquant toutes entre elles et contenant chacune de petits caillots, lesquels subissent ensuite une transformation. La structure présente un aspect fibrineux; par le lavage, on en détache les caillots, et les cellules se détruisent elles-mêmes d'autant plus facilement qu'on est plus près du début de l'organisation. La partie la moins résistante est celle qui occupe le centre du canal ; la plus solide adhère aux portions divisées. Bientôt cette substance se solidifie davantage, acquiert une dureté remarquable et forme, à son point de jonction avec l'ancien tissu tendineux, un renflement dur et résistant.

Examiné anatomiquement à cette époque, ce tissu se présente avec une apparence fibreuse un peu plus rouge au centre qu'à la circonférence, mais sans aucune trace de cellules et de cavités.

L'aspect propre au tissu tendineux normal ne s'y montre pas encore, mais on y constate des fibres de nouvelle formation se continuant avec celles du tissu ancien et les parois de la gaîne.

On observe facilement dans le tissu des fibres longitudinales, obliques et transversales, qui établissent une continuité parfaite entre les parois de la gaîne et les bouts des tendons divisés.

Le caillot ainsi organisé ne forme donc plus qu'une masse charnue représentée par des fibres élastiques rouge-brun adhérant fortement à l'intérieur de la gaîne et aux extrémités tendineuses. Ce n'est qu'après cette transformation accomplie que l'on voit apparaître une coloration d'un blanc terne, qui s'étend des deux bouts du tendon vers le centre et de la superficie vers la profondeur du nouveau tissu, » et plus loin M. Jobert ajoute : « Ce sont là les métamorphoses que subit le sang dans l'intérieur de la gaîne, sans développement de vaisseaux et sans mélange d'une autre substance organique; le sang fait donc tous les frais de la régénération tendineuse. »

Mais comment le sang va-t-il devenir un véritable tendon? M. Jobert va nous le dire : il admet que le sang passe par plusieurs périodes qui sont au nombre de quatre :

1° Période liquide ;

2° Passage de l'état liquide à l'état de caillot ;

3° Transformation du caillot en fibrine organisée ;

4° Transformation tendineuse.

Pour édifier cette théorie, M. Jobert a fait un grand nombre d'expériences; mais ses déductions sont-elles légitimes ? Nous ne le croyons pas, et plus tard nous le démontrerons en suivant jour par jour les phénomènes qui se passent à la suite de la ténotomie.

D'abord les expériences sur les chevaux prouvent, en effet, qu'il se fait à la suite de la section du tendon d'Achille un épanchement de sang considérable; mais M. Jobert a sacrifié ses animaux trop tôt pour bien étudier ce qu'est devenu ce sang épanché dans l'intérieur de la gaîne tendineuse.

En effet, sur dix expériences faites sur les chevaux, une fois seulement l'animal fut sacrifié au douzième jour et la lecture attentive de cette expérience ne prouve pas en faveur de l'idée de l'auteur. Deux de ces animaux ont été sacrifiés au bout de trois jours. Une inflammation violente avait envahi le foyer de l'opération. Quant aux autres animaux, ils ont été sacrifiés dans les vingt-quatre heures. On a trouvé un caillot sanguin considérable dans la gaîne du tendon d'Achille divisé, mais rien ne prouve que ce sang se serait organisé et serait devenu un tendon. Maintenant parmi les quinze expériences faites sur les chiens et relatées avec une très-grande bonne foi, il est facile de démontrer que dans plusieurs de ces expériences, l'épanchement sanguin aurait été insuffisant pour amener la régénération du tendon. Telles sont les expériences VI, VII, VIII, IX et X; d'ailleurs nous montrerons plus loin que, non-seulement le sang ne sert en rien à l'organisation des tendons, mais que, de plus, lorsqu'il est épanché en trop grande quantité, il agit comme corps étranger, nuit à la reproduction du tendon et détermine des accidents inflammatoires, comme le constate Jobert lui-même dans ses expériences VII et X faites sur les chevaux. Aussi ne pouvons-nous admettre, avec le célèbre chirurgien dont nous combattons les idées, que lorsque le tendon se reforme incomplétement, il faut attribuer ce travail incomplet à un trop petit épanchement sanguin.

Il résulte des faits exposés plus haut, que le sang a été étudié à un double point de vue. Hunter et Jobert voulaient que la régénération du tendon eût lieu aux dépens des éléments du sang lui-même : pour Hunter, ce serait la lymphe du sang qui constituerait l'élément formateur ; pour Jobert, ce serait la fibrine. Pour l'école allemande, le sang n'est plus qu'un blastème aux dépens duquel des cellules vont se développer, et c'est du développement de celles-ci que le tendon va naître.

ARTICLE III

ÉPAISSISSEMENT DE LA GAINE

Quand on observe un tendon rupturé sur l'homme ou sectionné par la méthode sous-cutanée, quelques jours après cet accident ou après cette opération, on constate un épaississement de la gaîne, et souvent des tissus périphériques ; il était donc naturel de penser que les éléments périphériques du tendon divisé ou coupé devaient jouer un grand rôle dans la reproduction du tendon.

John Hunter (1) qui s'était rompu le tendon d'Achille en dansant, et qui a étudié sur lui-même la marche de sa maladie et de sa guérison, s'exprime ainsi : « La rupture du tendon d'Achille ne s'accompagne que de peu d'inflammation. On observe un empâtement général vers la partie inférieure de la jambe et du cou-de-pied ; l'extravasion sanguine donne une coloration noire à la peau et la lymphe coagulable qui s'est infiltrée dans les tissus les rend fermes au toucher ; cette induration du tissu cellulaire devient plus prononcée de chaque côté du niveau de la rupture et contribue à maintenir le tendon à sa place. Cette inflammation n'exige à peu près aucun traitement particulier, quand le pied est dans une position convenable. »

Palmer, annotateur de Hunter, ajoute la note suivante : « En raison du peu de vitalité des parties tendineuses, la guérison parfaite se fait en général longtemps attendre, et il s'écoule plusieurs mois, avant que l'organisation définitive du médium unissant soit effectuée. Les plaies des tendons par simple excision, comme dans l'amputation, guérissent sans difficulté ; mais la guérison des tendons rupturés est un phénomène beaucoup plus lent, ce qui dépend de la lenteur avec laquelle s'opère le travail de reproduction dans ces parties. D'abord la réunion est opérée par le tissu cellulaire qui peu à peu devient dur et résistant : très-souvent ce tissu s'ossifie, comme cela est arrivé à Hunter, d'autres fois il reste un noyau fibro-cartilagineux qui ne revêt jamais le caractère tendineux. »

Hunter et son annotateur ont placé le phénomène de reproduction du tendon en dehors de la gaîne dans le tissu cellulaire : chose curieuse, c'est que Hunter, qui en toutes circonstances invoque la

____

(1) Hunter, *Œuvres complètes*. Trad. Richelot, t. I, page 493, et page 434.

vitalité du sang, la laisse ici de côté, bien que, chéz lui, la rupture du tendon d'Achille se soit accompagnée d'un épanchement sanguin.

Si le tissu cellulaire et sa gaîne tendineuse étaient invoqués comme jouant un rôle dans le rétablissement du tendon arraché ou divisé, à plus forte raison était-il naturel de faire jouer à la gaîne elle-même un rôle capital. C'est ce que n'a pas manqué de faire M. Bouvier qui depuis plus de trente ans s'occupe avec succès des déviations congénitales ou acquises. Comme ce médecin distingué est le représentant le plus éminent de cette théorie, nous allons surtout faire connaître ses idées.

Il est juste de dire que, depuis le début des travaux du savant académicien, ses opinions ont un peu varié ; mais nous allons les reproduire d'abord telles que M. Bouvier les a formulées en 1867, devant l'Académie de médecine.

Voyons ce que l'auteur disait en 1837 (1) pour résumer ses recherches sur la matière : « Ces faits me paraissent démontrer que la formation nouvelle est due à ce que le tissu cellulaire ambiant, d'abord converti en un canal à parois contiguës, se change peu à peu en un cordon solide de substance fibreuse, qui, sans être exactement de même nature que le tendon qu'il supplée, s'est montré, dans tous les cas connus, parfaitement apte à en remplir les fonctions, » et plus loin dans une note, il ajoute : « Il n'y a d'autre production de matière organique que celle qui s'effectue dans la substance même, ou dans les aréoles de cette gaîne et qui, en changeant son mode de nutrition, lui donne une organisation nouvelle. La cavité de la gaîne ne renferme jamais rien de comparable à la lymphe plastique des membranes séreuses. »

Ces idées primitives de M. Bouvier ont été développées dans un travail, en 1855 (2). Là, s'aidant du microscope et de M. Mandl,

_____

(1) *Bulletin de l'Acad. de méd.* 1837, tome VII, page 440.
(2) Bouvier, *Archives de médecine.* 1855.

il a vu, ainsi qu'il le dit, en 1867, à l'Académie (1), « que la matière organique dont il a été question plus haut n'est autre chose que le blastème ou plasma qu'il n'avait pas vu alors, parce qu'il ne se voit point à l'œil nu, mais qu'il désignait clairement ; il l'a vu un peu plus tard au microscope avec l'aide de M. Mandl, et ils ont pu suivre ses transformations successives sur des lapins. »

Comme conséquence de ses recherches, M. Bouvier ajoute (2) : « 1° Jamais la nouvelle substance ne se montre identique à l'ancien tendon, même des années après la réunion, et quoique la continuité de l'organe soit si bien rétablie, qu'on a peine à reconnaître le lieu de la section suppurante, ou dans une plaie sous-cutanée, guérie sans suppuration, son organisation est la même, ses caractères ressemblent en tous points aux tendons normaux, et en diffèrent autant dans un cas que dans l'autre. »

ARTICLE IV

RÉGÉNÉRATION PAR LA LYMPHE PLASTIQUE

Nous avons dit comment certains chirurgiens avaient interprété la reproduction du tendon divisé, les uns à l'aide du sang épanché, les autres à l'aide de sa gaîne. Nous avons montré que Hunter, Delpech, Scoutetten, Duval admettaient la réunion du tendon divisé à l'aide d'une substance intermédiaire. Sans se prononcer sur la nature de cette substance, d'autres admirent que cette substance était de la lymphe plastique qui en s'organisant reproduisait la partie du tendon divisé. C'était donc revenir aux idées de Hunter qui parle sans cesse de cette matière.

Pour ce grand physiologiste, « cette matière coagulable n'est pas simplement de la lymphe coagulable telle qu'elle est, quand

(1) Bouvier, *Bull. de l'Acad. de méd.* Paris, 1867, n° 31, page 1095.
(2) Id., *ibidem.*

elle est en circulation, mais elle en diffère un peu en vertu d'un changement qu'elle a subi dans son passage à travers les vaisseaux enflammés qu'elle a traversés. » Et voici comment Hunter s'exprime au sujet de cette matière et des adhérences qu'elle peut produire (1) :

« Les adhérences qui s'établissent entre les parois des cavités naturelles, sont formées par l'intermédiaire d'une substance (lymphe coagulable), laquelle, sous l'influence de la disposition inflammatoire des vaisseaux, est sécrétée du sang et portée à la surface interne de ces parois. »

De même que les idées de Hunter sur le mode de réunion des plaies ont régné depuis un grand nombre d'années, en chirurgie, de même les idées sur l'épanchement et l'organisation de la lymphe ont dominé les esprits des expérimentateurs qui se sont livrés à l'étude de la ténotomie, et nous les voyons reproduites par beaucoup de chirurgiens éminents qui invoquent sans cesse l'épanchement de la lymphe comme élément régulateur capital dans l'acte de la ténotomie. En définitive, ils admettaient le même travail que celui qui forme la réunion primitive des plaies ; c'est cette idée que nous voyons sans cesse reproduite par M. Velpeau et par bien d'autres encore.

En 1859 (2), nous avions admis, nous aussi, cette manière de voir. Mais il est bien évident que cette idée est tout hypothétique. Personne n'a jamais vu la lymphe plastique, concourant même à la réunion immédiate des plaies ; c'est une hypothèse probable ; mais en admettant même, avec quelques auteurs modernes, qu'il y ait dans ce cas exsudation d'une matière plasmatique, ce qui en définitive ne serait autre chose que la lymphe plastique de Hunter, il y a loin de là à la reproduction des tendons. Je suis étonné que cette objection n'ait pas été vigoureusement opposée aux doctrines de M. Velpeau ; d'ail-

(1) Voir Hunter, *Œuvres*, tome I, page 419.

(2) Demarquay, *Sur l'action des gaz sur les plaies sous-cutanées en voie de cicatrisation.* 1859.

leurs, personne n'a vu cette lymphe plastique épanchée dans la gaîne du tendon divisé, d'abord liquide et s'organisant ensuite. Que de logomachies on aurait évitées pendant la dernière grande discussion académique, si quelque membre avait essayé de pratiquer quelques ténotomies, de les présenter à la savante compagnie et de demander pièces en main la démonstration des doctrines professées !

En admettant la doctrine de la lymphe plastique comme nous l'avons fait en 1859, nous avons suivi extérieurement tous les phénomènes de la reproduction du tendon. Nous avons fait plus, nous avons ouvert la gaîne tendineuse de nos lapins, afin de nous rendre compte de l'influence des gaz employés, et, déjà à cette époque, nous avions conçu des doutes sur la théorie de la lymphe plastique généralement acceptée ; d'ailleurs, en admettant même cette théorie pour vraie, il fallait montrer par quel travail intime cette substance liquide et amorphe allait s'organiser et arriver à la reproduction d'un tendon.

ARTICLE V

RÉGÉNÉRATION PAR LE BLASTÈME

De cette théorie à celle du blastème il n'y avait qu'un pas. C'est cette théorie qu'a exposée M. Ch. Robin devant l'Académie, dans les termes suivants (1) : « Cette régénération peut avoir lieu sans réparation ; c'est ce qu'on voit par exemple pour les tendons écartés, entre lesquels s'étend, à partir de chaque bout divisé, le tissu nouveau de même nature, composé de fibres de tissu lamineux à tous les degrés de leur évolution, fibres encore plongées dans la substance homogène à l'aide et aux dépens de laquelle elles se développent certainement, car cette matière du blastème est d'autant

(1) Robin, *Comptes rendus de l'Académie des sciences*, page 841. — *Anatomie et physiologie cellulaires*. Paris, 1873.

moins abondante, qu'on l'examine à une époque plus éloignée du premier jour de la régénération. »

Mais nous verrons plus loin que cette manière de voir, partagée par plusieurs personnes en France, n'est point acceptée par tous les auteurs qui se sont occupés du sujet ; d'ailleurs, la question des blastèmes est une grande question, qui divise actuellement les histologistes ; il n'est donc point inutile de s'entendre à ce sujet, et à cet égard je ne puis mieux faire que de reproduire les idées de M. Ch. Robin, le plus grand représentant de cette doctrine en France.

« Les plasmas, dit cet illustre histologiste (1), sont des parties constituantes, liquides, intravasculaires, ne se rencontrant jamais que dans les systèmes de vaisseaux clos, sanguins et lymphatiques liquides, d'une composition immédiate particulière.

« Les blastèmes sont des liquides de formation, c'est-à-dire servant à la génération des éléments anatomiques qui naissent à leur aide et à leurs dépens ; ils ont par suite une existence temporaire, tout à fait transitoire. Ils proviennent soit des plasmas laissant exsuder certains de leurs principes au travers des parois des capillaires, soit des éléments anatomiques déjà nés, laissant exsuder certains des principes immédiats liquides dont ils sont imbibés.

« Ainsi ces liquides sont bien distincts les uns des autres au point de vue de leur origine, de leur composition, puisque les blastèmes viennent des vaisseaux ou des éléments anatomiques ambiants, et n'ont qu'une existence temporaire, tandis que les plasmas viennent des aliments et des tissus par désassimilation, et ont une existence permanente.

« Les blastèmes ont été appelés *mucus matricalis* par les auteurs latins, *substance intercellulaire* ou *cytoblastème*, de κύτος, cavité, corps, cellule, et βλάστημα, production, exsudat primitif ou plastique.

« Les blastèmes, quelle que soit la diversité de leur composition, ne diffèrent, à l'œil nu ou sous le microscope, que par un peu plus

---

(1) Robin, *Traité des humeurs*. Paris, 1867, page 72.

ou un peu moins de consistance. Sous le microscope, ils ont l'aspect de substances liquides ou demi-liquides amorphes, interposées aux éléments préexistants et déjà presque toujours mélangées d'éléments de génération nouvelle. Ils existent constamment ou presque toujours en petite quantité ; ils sont ordinairement pâles, leur transparence tient surtout à la proportion de granulations moléculaires qu'ils contiennent, car tous en présentent une certaine quantité, et plus elles sont nombreuses, plus elles sont opaques. Cette homogénéité, cette uniformité, cette transparence, sont les principales causes de la difficulté que l'on éprouve à étudier expérimentalement les blastèmes. Elles font qu'on n'arrive à déterminer leur quantité et leur nature, dans beaucoup de régions de l'économie, que par exclusion en quelque sorte.

« La composition des blastèmes n'est que très-imparfaitement connue, elle est appréciée plutôt par voie d'exclusion que par expérience directe. On sait toutefois que, contrairement à ce qui a été admis, la composition immédiate des blastèmes diffère de celle du plasma qui en a fourni les matériaux. L'eau, les sels, etc., s'y trouvent en proportion différente. Mais surtout, parmi les substances organiques demi-liquides, coagulables, unies aux principes précédents qui forment la plus grande partie de chaque sorte de blastème, ce ne sont pas la fibrine, ni l'albumine qui l'emportent. Ces principes se rencontrent dans les blastèmes, l'albumine et l'albuminose surtout, mais la fibrine n'y existe pas ou ne s'y voit qu'en quantité minime, et ce ne sont point les substances que l'on trouve dans le plasma sanguin ou lymphatique.

« On observe, en effet, que pendant le phénomène d'issue des substances organiques coagulables hors des parois des capillaires (durant l'exsudation, en un mot), ces substances éprouvent déjà un changement moléculaire ou d'état spécifique. Ce changement, bien qu'isomérique, est tel, qu'elles ne sont plus, hors des capillaires, ce qu'elles étaient dans le plasma. Les substances organiques du plasma ont servi de matériaux pour la formation des principes nouveaux qui se trouvent dans le blastème ; mais elles-mêmes ne concourent directement à le composer qu'en plus petite proportion.

« Ainsi les blastèmes sont des espèces particulières de substances organisées amorphes, distinctes du plasma par leur composition immédiate, savoir : par les proportions des principes des deux premières classes, et par la nature différente des espèces particulières de substances organiques qui les composent. Mais ce sont des espèces transitoires, en ce qu'à peine produites elles servent à la génération d'autres espèces d'une organisation plus élevée, en ce que leur existence n'est qu'une succession de phénomènes : en effet, d'un côté, on constate leur production incessante, et de l'autre, leur disparition continuelle par suite de la naissance, à leurs dépens, d'éléments anatomiques divers. »

Je tenais à exposer non-seulement les idées de M. Ch. Robin sur la reproduction des tendons, mais aussi ses idées sur les blastèmes qui sont le fondement de sa doctrine en ténotomie. Les idées de notre éminent histologiste ne sont point acceptées par tous les auteurs allemands qui se sont occupés des mêmes études : si Henle et quelques autres partagent les mêmes idées que M. Robin, il est juste de dire que Virchow et toute son école sont d'un avis tout à fait opposé. Nous ne manquerons pas plus loin d'exposer et de discuter les idées de Virchow, à côté de celles de notre éminent collègue.

Plusieurs auteurs qui se sont occupés de la reproduction du tendon, Paget et Adams, en Angleterre, admettent la production d'un blastème au sein duquel se développeraient les éléments constitutifs du tendon.

Voici comment s'exprime Adams : « Toutes les recherches faites sur la régénération tendineuse, confirment en général les résultats et les conclusions de M. Paget qui a déduit de ses nombreuses expériences sur les animaux des considérations importantes sur le processus de la régénération tendineuse. Ces recherches démontrent l'influence de la présence d'un épanchement sanguin ou d'un

processus inflammatoire qui empêchent plutôt qu'elles ne favorisent
la régénération tendineuse. »

D'après les expériences de M. Paget et d'après les observations
de Hunter sur l'homme, le tissu connectif de nouvelle formation
serait organisé par une matière spéciale que M. Paget appelle blastème à noyaux. »

J'arrive maintenant aux opinions de M. Jules Guérin sur ce
sujet. J'aurais dû peut-être, si j'avais suivi un ordre chronologique,
exposer tout d'abord les idées de notre éminent collègue, à cause du
rôle considérable que M. Guérin a joué, en France, dans le développement et la propagation des faits et des doctrines de la chirurgie
sous-cutanée. Il est incontestable que M. Guérin ·a beaucoup fait
pour la réalisation de ce grand progrès de la chirurgie moderne.

J'étais interne à l'Hôtel-Dieu à l'époque où cette méthode péné-
trait dans les hôpitaux et j'ai pu voir l'influence que M. Jules Guérin
exerçait alors sur l'esprit des chirurgiens, et les résistances qu'il a
rencontrées. Sans doute le temps a marché et les idées nouvelles de
l'histologie moderne ne sont plus d'accord avec celles qui ont été
émises par M. Guérin. Néanmoins la théorie de notre confrère n'en
forme pas moins un tout qui lui appartient. Aussi, dans la dernière
discussion de l'Académie, sur les opérations sous-cutanées, au lieu
de s'occuper à rapporter à autrui les idées émises par M. Guérin,
il eût été bien plus scientifique de les étudier en elles-mêmes et
de voir ce qu'elles avaient de fondé.

La question qui nous occupe en ce moment n'est qu'un point
dans la doctrine de M. Guérin.

Nous tenons, en raison de l'importance de l'auteur, à l'exposer
complétement, et voilà pourquoi nous donnons divers extraits du
travail lu à l'Académie de médecine en 1866 (1).

Voici les quatre propositions de l'auteur, et nous verrons ensuite le développement donné à ces propositions :

(1) Jules Guérin, *Bull. de l'Acad. de méd.* 1866.

1° Le travail physiologique que j'ai désigné sous le nom d'organisation immédiate des plaies sous-cutanées, est un travail essentiellement différent du travail de cicatrisation des plaies exposées à l'air.

2° Ce travail, considéré comme étant le produit de l'inflammation adhésive ou de l'agglutination des surfaces mises en contact, est, depuis son phénomène initial jusqu'à son dernier terme, l'analogue du travail de formation primitive des organes.

3° L'organisation immédiate des plaies soustraites au contact de l'air est bien le résultat de l'absence de ce contact, comme le travail d'inflammation suppurative qui précède fatalement la cicatrisation des plaies exposées, est bien l'effet et le résultat du contact de l'air.

4° Finalement, les méthodes qui ont le privilége de produire l'organisation immédiate des plaies, le doivent à la propriété qu'elles ont de soustraire la plaie au contact de l'air, et par conséquent, leur caractère essentiel, leur originalité et leur efficacité dérivent bien moins des dispositions matérielles de leur manuel opératoire que de la connaissance parfaite du principe et de l'appropriation des procédés opératoires parfaitement agencés et calculés pour répondre à ce principe et en assurer le bénéfice.

Comme corollaire de ces propositions, nous allons donner quelques extraits du Mémoire de M. Guérin, afin de bien faire connaître sa pensée.

En 1865-1866, M. Jules Guérin développa les propositions suivantes (1) : « vingt-quatre heures après la section d'un tendon ou d'un muscle, on constate entre les lèvres de la plaie, un exsudat, un caillot plastique, qui recouvre entièrement leur surface, et y adhère complétement. Ce caillot, sur l'origine et la nature duquel ce n'est pas le moment de discuter, comble graduellement l'espace laissé libre entre les lèvres de la plaie, il acquiert graduellement sa consistance, et revêt progressivement et à la longue le caractère

(1) Guérin, *Du caractère physiologique de la cicatrisation des plaies soustraites au contact de l'air* (*Bulletin de l'Acad. de méd.* 1865-1866).

d'un véritable tissu de nouvelle formation. » Cet auteur (1) ajoutait plus loin : « Or j'ai prouvé, en suivant pas à pas l'œuvre de
transformation des tissus divisés et cicatrisés à l'abri du contact de
l'air, que le blastème sous-cutané, spécial, dès l'origine, pour
chaque ordre de plaies et pour chaque tissu, est le théâtre d'une
élaboration et d'une transformation incessantes, ayant pour résultat de ramener graduellement le tissu nouveau à l'organisation
des parties qui en ont fourni les éléments. Ce fait, démontré pour
tous les tissus depuis le tendon jusqu'au nerf, est en quelque
façon la généralisation de ce qui se voit d'une manière si patente
pour les os. »

A l'appui de la deuxième proposition de M. Guérin, nous citerons le passage suivant (2) : « La doctrine de l'agglutination
à l'aide d'une espèce de colle organique, de lymphe plastique, d'un
médium unissant, suivant l'expression de Hunter, semblerait se
rapprocher davantage de la réalité des faits. Ici, plus d'inflammation, et partant suintement physiologique d'un liquide plastique
doué de la force adhésive qu'on lui attribue. Mais on ne rattache à
cette théorie que des faits tellement circonscrits, qu'à la supposer
vraie, elle ne le serait que pour quelques cas et dans une très-
étroite limite ; cette colle, cette lymphe plastique que l'on dote de
la propriété de faire agglutiner des surfaces, suppose des surfaces
mises en contact ; dans l'hypothèse contraire, cette couche exsuda-
tive ne parviendait point à réunir, ni à maintenir réunies des parties creuses ou complétement séparées : or, c'est ce qui a fréquemment lieu dans les plaies sous-cutanées ; et puis, suivant Hunter,
cette couche plastique disparaît pour faire place à l'inosculation,
c'est-à-dire à l'affrontement et à la remise en communication des
extrémités correspondantes des vaisseaux divisés.

« Le fait d'un écartement, et d'un écartement souvent considérable

(1) Guérin, *Du caractère physiologique de la cicatrisation des plaies soustraites au
contact de l'air (Bulletin de l'Acad. de méd.* 1865-1866), page 770.
(2) Ic., *Ibid,* pages 774 et 775.

des plaies sous-cutanées, exclut toute idée d'un simple médium unissant, comme il excluait toute préoccupation d'inflammation adhésive.

«Maintenant, quelle est l'essence de ce travail d'organisation immédiate ? Nous l'avons dit, c'est un travail de génération organique, c'est l'analogue du travail de reproduction, chez certains animaux inférieurs, de membres tout entiers retranchés; et ce travail, quel est-il en dernière analyse, sinon la répétition et la continuation du travail qui a engendré une première fois ce qu'il produit une seconde, c'est-à-dire le travail d'organisation primitive ? »

Nous extrayons d'un discours de M. Guérin qui a suivi la lecture de son travail, le passage suivant, qui nous semble digne d'attention.

« L'ensemble des faits est propre à prouver que toutes les plaies sous-cutanées, c'est-à-dire celles qui sont pratiquées et maintenues à l'abri de l'action de l'air, quel que soit leur siége, quel que soit le tissu qu'elles intéressent, se cicatrisent immédiatement sans passer par la période de l'inflammation suppurative, tant qu'elles donnent naissance à un blastème propre à chaque tissu, lequel est susceptible d'acquérir graduellement les caractères du tissu dont il émane. »

A côté de ces faits si importants étudiés par M. Guérin, nous croyons utile de mentionner brièvement les recherches que nous avons faites avec M. Leconte, ex-pharmacien des hôpitaux, sur l'action qu'exercent les gaz sur les tissus en voie de réparation, nous proposant d'ailleurs d'y revenir plus longuement dans l'étude que nous ferons plus loin des conditions qui favorisent la régénération.

Dans un premier mémoire nous avons démontré la loi de résorption des gaz introduits dans l'économie et l'innocuité des injections de l'oxygène en prouvant : que toutes les fois que l'on injectait de l'oxygène dans le tissu cellulaire d'un animal, ou dans le péritoine, il provoquait une exhalation des gaz du sang (azote et acide carbonique) qui constituaient un véritable mélange et que l'oxygène ne restait point à l'état de pureté (1). J'ai démontré en outre l'influence fâcheuse que l'oxygène pur exerçait sur les plaies, sur lesquelles il provoque souvent une véritable inflammation ; il en est de même de l'acide carbonique. J'ai démontré enfin l'influence souvent heureuse que les gaz, et l'acide carbonique surtout, avaient sur les plaies atoniques.

En 1862, nous avons étudié avec M. Leconte (2) l'influence des gaz sur l'organisation des tendons divisés. Quelle que soit la théorie admise relativement à la reproduction des tendons, ces expériences restent, et nous nous bornons à donner quelques-unes de nos conclusions. On pourrait, au premier abord, conclure de nos expériences que le contact de l'air, et de l'oxygène même, ne nuisent pas à l'organisation du tendon ; cela est vrai si le contact est temporaire, ainsi que nous l'avons démontré dans nos recherches sur les gaz, mais non s'il est permanent.

1° Dans toutes les ténotomies sous-cutanées, sans gaz, ou dans lesquelles on injecte de l'air toutes les vingt-quatre heures, la réparation du tendon s'effectue en vingt ou vingt-deux jours.

2° L'oxygène pur, injecté toutes les vingt-quatre heures dans la ténotomie, retarde notablement la réparation du tendon, mais ne s'y oppose pas d'une manière absolue ; cependant les plaies prennent un aspect blafard, et les vaisseaux sanguins se dilatent.

3° Dans les ténotomies avec injection d'hydrogène toutes les vingt-quatre heures, la réparation du tendon est tellement retardée, qu'au bout de six mois, il nous est arrivé de ne trouver aucune trace de réparation, les plaies prennent le plus mauvais aspect et les capillaires veineux sont décuplés de volume.

4° L'acide carbonique, injecté, comme les gaz précédents, à la

(1) Voir Demarquay, *Essai de pneumatologie*, page 21.
(2) Voir Leconte et Demarquay, *Réparation des tendons dans les ténotomies sous-cutanées, sous l'influence de l'air, de l'oxygène, de l'hydrogène et de l'acide carbonique* (*Archives générales de médecine*, 1862).

suite d'une ténotomie, active notablement la réparation du tendon, la rend plus complète et plus rapide même que dans les ténotomies sans gaz.

A l'époque de la célèbre discussion qui eut lieu en 1866, devant l'Académie, M. Léon Lefort a publié (1) une série d'articles critiques sur la ténotomie. Il étudie la régénération des tendons, il admet la théorie du blastème, et il signale le travail moléculaire ou mieux cellulaire qui se passe au sein du blastème, ainsi que cela résulte des citations suivantes : « Si, au contraire, on opère avec les précautions usitées en médecine opératoire, au moment où le tendon coupé se rétracte, au moment où le vide se fait, comme l'accès de l'air ne peut avoir lieu, les parois de la gaîne tendineuse, attirées par le vide qui tend à s'effectuer, pressées par le refoulement des parties qui l'environnent, comblent cet espace ; aucune cavité n'existe, partout des tissus vivants sont en contact, et la plaie se trouve alors dans les conditions exigées pour l'organisation par première intention du blastème plastique sécrété par les vaisseaux des tissus intéressés par l'incision, ou excités par le travail qu'elle amène autour d'elle (2). »

Précédemment (3), il consacre quelques lignes à l'étude de la ténotomie et à l'explication du phénomène intime qui se passe dans la reproduction du tendon. Après avoir parlé de la vascularisation de la gaîne, il dit : « C'est alors que commence la sécrétion plastique, c'est alors que le plasma du sang transsude, tant à travers les parois vasculaires que par l'extrémité des plus petits capillaires divisés ; c'est alors que le blastème qui fera les frais de la réparation se trouve constitué : on constate avec le secours du microscope, comme Gustaëcker (4), Thierfelder (5), Bower (6), Brod-

----

(1) Lefort, *Gazette hebdomadaire*. 1866.
(2) Id., *ibid.*, *Gazette hebdomadaire*. 1866, page 450.
(3) Id., *ibid.*, page 449.
(4) Gustaëcker, *Dissertatio de regeneratione tendinum post tenotomiam*. Berlin, 1851.
(5) Thierfelder, 1852.
(6) Bower, *Die Regeneration der Sehnen* (*Virchow's Archiv für Pathol.* 1854).

hurst (1), Adams (2), qu'il se développe dans ce blastème des noyaux ovalaires en nombre considérable, au milieu desquels se rencontrent quelques cellules de forme irrégulière à contenu granuleux. Les noyaux du blastème se disposent en série linéaire, s'allongent, se soudent, et un tissu nouveau, intermédiaire aux deux extrémités du tendon, se trouve constitué. »

D'après les diverses opinions émises ci-dessus, le blastème voit naître en lui-même des cellules qui, en s'organisant, formeront de nouveaux tendons. Mais il est des auteurs qui, tout en admettant un blastème, prétendent que les cellules actives ne naissent pas du blastème lui-même, mais viennent des parties voisines et sont des cellules amiboïdes.

Voici comment s'exprime Bizzozero, auteur de cette opinion (3) :

« 1° Immédiatement après la section du tendon, l'extrémité unie au muscle se rétracte et laisse un vide que remplissent les tissus voisins.

« 2° Dans l'espace dû à la rétraction du tendon, s'accumule une quantité considérable de cellules douées de mouvements amiboïdes, provenant du tissu conjonctif voisin. Le plus grand nombre proviennent du tissu cellulaire qui entoure les extrémités tendineuses ; un certain nombre, de la gaîne cellulaire qui tapisse l'espace resté libre entre les deux bouts, et une très-petite partie du tissu conjonctif des extrémités tendineuses.

« 3° Les cellules à mouvements amiboïdes sont rapidement emprisonnées dans une substance fondamentale amorphe, qui présente bientôt la réaction de la mucine.

« 4° Dans le sang extravasé après l'opération, l'auteur n'a pu observer la multiplicité des corpuscules blancs du sang, qui seraient l'origine des éléments du tissu tendineux régénéré. Ces corpuscules ne paraissent point en nombre exagéré. Il semble à M. Biz-

(1) Brodhurst, *Proccedings of the Royal Society*. 1860.
(2) Adams, *On the reparative process of human tendons*. London, 1860.
(3) Bizzozero, *Gaz. hebdomadaire*. 1868, page 462.

zozero que le sang doit contribuer pour une part bien faible à la régénération, puisqu'il n'a pu le constater.

« 5° Les extrémités tendineuses ne peuvent servir à la réparation ; la tuméfaction, l'augmentation de nombre et de volume des cellules fusiformes qui s'observent dans ces extrémités, doivent se rapporter à une inflammation parenchymateuse produite par la section. On peut comparer ce processus à celui qui se produit dans les corpuscules étoilés de la cornée chez la grenouille, à la suite de la ponction ou de l'établissement d'un séton.

« 6° Les cellules à mouvements amiboïdes provenant des deux extrémités tendineuses ont une destinée ultérieure variable. Les unes s'allongent, deviennent fusiformes, se joignent en forme de cordons, unissent leur protoplasma et se transforment en vaisseaux sanguins, qui, dans les premiers temps, sont nombreux dans le tissu conjonctif de nouvelle formation. Toutes les autres deviennent des fibres fusiformes, granuleuses, ont un noyau brillant avec un gros nucléole et acquièrent tous les caractères des cellules du tissu conjonctif adulte.

« 7° En même temps, la substance fondamentale, d'abord homogène, devient fibrillaire ; les fibres, suivant la direction des cellules, présentent à peu près la direction des fibres du tendon primitif ; le cordon qui en résulte s'unit aux deux bouts du tendon plus gros et demi-transparent.

« 8° Le développement du tissu continuant, les faisceaux de fibres deviennent plus prédominants. Les cellules disposées dans le sens longitudinal, entre les faisceaux, ne présentent plus qu'un noyau ridé et un protoplasma très-peu développé, souvent riche en granules adipeux. Des sections transversales, on aperçoit des faisceaux qui se réunissent en faisceaux plus gros de deuxième ou de troisième ordre. Les vaisseaux sanguins s'atrophient et leur calibre rétréci ne permet plus le passage des globules sanguins. Cependant le cordon qui unit les deux bouts devient plus compacte, plus blanc et, en définitive, ne diffère du tendon primitif

que par un aspect plus brillant et par l'absence de fibres transversales qui forment un réseau élégant dans le tendon. A l'examen microscopique, le nouveau tissu ne diffère du tissu tendineux
que par le nombre plus considérable des cellules et la disposition
moins régulière des faisceaux de fibres. »

Nous venons d'exposer aussi complétement que possible la théorie du blastème; malgré l'autorité des noms sous lesquels elle
s'abrite et malgré ce qu'elle a de séduisant, nous ne pouvons l'admettre. Déjà, dans le travail que nous avons publié en 1862, nous
avions été frappé de certains phénomènes qui avaient éveillé des
doutes dans notre esprit ; mais, comme nos expériences étaient
faites au point de vue de l'influence des gaz sur la cicatrisation des
plaies, nous avions passé outre, nous promettant de revenir sur ce
sujet. En effet, dans nos nombreuses expériences, en suivant jour
par jour le phénomène de reproduction du tendon, nous n'avons
jamais pu trouver dans l'intérieur de la gaîne aucun liquide plastique au sein duquel se soient organisés les éléments réparateurs.
Le sang que l'on rencontre au sein de cette gaîne est un corps
étranger qui finit par disparaître, comme nous le montrerons aussi
plus loin, sans prendre part au travail de réparation, et quant à la
prétendue lymphe plastique et au blastème, nous montrerons que
le liquide glutineux ou gélatineux n'est nullement indépendant de
la gaîne et qu'il ne peut en être séparé.

Cette théorie, née des travaux de Cohnheim sur la suppuration,
est professée à Vienne par Billroth. Ce chirurgien admet, avec
Cohnheim, que le tissu conjonctif n'entre en rien dans la production du pus ; que celui-ci est fourni complétement par les leucocytes et il conclut que tous les tissus nouvellement formés dans
le processus inflammatoire, tels que granulations, cicatrices, adhérences, ont leur point de départ dans l'organisation des globules
blancs ou leucocytes. Les globules blancs ne peuvent être niés ; on
les voit au début de la réparation du tendon, et pour Bizzozero, ils
donnent naissance aux noyaux ou cellules embryo-plastiques, puis

ils passent par l'état de corps fibro-plastiques ou étoilés, enfin deviennent fibres lamineuses ou corpuscules fixes du tissu conjonctif. A cela on répond avec Virchow : Vos globules blancs se détruisent par dégénération graisseuse et, lorsqu'ils sont en voie de dissolution, ils représentent des éléments qui ont cessé de vivre et non pas des éléments formateurs ou en voie de transformation.

En résumé, les partisans de cette théorie invoquent en faveur de reurs idées la présence de nombreux noyaux embryo-plastiques, puis plus tard l'apparition de corps fusiformes fibro-plastiques. Mais, ici comme dans le développement normal, on est arrêté par cette objection : où est le blastème ? La matière amorphe dans laquelle vous voyez des noyaux embryo-plastiques n'est-elle pas simplement, quand on l'observe, la substance intercellulaire ramollie, granuleuse, ou un épanchement fibrineux en voie de résorption? Déjà mises en doute chez l'embryon, les phases que l'on invoque sont encore bien plus difficiles à reconnaître dans un tissu développé. En un mot, cette théorie interprète les phénomènes plus qu'elle ne les observe et les démontre.

ARTICLE VI

THÉORIE DE LA PROLIFÉRATION

La reproduction des tendons se ferait, ainsi que l'ont soutenu MM. Ch. Robin et Guérin avec beaucoup de talent, par un travail semblable à celui qui a lieu dans un organisme vivant, c'est-à-dire à l'aide d'un blastème dans lequel les éléments figurés prendraient naissance. Cette théorie histologique, d'abord présentée par Henle, puis professée en France par M. Lebert et défendue par Robin, formulée de nouveau en 1864 (1), était la théorie à laquelle nous avions adhéré nous-même, et qui d'abord devait

____

(1) Robin, *Journal d'anatomie et de physiologie*. 1864.

nous servir de guide dans les recherches que nous voulions entreprendre sur la régénération des tissus.

La section des tendons se prête merveilleusement à cette étude, et c'est pour cela que nous avons pratiqué un assez grand nombre d'expériences sur le tissu tendineux. D'ailleurs leur composition anatomique, qui paraît fort simple, met, par la nature des résultats moins complexes, l'expérimentation à l'abri de l'erreur. Mais bientôt il nous a fallu changer d'avis ; à mesure que nous répétions nos expérimentations, nous avons dû abandonner notre idée première et nous rattacher à la prolifération des éléments anatomiques, comme éléments de reconstitution du tendon divisé. Suivant cette théorie professée par Remak, Tucker, Kölliker et Donders, et à laquelle une grande partie des histologistes allemands se sont ralliés, les éléments de notre organisme ne naîtraient point d'un blastème primitif, mais bien de la prolifération des éléments eux-mêmes. Voici d'ailleurs quelques passages empruntés à Kölliker (1), où ces idées se trouvent exprimées beaucoup mieux que je ne pourrais le faire (2) : « Tant que régna l'opinion de Schwann et de Scheilden, d'après laquelle les cellules se forment librement dans les substances interstitielles du corps, l'histologie devait accorder une importance très-grande à la substance et aux particules naturelles figurées qui s'y rencontrent (granulations, vésicules, noyaux libres en apparence); dès lors il semblait rationnel de prendre cette substance comme point de départ de toute l'étude.

Mais il a été démontré que le mode de formation des cellules n'existe point et qu'au contraire tout l'organisme provient en série non interrompue représentée par l'œuf ; les substances interstitielles passent donc au second plan et il devient plus naturel de faire de la cellule le point central de la description des éléments anatomiques.

« Relativement (3) à la formation libre des cellules, les recherches

(1) Klöliker, *Traité d'histologie,* p. 72.
(2) Id., *ibid.*
(3) Id., *ibid.,* page 26.

dues aux successeurs immédiats de Schwann ont déjà fortement ébranlé l'édifice ingénieusement élevé par cet anatomiste, et de nos jours, grâce surtout aux efforts de Virchow, les derniers supports de cet édifice ont été brisés, de sorte qu'aujourd'hui la multiplication des cellules doit être considérée comme la seule réelle.

« Un tendon un cartilage, ne sont formés, dans l'origine, que de cellules, et c'est la disposition et le mode de croisement de la cellule qui déterminent la forme propre que présenteront plus tard les organes. Jamais ceux-ci ne croîtront par leur substance interstitielle, ce sont toujours leurs éléments figurés qui leur tracent la voie qu'ils suivront et qui manifestent aussi nettement toute l'importance de leur influence déterminante (1). »

Les idées des histologistes modernes ont été adoptées par Virchow et appliquées à l'étude de l'histologie pathologique (2). Voici en effet quelques passages qui rendent parfaitement la pensée de l'auteur.

« Du moment où je fus en droit de soutenir qu'il n'est aucune partie du corps qui ne possède des éléments cellulaires ; lorsque je pus démontrer que les corpuscules osseux sont de véritables cellules en nombre tantôt moins, tantôt plus considérable, dans les points les plus divers du corps humain, on eut ainsi des germes qui rendaient compte du développement éventuel des nouveaux tissus; en effet, le nombre des observateurs augmentant, il fut de plus en plus démontré que la plus grande partie des néoplasies du corps humain proviennent du tissu conjonctif ou de ses équivalents. Les néoplasies pathologiques qui n'entrent point dans cette classe sont peu nombreuses ; ce sont d'un côté les formations épithéliales, d'un autre côté celles qui ont des relations avec les tissus animaux plus élevés, les vaisseaux par exemple. Ainsi avec quelques restrictions peu importantes, nous pourrons restituer *à la lymphe plastique, au blastème des uns, l'exsudat des autres, le tissu conjonctif avec ses équivalents, et vous pouvez le regarder comme le tissu germinatif*

(1) Kölliker, *Traité d'histologie,* page 503.
(2) Virchow, *Pathologie cellulaire,* page 334.

par excellence du corps humain et le considérer comme le point de départ régulier du développement des parties nouvellement formées.

« Ce fut seulement lorsque l'existence des éléments cellulaires du tissu conjonctif fut démontrée qu'il fut possible d'expliquer, par ce tissu riche en germes et se trouvant dans tous les points de l'économie, comment des développements semblables pouavient se faire dans les organes les plus divers (2). »

Maintenant, nous savons que le tissu conjonctif ou ses équiva- lents existent dans le cerveau, dans le foie, dans les reins, dans les muscles, dans les cartilages, dans la peau, etc. : il n'est donc plus difficile de comprendre que dans ces organes si différents on puisse voir se développer un produit pathologique de même nature ; on n'a plus besoin d'un blastème spécifique déposé dans ces parties, mais seulement d'une irritation analogue portant sur le tissu conjonctif des endroits les plus divers.

ARTICLE VII

RÉSULTATS DES EXPÉRIENCES SUR LES ANIMAUX

Les expériences auxquelles nous nous sommes livré sont extrê- mement nombreuses; elles s'élèvent à 40 pour le tendon d'Achille et à 15 pour le tendon rotulien.

Nous avons eu grand soin, dans toutes nos expériences, de fournir une abondante nourriture à nos animaux et nous nous sommes aussi entouré de toutes les précautions nécessaires pour éviter toute effusion sanguine qui aurait pu épuiser l'animal et nuire ainsi au résultat que nous désirions obtenir.

Aussitôt la ténotomie pratiquée, il se produit une rétraction

(1) Kölliker, *Traité d'histologie,* page 342.

considérable du bout supérieur du tendon ; j'ai généralement sectionné le tendon d'Achille droit afin de mieux éviter toute section d'artères et de veines ; cela fait, un peu de collodion venait boucher la petite plaie faite au tégument pour le passage du ténotome, et un petit bandage comprimait légèrement le membre opéré.

Les phénomènes qui se produisent ultérieurement ont été décrits avec soin par tous les expérimentateurs : Held, Duval, Bouvier, Guérin, Jobert et nous-même en 1862.

Au bout d'un certain temps après la section, on voit la gaîne tendineuse se vasculariser, la fluxion produite par la ténotomie amène un peu d'infiltration séreuse et quelquefois un peu d'infiltration sanguine de la gaîne elle-même et du tissu périphérique. Bientôt la gaîne s'épaissit, surtout vers ses extrémités, et, petit à petit, l'aplatissement qu'elle avait éprouvé au moment de l'opération diminue, quelquefois même, au lieu de cet aplatissement, la gaîne est comme remplie et distendue : c'est ce qui a lieu lorsqu'il s'est fait un épanchement sanguin dans son intérieur. Toujours est-il que du cinquième ou du dixième jour, un travail d'organisation se fait dans l'intérieur de la gaîne, et les éléments consécutifs du nouveau tendon prennent de la consistance ; la résorption de la sérosité et du sang épanché autour du tendon se fait et la nature travaille activement à l'accomplissement de son œuvre, car du dixième au vingtième jour, le tendon est reconstitué. Mais il reste maintenant à étudier ce qui se passe dans l'intérieur de la gaîne elle-même, d'abord à l'œil nu, puis au microscope, afin d'avoir une idée nette du phénomène.

OBSERVATION Iʳᵉ. — Le 9 février 1869, on fait la ténotomie sur un lapin vigoureux.

Trois jours après l'opération, voici ce que l'on trouve. (*Voir* planche I, n 1, fig. 1.)

Au premier abord, le côté que l'on a opéré ne présente rien de particulier ; mais si l'on vient à disséquer la peau, on s'aperçoit qu'il existe dans le tissu cellulaire sous-cutané une infiltration séro-sanguinolente. On voit le trou qui a été fait à la gaîne au moment de l'opération et l'on remarque à travers la gaîne les deux extrémités du tendon rétractées. La cavité de la gaîne est remplie et n'est plus affaissée comme après l'opération.

Elle est remplie par un caillot sanguin et quand on fend la gaîne, on constate un épaississement bien notable de ces mêmes parois auxquelles le caillot adhère fortement.

OBSERVATION II. — 2 août 1868. Lapin gris-noir bien portant. Section du tendon d'Achille droit; l'animal est sacrifié 4 jours après l'opération; vascularisation considérable de la gaîne et du tissu conjonctif ambiant. Gaîne affaissée dans l'intervalle compris entre la rétraction du bout du tendon ; écartement de 4 centimètres, épaississement de la gaîne, surtout marqué à l'extrémité tendineuse dans la cavité de la gaîne; sérosité qui s'est écoulée après l'incision ; couche gélatineuse confondue avec la gaîne et tapissant sa surface interne.

OBSERVATION III. — 1er septembre 1868. Section du tendon d'Achille droit; animal sacrifié 4 jours après.

Autopsie. Pas de sang épanché sous la peau. Léger pointillé sur la gaîne tendineuse entre les deux bouts, écartement de 3 cent. 1/2. La partie comprise dans cet écartement se distingue nettement des deux bouts par son épaisseur moindre, sa coloration rosée, sa consistance gélatineuse. Cette portion intermédiaire étant fendue suivant son grand axe, on voit alors une cavité limitée par les deux lèvres de la gaîne. Celles-ci sont épaissies; au fond de la gaîne ouverte, on voit une matière demi-fluide colorée fortement en rouge par un peu de sang, surtout à la partie inférieure, près de l'extrémité sectionnée.

OBSERVATION IV.— Le deuxième lapin, qui avait été opéré le 9 février 1869 est sacrifié le 15 du même mois, 6 jours après avoir été opéré. (*Voir* planche 1, fig. 2.)

Voici les résultats de l'expérience : la peau ordinairement très-mobile chez le lapin, est beaucoup plus adhérente à l'endroit de la section tendineuse.

Pendant la dissection de la peau, on rompt des vaisseaux qui donnent une petite quantité de sang. Au voisinage de la ponction de la gaîne, le tissu cellulaire est encore infiltré de sérosité.

On aperçoit à travers la gaîne les deux extrémités du tendon.

La gaîne n'a déjà plus la même teinte, elle n'est plus blanche, elle est de couleur rosée. De plus elle est très-épaissie. On ne distingue plus le point par lequel elle a été ponctionnée. On constate parfaitement qu'à l'intérieur il existe une matière comme gélatineuse et demi-transparente très-adhérente à la gaîne qui est très-épaissie surtout dans son point de contact avec le tendon rétracté.

A la surface interne, dans le point où elle a été ponctionnée, il y a encore un peu de sang infiltré.

La substance demi-transparente et comme gélatineuse qui est si fortement adhérente à la gaîne ne s'enlève pas par le raclage.

OBSERVATION V. — Lapin opéré le 8 mars. Sacrifié le 16 mars. (*Voir* planche I, fig. 3.)

Le tissu cellulaire sous-cutané est infiltré de sérosité. La plaie faite à la gaîne tendineuse est parfaitement cicatrisée. On sent à travers la gaîne épaissie, l'espace vide laissé par la rétraction tendineuse et on constate également une tuméfaction de la partie inférieure du tendon. La gaîne étant incisée, on constate qu'elle a subi un épaississement considérable s'étendant au-dessus et au-dessous des extrémités tendineuses rétractées. Cette gaîne est très-vasculaire, à son centre il existe une très-petite cavité remplie de sérosité. Cette gaîne tendineuse très-épaissie se sépare parfaitement du tendon inférieur, excepté dans le point de section où elle est confondue très-intimement avec celui-ci par suite de la prolifération de cette extrémité tendineuse.

OBSERVATION VI. — Lapin gris, opéré le 13 février 1869. Sacrifié le 23 du même mois, 10 jours après l'opération.

Lors de l'opération, il y a eu une hémorrhagie arrêtée par une simple occlusion de la plaie au moyen du collodion. (*Voir* planche I, fig. 4.)

Il n'existe plus d'infiltration séreuse entre la peau et la gaîne et on ne retrouve pas l'endroit où la gaîne a été ponctionnée. La gaîne est très-vasculaire et les deux extrémités du tendon rétractées présentent un gonflement appréciable à la vue.

Le tendon paraît reconstitué, mais il est un peu moins volumineux qu'à l'état normal. La gaîne incisée au niveau du nouveau tendon est complétement confondue avec celui-ci, tandis qu'on la sépare facilement du tendon rétracté.

Le tendon nouveau a 3 centimètres d'étendue ; quoique parfaitement reconstitué quant au volume, il présente un aspect très-différent du tendon primitif. L'ancien tendon est d'un blanc nacré, l'autre d'un blanc grisâtre. On trouve au centre du tendon nouveau de petits foyers sanguins, qui ne sont pas encore résorbés.

En disséquant la gaîne qui recouvre l'extrémité supérieure du tendon rétracté, on constate que cette gaîne est épaissie et se détache parfaitement du tendon ancien, mais, arrivé au niveau du tendon primitif, on voit de la manière la plus évidente que le tendon nouveau est constitué par la gaîne elle-même.

Observation VII. — 6 août 1868. Lapin noir et blanc. Section sous-cutanée du tendon d'Achille droit. L'animal est sacrifié après 12 jours.

Autopsie. Tissu cellulaire sous-cutané épaissi, très-vasculaire, se confondant intimement avec la gaîne, confondue elle-même avec le nouveau tendon ; en fendant celui-ci dans toute son étendue, on constate qu'il est beaucoup moins épais qu'aux extrémités où il se confond intimement avec le tendon ancien rétracté. Ces extrémités, grâce à l'épaississement de la gaîne et du tendon, présentent un volume beaucoup plus considérable ; en divisant perpendiculairement le nouveau tendon et l'ancien, on voit nettement leur ligne de séparation ainsi que leur fusion. Écartement de 3 centimètres entre les deux bouts rétractés. Le nouveau tendon est d'un blanc rosé transparent, paraissant encore vasculaire ; dans son intérieur on voit des traces d'hématine et d'hématoïdine qui ne sont pas encore complétement résorbées.

OBSERVATION VIII. — Le lapin gris ténotomisé le 13 février 1869, a été sacrifié le 14 mars. (*Voir* planche I, fig. 5.) Après 28 jours d'expérience voici ce qu'on a constaté : le lapin est parfaitement bien portant et le tendon est très-bien reconstitué, mais il n'a pas l'aspect nacré des deux extrémités du tendon ancien, avec lesquelles d'ailleurs il se confond très-intimement. De plus son volume est beaucoup moins considérable.

Il existe encore de petits foyers sanguins, au centre de ce nouveau tendon.

Si on cherche à l'isoler de sa gaîne, on remarque, contrairement à ce qui existe dans l'état normal, que cette gaîne est confondue avec le tendon de nouvelle formation.

OBSERVATION IX. — 18 août 1868. Lapin gris foncé. Section du tendon d'Achille, côté droit ; sacrifié 15 jours après l'opération. Autopsie. Écartement de 5 centimètres entre les deux bouts ; ceux-ci renflés en massue à leur extrémité se confondent insensiblement avec le tendon de nouvelle formation. Celui-ci, bien moins volumineux que l'ancien, est vasculaire, surtout à sa partie supérieure. La gaîne tendineuse est intimement unie et fondue avec le néo-tendon. Ce n'est que par une dissection artificielle que l'on parvient à détacher de chaque tendon une lamelle représentant la gaîne.

OBSERVATION X. — 30 mars 1868. Lapin gris fort. Section du tendon d'Achille de la patte gauche.

L'animal est sacrifié 37 jours après la section.

Autopsie. Section du tendon d'Achille, entre les deux bouts de la section ; écartement de 5 centimètres représentant par conséquent la longueur de la portion régénérée. Ce tendon nouveau est homogène, nullement fasciculé. Cette disposition est encore plus nette au microscope.

Nous avons étudié précédemment les phénomènes externes qui se passent au moment de la section du tendon, voyons maintenant ce qui se produit dans l'intérieur de la gaîne.

Par suite de la déchirure des lamelles du tissu conjonctif de la gaîne qui l'unit au tendon et par suite de la lésion de celle-ci, il se fait un épanchement sanguinolent dans l'intérieur de cette gaîne qui s'unit avec le tissu cellulaire qui la tapisse; quelquefois l'épanchement est plus considérable; et alors, il se forme un véritable caillot; quoi qu'il arrive, la gaîne s'épaissit d'abord par l'infiltration du liquide qui la pénètre et surtout par le développement de la face interne. Déjà au troisième ou quatrième jour, on trouve à la surface interne de cette gaîne, une matière jaunâtre, glutineuse, non encore adhérente au tendon divisé, quoique ce soit généralement aux deux extrémités du tendon que le développement marche avec le plus de rapidité. S'il y a peu de sang épanché, on trouve dans le canal constitué par la gaîne, un peu de sérosité qui s'écoule quand on vient à l'ouvrir; si, au contraire, le sang s'est écoulé en certaine quantité, il s'est organisé un caillot contenu de toutes parts par l'hyperplasie du tissu conjonctif intérieur de la gaîne. Si en effet à cette époque on sacrifie les animaux, on constate que la matière jaunâtre dont nous parlions plus haut, tomenteuse, plus ou moins colorée par le sang et que beaucoup de personnes et nous-même avions prise pour de la lymphe plastique, est intimement adhérente à la gaîne tendineuse; le lavage de cette nouvelle substance, l'incision de la gaîne, démontrent nettement qu'elle naît de la surface interne de cette gaîne, qu'elle en est une émanation qui va sans cesse en augmentant et qui, se confondant intimement avec les deux bouts du tendon divisé, va agir puissamment sur le caillot sanguin et favoriser l'absorption; c'est ce que l'examen microscopique nous a démontré. Quant à l'union intime de la masse nouvelle avec le tendon, pour les bien comprendre, il faut se rappeler les phénomènes de nutrition qui se passent au sein du tissu fibreux et connaître par conséquent la texture anatomique des tendons.

Mais, dira-t-on, si la gaîne du tendon et le tendon lui-même, prolifèrent ainsi, et si, grâce à cette prolifération, ils reconstituent un nouveau tendon, il faut que cette prolifération soit démontrée en dehors des conditions dans lesquelles je me suis placé, c'est-à-dire au contact de l'air. Si la prolifération est réellement la cause première de la réparation et de la reconstitution du tendon, ce phénomène doit être général et s'accomplir dans toutes les circonstances où une cause irritante viendra agir sur la gaîne tendineuse et le tendon lui-même. C'est précisément ce qui a lieu, ainsi que je l'ai fait voir à mon savant et vénéré maître, M. Cloquet, qui a bien voulu suivre mes expériences. Que l'on ouvre la gaîne du tendon d'Achille et qu'on l'isole dans une certaine étendue, par un corps étranger, et bientôt l'on verra les éléments celluleux du tendon proliférer, comme nous le montrerons plus loin; que l'on fende la gaîne, que l'on enlève le tendon et qu'on le maintienne au contact de l'air, le tendon se reformera dans des conditions moins heureuses, mais il se reformera comme si l'opération avait été faite en dehors du contact de l'air.

Observation XI. — Le lapin blanc et noir, opéré le 14 février 1869, a été sacrifié le 4 mars.

L'opération avait consisté à mettre le tendon à nu après l'avoir bien isolé de sa gaîne. (*Voir* planche II, fig. 6, 7 et 8.)

On avait de plus interposé une bandelette de diachylon pour empêcher la gaîne de se recoller au tendon.

Voici ce qu'on constate après 18 jours. Dans le point où le tendon a été dépouillé de sa gaîne, il y a une masse fongueuse, demi-transparente et très-vasculaire qui résulte de la prolifération du tissu cellulaire adhérent au tendon.

Si on fend cette masse fongueuse et le tendon auquel elle adhère, on voit qu'elle se continue avec le tissu cellulaire qui sépare les faisceaux tendineux.

Observation XII. — Un lapin fort et vigoureux a été mis en expérience le 14 février 1869. La gaîne du tendon d'Achille a été ouverte dans l'étendue de 2 centimètres, et à 21 millimètres le tendon a été reséqué. (*Voir* planche II, fig. 9, et planche III, fig. 9 et 10.)

L'animal, très-bien portant, a été sacrifié le 21 mars 1869, c'est-à-dire, au bout de 35 jours. On constate que les deux bouts du tendon rétracté mesurent une étendue de 5 centimètres et que dans toute cette étendue un tendon très-beau, très-fort s'est reconstitué aux dépens de la gaîne ouverte et mise au contact de l'air.

Le tendon nouveau, dans son point d'adhérence avec le tendon ancien, présente un épaississement notable. C'est dans ces deux points qu'il est le moins étendu.

Une gaîne de nouvelle formation, composée de matière celluleuse, existe autour du tendon. Mais elle est tellement confondue qu'il est impossible de l'en séparer.

Je n'ai point borné mes observations au tendon d'Achille, j'ai pratiqué encore un certain nombre de sections du tendon rotulien, et j'ai pu étudier son mode de régénération ; cette étude nous a paru intéressante, car le tendon rotulien n'est point contenu dans une gaîne constituée comme le tendon d'Achille. Voici donc les principales modifications que l'on observe dans ce cas particulier. L'atmosphère celluleuse qui entoure le tendon rotulien s'organise, les lamelles du tissu cellulaire augmentent de volume, prennent un aspect gélatineux au bout de quelques jours, et c'est aux dépens de cette gaîne qui rétablit la continuité des deux bouts du tendon divisé, que le nouveau tendon se reproduit par suite du travail de multiplication ou de prolifération des éléments. Cette constitution primordiale d'une gaîne explique parfaitement la lenteur de la reproduction du tendon rotulien chez l'homme et les animaux.

OBSERVATION XIII. — Lapin. Section du tendon rotulien. Autopsie après 4 jours.

Épanchement sanguin sous-cutané considérable. Écartement de 2 centimètres entre les deux bouts ; ceux-ci sont réunis par une lame celluleuse qui enveloppe l'articulation du genou au niveau de la section. On ouvre la gaîne celluleuse; elle est épaissie par une matière demi-liquide très-fortement colorée par le sang ; au-dessous d'elle, le coussinet adipeux qui tapisse la face interne de l'article est infiltré de sang et perd son aspect jaunâtre normal ; il est devenu gélatineux, les condyles du fémur sont intacts ; le peu d'épanchement sanguin qui existe, semble ramassé dans l'intervalle qui sépare les surfaces articulaires au niveau du ligament voisin et du tissu adipeux qui l'enveloppe.

OBSERVATION XIV. — Lapin. Section du tendon rotulien.

Autopsie 7 jours après l'expérience.

Écartement de 2 centimètres entre les deux bouts; ceux-ci sont réunis par la lame celluleuse qui, normalement, enveloppe la totalité de la capsule fibreuse de l'articulation, mais cette lame diffère totalement, dans la partie comprise entre les deux bouts, par sa couleur, son épaisseur et sa densité. Elle est d'un rouge violacé dû à l'épanchement sanguin qui s'est fait dans l'épaisseur et au-dessous de la gaîne celluleuse. Son épaisseur est au·moins triple des parties saines environnantes, sa densité est celle du tissu gélatineux, sa face profonde, au niveau de l'interligne articulaire, est tapissée par le coussinet adipeux lui-même, épaissi et infiltré de sang. Enfin les deux bouts du tendon se continuent brusquement avec la masse cellulaire interposée; un peu d'épanchement sur les surfaces articulaires, surtout au niveau du ligament croisé.

OBSERVATION XV. — Lapin. Section sous-cutanée du tendon rotulien au niveau de son insertion au tibia, application de collodion ; lapin sacrifié 14 jours après la section.

Entre les deux bouts, distance de 2 centimètres et demi dans la flexion, et de 1 cent. et demi dans l'extension ; on constate, une production membraneuse d'aspect séreux, en rapport, en dehors, avec le tissu cellulaire, en dedans, avec l'articulation ; sa surface externe est lisse et polie, l'interne rouge et bourgeonnée : on constate un peu de sang épanché entre les surfaces articulaires, dans les parties profondes distinctes, entre les ligaments croisés.

OBSERVATION XVI. — Lapin. Section du tendon rotulien. Autopsie après 25 jours.

La patte gauche présente un tendon rotulien long de 4 centimètres dont deux centimètres et demi pour la partie reproduite entre les 2 bouts sectionnés ; la partie nouvelle est épaisse, lisse en dehors, bourgeonnée et rosée en dedans ; il n'y a point d'épanchement interarticulaire. Le tissu nouveau ne ressemble pas au tissu tendineux ancien, il est opalin, non transparent, légèrement rosé. Le tendon du côté opposé, sain, est blanc nacré, long de 2 centimètres.

OBSERVATION XVII. — Lapin. Section du tendon rotulien. Autopsie après 37 jours. Le tendon nouveau a 5 centimètres, dont 2 centimètres et demi pour la partie régénérée, mais non encore complétement tendineuse. Le nouveau tendon est divisé en deux suivant sa longueur ; une moitié a été desséchée pour être soumise à un examen ultérieur. La partie du tendon sain, ancien, donne des cellules avec prolongement suivant leur grand axe, disposées en séries parallèles. Une partie du tendon nouveau donne des cellules en tout identiques aux cellules du tendon sain, sauf leur disposition essentiellement irrégulière. Le tendon nouveau s'effile sans dilacération, tandis que le tendon sain se dilacère. Les fibres du tissu sain, entre lesquelles sont interposées les cellules, sont disposées en faisceaux serrés, les uns parallèles, les autres entre-croisés.

Traité par $C^4H^4O^4$, le tendon sain contenant plus de fibres de tissu cellulaire et moins de substance amorphe interposée, disparaît totalement à la vue. Le tissu nouveau, plus riche en substance amorphe, est encore visible après l'action de l'acide.

OBSERVATION XVIII. — Lapin. Section du tendon rotulien de la patte gauche.

L'examen est fait après 42 jours ; on constate alors la formation d'un nouveau tendon, dont 3 centimètres appartiennent à la régénération. Ce tendon est fort bien constitué.

OBSERVATION XIX. — Section du tendon rotulien.

Autopsie 50 jours après l'opération. Régénération du tendon long de 11 millimètres. Il présente une transparence qui contraste avec l'opacité de la portion ancienne. La dureté est fibro-cartilagineuse.

ARTICLE VIII

ÉTUDE MICROSCOPIQUE.

Il nous restait, pour accomplir notre démonstration, à recourir à l'étude microscopique du phénomène. Cette étude était d'autant plus précieuse, qu'en France, du moins depuis l'apparition des idées nouvelles professées en Allemagne, aucune étude suivie du sujet n'avait été faite. C'est ce que nous avons entrepris avec l'aide de M. Bouchard, jeune agrégé très-distingué auquel je suis heureux de témoigner ici toute ma reconnaissance pour l'appui qu'il m'a prêté dans mes observations microscopiques.

La ténotomie étant une opération très-simple, on a rarement l'occasion de faire l'autopsie de sujets ayant succombé à la suite de cette opération. Quand cela a lieu, c'est toujours une maladie intercurrente qui survient et enlève l'opéré. Cependant il existe un certain nombre de faits empruntés à divers auteurs ; nous avons essayé en outre de combler les quelques lacunes qu'une observation trop peu fréquente avait laissées subsister, en expérimentant sur des animaux, et ce sont les résultats que nous avons obtenus qui ont été énumérés ci-dessus.

Deux jours après la section tendineuse, on voit, à la face interne de la gaîne, une substance molle, gélatineuse, infiltrée de sérosité, tellement adhérente à la gaîne qu'elle paraît faire corps avec elle et qu'elle ne s'en sépare par aucune ligne de démarcation précise.

Un fragment de cette substance enlevé avec des ciseaux courbes et examiné à l'état frais, montre des faisceaux de tissu lamineux, des vaisseaux et des fibres élastiques ; l'existence de ces éléments à une période aussi peu avancée prouve qu'il s'agit là d'un tissu

préexistant. Ces éléments, en effet, ne peuvent être autres que ceux
de la gaîne dissociés en quelque sorte par le gonflement des couches les plus internes de la gaîne infiltrée de sérosité.

On voit de plus avec les éléments indiqués plus haut, un nombre
considérable de cellules sphériques de 0,008 à 0,010 millim. de diamètre, très-régulières, extrêmement transparentes, tellement qu'on
ne peut les reconnaître, au milieu des autres éléments, qu'avec une
très-grande attention. Sur les bords de la préparation, ces éléments
étant mis en liberté et nageant dans la sérosité, sont plus facilement reconnaissables. Leur contenu paraît homogène ; quelques-
uns cependant, renferment déjà quelques granulations graisseuses.
Si l'on ajoute de l'eau à la préparation, ces cellules se gonflent en
conservant leur forme parfaitement sphérique ; leur transparence
paraît encore augmenter et bientôt on découvre, dans leur intérieur,
un noyau ovoïde ou deux noyaux qui sont à peu près sphériques.
L'addition d'une solution légère d'acide acétique fait apparaître de
suite ces noyaux en les rétractant un peu, et l'action de ce réactif
ne tarde pas à faire disparaître l'enveloppe cellulaire. Quel que soit
le réactif employé, eau ou acide acétique, on reconnaît toujours que
les granulations graisseuses qui existaient dans quelques-unes de
ces cellules étaient extérieures au noyau.

Le jour suivant, ces cellules, sans être plus nombreuses, sont beaucoup plus évidentes par suite de leur réplétion par d'abondantes
granulations graisseuses qui leur donnent l'apparence mûriforme des
corps de Glüge, dits aussi corps granuleux de l'inflammation. Ces
cellules sont évidemment des leucocytes. Quelle est leur origine?
Sont-ce les globules blancs du sang extravasé qui, par leur mouvement amiboïde, auraient quitté le caillot et se seraient insinués
entre les éléments de la gaîne tuméfiée? Sont-ce des globules blancs
en circulation dans les capillaires de cette gaîne, qui sous l'influence de l'état de conjonction de ces vaisseaux en seraient sortis
suivant le mécanisme indiqué par Cohnheim? Sont-ce, au contraire,
des éléments cellulaires résultant de la prolifération des corpus-

cules conjonctifs de la gaîne? Peut-on admettre enfin, suivant certains auteurs, qu'ils n'auraient pour origine, ni le sang, ni les éléments conjonctifs et qu'ils se seraient développés de toutes pièces au sein et aux dépens du plasma qui infiltre la gaîne et jouerait ainsi le rôle d'un blastème? En réalité, aucune de ces hypothèses n'est démontrée, et si nous avons quelque tendance à croire que ces cellules sortent des vaisseaux par un procédé analogue à celui que M. Cohnheim a observé chez les batraciens, dans la congestion provoquée mécaniquement, il faut dire que les autres hypothèses ne sont pas rigoureusement controuvées. Celle qui peut cependant être considérée par beaucoup comme la plus vraisemblable, celle qui fait dériver ces cellules des éléments du tissu conjonctif, nous paraît pourtant inexacte parce que, à une époque rapprochée de la lésion, les éléments du tissu conjonctif qui ont déjà proliféré, ne présentent cependant pas les éléments intermédiaires qui pourraient servir de transition entre les corpuscules fusiformes et étoilés et les cellules granuleuses. Notons aussi dans la sérosité qui baigne le caillot et à la surface de la substance gélatineuse, l'existence de flocons très-transparents, qui sous le microscope ont un aspect très-filamenteux ou onduleux, et qui gardent ce caractère même après l'action de l'acide acétique; particularité qui nous a fait supposer que dans ces conditions d'irritation, la gaîne sécrète une substance analogue à celle que l'on rencontre assez souvent à la surface de la synoviale articulaire enflammée, et qui paraît être de la mucine.

C'est par des coupes longitudinales, pratiquées perpendiculairement à la surface, sur des gaînes préalablement desséchées, qu'on peut apprécier exactement les modifications que subissent les corpuscules conjonctifs, modifications dont on peut suivre l'évolution des parties profondes aux parties les plus internes de la substance gélatineuse. On reconnaît aussi sur ces préparations que les éléments fibreux, lamineux ou élastiques, qui se trouvent même dans la portion la plus interne de cette substance gélatineuse, sont bien des dépendances de la gaîne ; de telle sorte que la masse gélatineuse en question doit être considérée non comme un exsudat ou un produit de sécrétion déposé à la surface interne de la gaîne, mais comme un gonflement des couches les plus internes de cette dernière, gonflement qui résulte à la fois de l'infiltration séreuse du tissu, de l'accumulation des leucocytes dans ses interstices et de la multiplication des éléments conjonctifs. Cette multiplication, sur les coupes pratiquées comme nous venons de l'indiquer, apparaît de la façon suivante après coloration par le carmin et l'addition d'un peu d'acide acétique : les portions extérieures de la gaîne ne présentent pas de modification appréciable ; les éléments conjonctifs s'y montrent comme corpuscules fusiformes, dirigés habituellement dans une direction parallèle à l'axe du tendon. Vers les parties internes, ce corpuscule se gonfle, le noyau grossit et devient évident. A mesure qu'on pénètre davantage du côté de la face interne, on voit un étranglement du noyau, les corpuscules beaucoup plus gros, renfermant deux, quelquefois trois noyaux ovoïdes ou sphériques ; puis ces noyaux paraissent être mis en liberté par la disparition de la membrane cellulaire, et les parties internes de la substance gélatineuse montrent au milieu des fibres élastiques respectées par le processus morbide et par l'acide acétique, un grand nombre de noyaux ovoïdes à contours assez nets. (Noyaux embryoplastiques de Robin.)

Les jours suivants, alors que la substance gélatineuse devient plus ferme et moins infiltrée de liquides, ces noyaux sont devenus plus nombreux et une grande quantité d'entre eux se sont enveloppés d'une couche de protoplasma qui présente des prolongements anguleux et quelquefois rameux vers les deux pôles du noyau. Il en résulte la formation de gros et grands corps fusiformes qui s'isolent facilement du tissu ambiant et qu'on voit nager librement dans le liquide de la préparation.

Cet isolement facile des corps fusiformes ne dure pas longtemps ; bientôt ces éléments, devenus plus petits, s'anastomosent par leurs prolongements ramifiés et prennent tout à fait le caractère de corpuscules étoilés, formant par les anastomoses de leurs prolongements, un réseau serré et irrégulier sans direction prédominante de l'axe des cellules. La substance interposée est peu abondante et amorphe. Ce tissu nouveau est vasculaire. Telle est la constitution de la masse qui englobe le caillot, au moment où elle contracte des adhérences avec les bouts tendineux.

Plus tard, ces corpuscules conjonctifs s'amincissent, s'effilent et prennent une direction qui, sans être régulière, devient plus généralement parallèle à l'axe du tendon. En même temps, la substance intercellulaire devient fibrillaire striée longitudinalement, mais n'est cependant pas décomposable en fibres qu'on puisse facilement isoler. Telle est la constitution de la cicatrice, quand elle a atteint le terme extrême de son développement.

On voit donc que c'est réellement la gaîne qui sert à former la cicatrice tendineuse, que c'est elle qui fournit les matériaux de ce qu'on appelait la régénération tendineuse. C'est sa substance même qui forme les premiers essais de cette restauration ; mais bientôt ces éléments préexistants deviennent accessoires, englobés et perdus dans les éléments de nouvelle formation dus à la prolifération des corpuscules conjonctifs. Et ce sont ces éléments nouveaux qui plus tard deviennent des corpuscules étoilés et forment la charpente du tissu fibreux interposé aux deux bouts du tendon sectionné.

Nous devons dire maintenant ce que deviennent les extrémités du tendon sectionné et par quel procédé elles se soudent à cette substance qui s'interpose à elles, et forme dans l'intervalle qui les sépare un cordon fibreux. Vers le quatrième jour, avons-nous dit, les bouts tendineux commencent à se gonfler vers le niveau de la section, ce gonflement deviendra graduellement plus considérable et finira par donner à ces bouts tendineux l'apparence de massues.

Du quatrième au cinquième jour, ces bouts tendineux, déjà modifiés, mais nullement émoussés, et montrant d'une façon très-nette leur section abrupte avec les inégalités que cette section a pu produire et qui ne sont pas effacées, commencent à contracter adhérence avec la substance gélatineuse qui à ce moment est déjà beaucoup plus ferme et englobe complétement le caillot. Peu à peu enfin, l'adhésion du tendon avec le tissu interposé marche de la périphérie au centre, devient complète; il n'y a plus seulement contiguïté, il y a continuité réelle entre les deux tissus, le tissu tendineux et le tissu de cicatrice.

L'examen histologique, va nous donner l'explication de ces faits. Des coupes longitudinales faites sur ce tendon, le premier ou le second jour, ne font pas découvrir de modification appréciable dans son tissu, et quand on a rendu transparentes et homogènes, par l'action de l'acide acétique, les fibres tendineuses dont la réfringence et la striation onduleuse voilaient le tissu conjonctif interstitiel, on ne trouve pas que les cellules de ce dernier soient encore impressionnées, même au voisinage de la section, par le traumatisme qui a déjà déterminé dans la gaîne une si vive irritation. Vers le troisième jour, l'irritation devient apparente dans le tendon et le tissu conjonctif, étudié sur une coupe longitudinale traitée par l'acide acétique, montre, si on l'étudie en allant des parties éloignées vers les parties rapprochées de la section, un gonflement graduellement croissant des corpuscules fusiformes très-minces et très-allongés, qui se renflent et laissent apercevoir leur noyau vers le point sectionné; dans les points où il est en contact avec la gaîne et en continuité avec elle par quelques tractus celluleux, le gonflement des corpuscules conjonctifs est plus considérable, et déjà on aperçoit une multiplication des noyaux dans leur intérieur. Les jours suivants, la prolifération augmente, les éléments fusiformes sont beaucoup plus volumineux, et dans une étendue considérable, des éléments nouveaux s'isolent et forment des traînées longitudinales entre les fibres dissociées des tendons, lesquelles fibres d'ailleurs ne paraissent pas modifiées par ce travail qui se fait autour d'elles et gardent sous le microscope la même section abrupte et le même aspect que le premier jour.

Ces éléments nouveaux ainsi accumulés dans l'épaisseur du tendon, vers sa surface de section, augmentent le volume de l'organe en ce point, et sont la cause de cette disposition en massue que prennent les bouts tendineux. C'est aussi à ces éléments que l'on doit attribuer l'adhésion du tendon avec le tissu interposé, adhésion qui marche de la périphérie au centre. Les cellules nouvelles, résultant de la prolifération des corpuscules conjonctifs du tendon, prennent, en effet, assez vite la disposition fusiforme, sans être jamais très-allongées, et au niveau de la section s'enchevêtrent avec les éléments analogues que la gaîne a produits. Il se fait ainsi une jonction du tissu conjonctif des tendons avec le tissu nouveau interposé entre les deux bouts, et bientôt la fusion est assez intime pour que la séparation ne puisse pas être opérée par la traction.

Ces amas linéaires de cellules qui divisent le bout tendineux en brins inégaux à la façon d'un pinceau, persistent très-longtemps avec ces caractères et forment de petits tractus visibles même à l'œil nu, assez souvent vasculaires. Les fibres tendineuses englobées dans ce tissu de nouvelle formation, perdent à la longue leur aspect nacré et leur striation, et apparaissent comme des lambeaux un peu effilés, jaunâtres et légèrement granuleux.

Disons maintenant deux mots du caillot. Il a été englobé dans la substance gélatineuse qui doit constituer la cicatrice, a perdu par absorption son sérum et une partie de l'hématosine qui a abandonné les globules à l'état de dissolution. Les globules restent avec la fibrine et une partie de l'hématosine et subissent les transformations régressives habituelles qui réduisent le caillot à une masse pulpeuse sans consistance, riche en granulations protéiques et graisseuses et en granules ou quelquefois en cristaux rhomboédriques d'hématoïdine.

La prolifération du tissu ambiant empiète sur cette masse qui ne lui offre pas de résistance et la pénètre. Ce qui est soluble disparaît totalement par résorption, mais les granulations graisseuses et les granules d'hématoïdine persistent beaucoup plus longtemps et constituent la tache ocreuse que nous avons signalée dans l'épaisseur de la cicatrice. Si l'on pratique une coupe du tissu cicatriciel au voisinage de cette tache, on voit que les granulations collectées dans le point le plus foncé s'insinuent dans les cellules fusiformes et cheminent dans ces cellules par l'intermédiaire des canalicules plasmatiques. Les cellules qui sont à la périphérie de la tache sont complétement remplies par les granulations, et à mesure qu'on s'éloigne de la tache, elles en contiennent de moins en moins ; on les trouve également dans les canalicules anastomotiques. Il semble donc naturel d'admettre que ce système de canaux ramifiés et anastomosés sert à la diffusion, à la dissémination de ces derniers vestiges du caillot que leur insolubilité empêche d'être repris par l'absorption. Peut-être la disparition totale de la tache ocreuse et des granules pigmentaires est-elle due à la communication de ces réseaux avec les radicules lymphatiques.

ARTICLE   IX

ANALOGIE ENTRE LA RÉGÉNÉRATION TENDINEUSE ET LA RÉGÉNÉRATION OSSEUSE

N'est-ce pas par un phénomène analogue à celui qui reproduit le périoste et l'os que nous avons obtenu la régénération du tendon en conservant sa gaîne, et surtout en conservant celle-ci ouverte au contact de l'air ? Que se passe-t-il chez le lapin lorsqu'on a fait la section du tendon rotulien ? Celui-ci, entraîné par la rotule, laisse un grand espace que les éléments celluleux vont combler, et bientôt cette masse celluleuse proliférera et reproduira un tendon ; seulement ce dernier sera plus long à se former, ainsi que cela résulte de mes études sur l'homme et les animaux. Mais la gaîne dans le cas de section tendineuse, le périoste (couche périostée) dans le cas de section osseuse, joueront le principal rôle.

N'est-ce pas en effet par un phénomène analogue que nous voyons le périoste se reproduire et former l'os d'après l'admirable phénomène exposé par Flourens et Ollier ? La nature suit absolument la même marche pour reproduire un os ou un tendon. Voici quelques passages empruntés aux auteurs cités qui le prouvent. (*Voir* aussi pages 120, 121, etc., § *Régénération osseuse.*)

« Les parties molles extérieures se tuméfient, dit Ollier (1), et s'infiltrent de sérosité. Les cellules plasmatiques les plus voisines de la surface prolifèrent. Bientôt de toute cette surface s'élève une couche nouvelle due à la prolifération des cellules et à la formation de nouveaux vaisseaux. L'os ne subit point de modification sensible pendant les deux ou trois premiers jours ; mais après ce laps de temps il se vascularise par petits points ; les canaux de Havers agrandis laissent échapper de petites houppes de cellules proliférantes, qui se réunissent à la couche correspondante des parties molles. Le périoste du pourtour de la plaie se tuméfie et forme un bourrelet saillant qui avance peu à peu vers le centre de la dénudation ; au bout d'une vingtaine de jours, on trouve une membrane continue. Mais cette membrane n'est pas uniquement une expansion du périoste restant, au centre, elle se forme sur place, elle est un produit de l'os lui-même et du tissu conjonctif environnant, tout dépend de l'étendue de la plaie. »

Il résulte des citations précédentes et de celles que nous allons plus loin emprunter à Virchow, à Sédillot, que l'os lui-même se reproduit et se développe absolument comme nous l'avons observé nous-même pour le tendon, aux dépens des cellules plasmatiques, qui prolifèrent à l'intérieur de la gaîne : ce mécanisme est le même, et la preuve, c'est que lorsque nous avons enlevé une portion de tendon et que nous avons ouvert la gaîne, la reproduction du tendon a eu lieu de la même façon que lorsque le périoste détaché et éloigné de la face osseuse reproduit l'os. D'ailleurs la physiologie

______

(1) Ollier, *Traité de la régénération des os*, t. I, p. 138.

expérimentale ne fait que confirmer ici les données de l'anatomie, et surtout de l'histologie, qui a démontré que le périoste, les tendons, les aponévroses et les os sont des dérivés de la substance conjonctive.

D'après Virchow (1), voici comment les choses se passent : en certains points, près des bords de la fracture, le périoste s'épaissit, augmente peu à peu de volume au point qu'on peut lui distinguer des couches différentes ; ces dernières deviennent de plus en plus épaisses et nombreuses, à mesure que les parties les plus internes du périoste prolifèrent et forment, par la prolifération de leurs éléments, des couches nouvelles qui s'accumulent entre lui et les parties relativement encore normales du périoste. Ces couches peuvent se transformer en cartilages ; mais ce n'est point la règle, et cela n'est pas indispensable. On voit même dans la plupart des fractures ordinaires où il se forme du cartilage, que la plus grande partie du cal périostique n'est pas formée par des cartilages, mais qu'une partie plus ou moins grande se forme directement aux dépens du tissu conjonctif. Les couches de structure cartilagineuse sont ordinairement rapprochées de l'os, et plus on avance vers l'extérieur, moins on trouve la formation par le cartilage. La production osseuse par métamorphose directe du tissu conjonctif domine dans ces points.

M. Sédillot dit encore (2) : « S'il existe une perte de substance complète dans la continuité de l'os, le périoste des deux extrémités divisées s'hyperplasie et envoie de nombreuses ramifications aux cellules embryonnaires sur les surfaces de la plaie, au fur et à mesure que celle-ci s'organise et tend à se former. Lorsque le sujet est dans de bonnes conditions de vitalité, les ramifications se multiplient, s'étendent, se rejoignent, et ne tardent pas à reproduire un os complet. C'est dans ce sens que M. Flourens a pu dire : « Enlevez l'os et le périoste, le périoste se reproduira et reproduira l'os. » Chez les enfants, tous les tissus concourent à la régénération par

(1) Virchow, *Pathologie cellulaire*, p. 369.
(2) Sédillot, *De l'évidement des os*, p. 45.

leurs cellules embryonnaires qui jouissent de la plus grande activité productrice. » MM. Morel et Ranvier, et d'autres histologistes ont parfaitement saisi ces diverses phases.

Plus loin il ajoute (1) : « Le périoste reproduisait ces os avec leur forme et leurs usages. Lorsqu'on augmentait l'activité de prolifération des cellules par un traumatisme portant sur le canal médullaire, en quelques jours de nouvelles couches osseuses sous-périostées étaient produites et déposées sur la surface périphérique de l'ancien os (Hope) ; il était donc nécessaire de conserver cette substance, pour qu'elle servît de support au nouvel os. » « Telle a été la première condition de succès de l'évidement, dont les règles se retrouvaient dans toutes les expériences entreprises par Duhamel, Troja, Flourens; la conservation d'une lamelle compacte et sous-périostée de l'os évidé prévenait la suppuration du périoste, et, loin de détruire les cellules plasmatiques, en accélérait l'activité (2). »

Plus loin on peut lire : « La théorie cellulaire rend parfaitement compte de ces phénomènes. La prolifération rapide des cellules plasmatiques, transformées en tissu fibreux, rétablit par agglomération et juxtaposition la continuité des tendons, dont le trop grand écartement peut cependant mettre obstacle à leur réunion. L'élément reconstitutif faisant défaut et n'acquérant pas assez de volume et d'épaisseur pour se rejoindre et remplir la gaîne celluleuse, rompue ou allongée, est trop aminci pour devenir le siége et la source de la régénération. »

Nous avons dit plus haut aussi (§ *Régénération osseuse*, page 120 et suivantes), que d'après Ollier (3), « cette couche interne du périoste, qui a du reste été décrite par plusieurs histologistes sous le nom de blastème d'ossification de Kölliker, de couche de prolifération du périoste de Virchow, et qui, d'après Ranvier, serait spé-

---

(1) Flourens, *loc. cit.*, page 74.
(2) Sédillot, *Médecine opératoire*, t. I, p. 58, et t. I, p. 555.
(3) Ollier, *Régénération des os*, t. I, p. 88.

cialement formée par des éléments médullaires, de vraies cellules de la moelle, servirait immédiatement à l'accroissement de l'os en épaisseur (1). »

«Après avoir enlevé par le raclage la couche ostéogène, dit Ollier, nous l'avons introduite dans une loge préparée sous la peau de la cuisse; là nous avons, pour ainsi dire, semé cette raclure du périoste, ces éléments anatomiques de la couche périostique profonde : c'est à peine si nous retirions par le raclage une goutte d'une matière blanchâtre, demi-liquide, triturée, désagrégée, dans tous les cas privée de ses vaisseaux, et sans organisation apparente; eh bien, dans ce cas-là encore, nous avons obtenu de l'os. »

« Au début de nos recherches (2), nous avions admis une opinion contraire à celle que nous adoptons aujourd'hui, sur la nature de la couche ostéogène, que nous avions appelée un blastème sous-périostal , nous étions sous l'influence de la doctrine histologiste dominante. Au point de vue de l'observation à l'œil nu et des conséquences chirurgicales de nos expériences, cette modification dans notre manière de voir n'a que peu d'importance, tous les faits expérimentaux que nous avons décrits étant compatibles avec l'une ou l'autre théorie histologique que suivent encore les micrographes ; mais nous avons reconnu que ce que nous avions pris pour un nouveau produit, un blastème exsudé, n'était autre que cette couche ostéogène normale, c'est-à-dire la couche la plus profonde du périoste dont les éléments plasmatiques primitivement existants s'étaient considérablement multipliés. L'épaisseur que prend cette couche ostéogène à peine visible à l'état normal, pourrait faire croire à un produit nouveau, mais en suivant son mode de formation on voit qu'elle tient toujours au périoste et à l'os, et qu'elle a même une structure fondamentale, et qu'elle n'est amorphe à aucune période de sa formation. A l'appui de notre manière de voir, nous avons fait appel à l'expérimentation directe sur les animaux, à l'étude histo-

(1) Ollier, *Régénération des os*, t. I, p. 92.
(2) Id., *ibid.*, p. 109.

logique du phénomène ; nous avons vu ainsi qu'il y avait analogie complète entre la façon dont se comportent le périoste irrité et la gaîne tendineuse. Les expériences de MM. Sédillot et Ollier nous ont montré que c'est de la surface interne du périoste que naissent les cellules plasmatiques qui finiront par former la moelle sous-périostée de M. Ranvier, et définitivement l'os. Enfin nous avons trouvé dans l'étude du cal une régénération osseuse en tous points comparable à la reproduction du tissu tendineux.

Les quelques citations que nous venons de faire et les détails que nous avons donnés plus haut au sujet de la régénération osseuse (page 120 et suivantes), établissent donc ce fait admis aujourd'hui par tous les physiologistes : le périoste sert d'une façon très-active à la régénération. Nous ajouterons qu'il ressort clairement de nos expériences sur les tendons que *la gaîne tendineuse est l'analogue du périoste*. Son rôle dans la régénération n'a pas une importance moindre que celle que possède le périoste dans la régénération de l'os. Nous aurons du reste à examiner plus loin si les tissus tendineux et osseux possèdent seuls ces particularités intéressantes.

ARTICLE X

ÉTUDE HISTOLOGIQUE DU TENDON SECTIONNÉ CHEZ L'HOMME

Il nous reste à comparer nos expériences à ce qui se passe chez l'homme sur lequel on pratique la ténotomie. Les occasions d'étudier la régénération du tendon chez l'homme sont heureusement une chose rare. Toutefois des maladies intercurrentes ont quelquefois enlevé des enfants ou des adultes sur lesquels on avait pratiqué la énotomie ; nous avons trouvé dans la science un certain nombre de faits empruntés à Fiaux, Demaux, Villiams Adams, Jobert, qui nous permettent d'établir le parallèle et de démontrer l'identité du phénomène. La nature en effet ne pouvait point agir d'une manière différente chez l'homme et les animaux, quand les mêmes tissus histologiquement constitués étaient l'objet de l'expérimentation.

OBSERVATION Iʳᵉ (V. Adams). — Enfant âgé de 4 semaines, ayant subi, pour le guérir d'un pied-bot, la ténotomie du tendon d'Achille et du tibial antérieur, mort le quatrième jour après l'opération. Pneumonie.

A l'autopsie, voici ce que l'on trouve : *Les extrémités du tendon d'Achille divisé sont éloignées l'une de l'autre dans une distance d'un demi-pouce, et communiquent cependant par le moyen de la gaîne celluleuse du tendon qui présente une grande vascularité et du sang épanché.* Les surfaces cassées des extrémités du tendon divisé présentent une texture normale sans altération. Le tendon du tibial antérieur présente le même aspect, sauf la communication des deux bouts par le moyen de la gaîne qui est moins distante que dans le tendon d'Achille, et la distance de son éloignement est plus grande (un pouce).

OBSERVATION II. — Enfant âgé de 8 semaines. Ténotomie pour remédier à un pied-bot du tendon d'Achille du tibial antérieur et postérieur et du long fléchisseur des doigts. Mort 11 jours après. l'opération, suite de diarrhée.

Autopsie. — Les extrémités du tendon d'Achille sont éloignées l'une de l'autre d'une distance de ⁷/₆ *de pouce, et très-unies cependant par une matière de consistance gélatineuse à peu près d'une couleur rouge de sang* et présentant une vascularisation très-grande. Les extrémités du tendon sont arrondies, un peu moins consistantes que dans l'état normal, conservant cependant leur couleur naturelle *et fermement soudées avec la matière de nouvelle formation.* Les extrémités du tendon du tibial postérieur, sont éloignées l'une de l'autre dans une étendue de ⁷/₆ de pouce sans communication directe l'une avec l'autre. A chacune de ces extrémités on voit une substance de nouvelle formation d'une consistance ferme, présentant une longueur d'un demi-pouce. Cette matière est transparente et rougeâtre. Les extrémités du tendon du long fléchisseur sont éloignées l'une de l'autre d'une distance d'un demi-pouce et communiquent par une bande de tissu fibreux.

Examen microscopique. — Le tissu connectif de nouvelle formation déposé entre les deux extrémités du tendon d'Achille est formé par une matière ou blastème avec un grand nombre de noyaux ; l'acide acétique y fait apercevoir de petits noyaux arrondis et ovales serrés irrégulièrement les uns auprès des autres, sans être arrangés en séries linéaires ; le tissu connectif ne montre aucune disposition pour se transformer en fibres, et présente à ses extrémités, quand on le comprime, un aspect membraneux. Le tissu de nouvelle formation, qu'on voit entre les extrémités du tendon du tibial antérieur présente le même caractère, mais on y voit en même temps un enduit inflammatoire et en même temps une quantité moins considérable de matière huileuse que dans les observations qui suivent.

OBSERVATION III. — Un enfant âgé de 4 semaines atteint d'un pied-bot congénital du pied droit. Ténotomie du tendon tibial postérieur et du fléchisseur des doigts. Mort 18 jours après l'opération, suivie de diarrhée.

Autopsie. — *Les extrémités du tendon du tibial postérieur ne sont éloignées l'une de l'autre que d'une ligne, le bout supérieur est grisâtre, infiltré, gonflé et arrondi, l'inférieur tout à fait normal. Entre ces deux bouts on trouve une substance très-ferme et grisâtre, d'une ligne de longueur et d'une demi-ligne d'épaisseur ; cette substance adhérente aux extrémités du tendon pouvait cependant être facilement détachée de ce dernier.* Soumise à l'examen microscopique, cette substance paraît être une matière réparatrice déposée entre les filaments du tissu cellulaire fibreux. Cette substance présente un grand nombre de vaisseaux sanguins et surtout une grande quantité de tissu ferme, ressemblant à celui du tendon nouvellement formé, chez le lapin. L'acide acétique la rend transparente et claire et fait voir çà et là un petit nombre de noyaux ainsi que les vaisseaux qui

traversent ce tissu. Le tendon du fléchisseur des doigts est obliquement divisé par la ténotomie et ses deux bouts sont ramollis, le
supérieur plus que l'inférieur. On n'y voit pas de communication
de nouvelle formation et le tissu blanchâtre qui maintient les deux
extrémités du tendon paraît être le tendon fibro-cellulaire qui servait autrefois d'enveloppe au tendon.

OBSERVATION IV. — Un enfant âgé de 3 semaines, atteint d'un pied-
bot congénital des deux pieds. Ténotomie sous-cutanée successive
des tendons tibiaux des deux pieds et du tendon d'Achille du pied
droit. Mort 30 jours après l'opération à la suite d'une pneumonie.

Autopsie. — Seize jours après l'opération, les extrémités de ce
tendon sont éloignées l'une de l'autre d'un demi-pouce à peu
près, communiquant entre elles par un lien produit par une matière de nouvelle formation, de couleur rouge de sang ayant le
même diamètre que celui des extrémités du tendon. Les surfaces
des extrémités ont conservé leur forme carrée, mais leurs bords
sont un peu arrondis.

*Examen microscopique. Le tissu connectif qui naît entre les deux
extrémités du tendon d'Achille, paraît être un tissu fibro-cellulaire
d'ancienne date et qui a formé autrefois la gaine ou enveloppe
du tendon; il est infiltré par une grande quantité de matière granuleuse et par des globules huileux.* L'acide acétique y fait découvrir
un grand nombre de noyaux arrondis et ovales ; ces noyaux ne présentent aucun arrangement linéaire. Au point de réunion du tissu
ancien avec celui de nouvelle formation, *la structure du tendon primitif se termine en faisceaux fibreux entre lesquels la matière de
nouvelle formation est déposée et qui est plus transparente et plus
claire dans ce point que la masse centrale ; l'acide acétique y fait
aussi naître de petits noyaux ronds et ovales.*

Examen du tendon du tibial antérieur et postérieur du pied
gauche, 23 jours après l'opération. Les extrémités des tendons antérieurs sont éloignées l'une de l'autre d'une distance de $^3/_4$ de
pouce, elles communiquent par un lien fibreux et cylindrique pro-

duit d'une matière de nouvelle formation, de couleur rougeâtre, et présentent de la vascularisation. Les extrémités du tendon du tibial postérieur sont aussi éloignées l'une de l'autre d'une distance d'un demi-pouce, communiquant par un lien fibreux, produit de la matière de nouvelle formation. Les surfaces des extrémités ont conservé leur forme carrée et abrupte, mais leurs bords sont un peu arrondis. La structure de la matière de nouvelle formation présente à peu près tous les caractères des tissus du tendon primitif, c'est-à-dire les caractères du tissu fibreux, quoique un peu plus pâle que le tendon primitif ; l'acide acétique y fait voir très-distinctement des noyaux de forme allongée réunis par des fibres linéaires et serrés parallèlement les uns auprès des autres avec la même régularité que dans le tissu du tendon primitif, mais les noyaux de la masse de nouvelle formation sont plus nombreux et plus allongés que dans l'ancien tendon où ils sont plus clairs et mieux distingués que dans la première. Au point de jonction de la masse de nouvelle formation avec le tendon primitif, le tissu est plus transparent qu'ailleurs et les noyaux linéaires avec leurs filaments font tout à fait défaut.

Examen des tendons du tibial antérieur et postérieur du pied droit, 30 *jours après l'opération.* Les extrémités du tendon antérieur sont éloignées l'une de l'autre dans une distance de $^3/_4$ de pouce, et réunies par une bande ferme qui est produite par une matière de nouvelle formation. Le tendon postérieur, situé auprès de la malléole interne, présente à sa surface une couleur rouge de sang stagnant et le tissu aréolaire adjacent présente de la vascularisation. En examinant avec soin, on voit que ce tendon n'était pas divisé par la ténotomie.

Observation V. — Enfant âgé de 6 semaines, atteint de pied-bot congénital. Ténotomie du tibial antérieur et postérieur, du long fléchisseur des doigts et du tendon d'Achille successivement exécutée ; mort, 6 semaines après l'opération, des suites d'une pneumonie.

Autopsie du tendon du tibial antérieur, 6 semaines après l'opération. Les extrémités du tendon sont éloignées l'une de l'autre de la distance d'un demi-pouce et réunies par un lien ferme, produit par la matière de nouvelle formation, dont le diamètre correspond à celui des deux extrémités du tendon. Les extrémités du tendon du tibial postérieur et du long fléchisseur sont éloignées l'une de l'autre d'une distance de $^1/_4$ de pouce, et réunies par une matière ferme, compacte, de couleur grisâtre et présentant de la vascularisation : les deux tendons adhèrent entre eux et à la surface de l'os.

Examen du tendon d'Achille 5 semaines après l'opération. *Les extrémités sont éloignées l'une de l'autre de $^1/_4$ de pouce et réunies fermement par une masse compacte, transparente, vascularisée*, qui se distingue parfaitement bien du tissu du tendon primitif.

Examen microscopique. — La matière de nouvelle formation présente une structure fibreuse très-fine et qu'on ne peut pas séparer en fibres isolées. L'acide acétique y fait voir un grand nombre de noyaux serrés probablement les uns contre les autres dans un ordre linéaire.

OBSERVATION VI. — Enfant âgé de 6 semaines, atteint de pied-bot congénital, ténotomie des tendons du tibial antérieur et postérieur, du tendon du long fléchisseur des doigts et du tendon d'Achille, exécutée dans une séance. Mort 6 semaines après l'opération. (Cause non mentionnée.)

Examen. — Les extrémités du tendon du tibial postérieur et du long fléchisseur sont éloignées l'une de l'autre d'une distance de $^1/_4$ de pouce, réunies par une matière ferme, grisâtre et vascularisée. Les extrémités du tendon du tibial antérieur sont éloignées l'une de l'autre d'un pouce. Le lien qui maintient les deux extrémités en communication paraît être le tissu cellulo-fibreux d'ancienne date épaissi par l'infiltration de la matière réparatrice. Les extrémités du tendon d'Achille sont éloignées l'une de l'autre d'un demi-pouce de distance.

Examen microscopique. — La matière de nouvelle formation

présente une apparence fibreuse très-fine, sans qu'on puisse toutefois séparer les faisceaux de fibres isolées.

L'acide acétique fait voir partout des noyaux de fibres allongées et parallèles, et au point de réunion de la matière de nouvelle formation avec le tissu du tendon primitif, la première est plus transparente et plus claire que dans la masse centrale, et ses noyaux sont très-petits, arrondis irrégulièrement et serrés les uns contre les autres.

Observation VII (1). — Séquestre du tibia. — Trépanation. — Pied-bot. — Section du tendon d'Achille. — Section datant de 50 jours. — Sujet âgé de 31 ans. — Mort par albuminurie.

La dissection a permis de constater que la réunion du tendon était rétablie par un tissu fibreux qui réunit les bouts du tendon. Ce tissu de régénération a 3 centimètres de long et à peu près les deux tiers de l'épaisseur du tendon normal. La gaîne lui adhère fortement et est pour ainsi dire identifiée avec lui. Si l'on ne prenait aucun soin pour l'isoler, on croirait à son épaississement.

La dissection minutieuse du tendon nouveau a fait reconnaître une structure analogue à celle du tendon d'Achille normal. C'est en effet un tissu fibreux avec une couleur terne. Il existait même des fibres tendineuses comme dans le tendon primitif ; toutefois le tendon nouveau était moins rond, moins volumineux et par conséquent était aplati et rubané. On y reconnaissait moins d'élasticité que dans le tendon qui n'avait subi aucune section.

Enfin on trouve derrière le tendon d'Achille un second cordon fort résistant, lequel n'est qu'une corde fibreuse accidentellement formée, étendue du point de la fracture du tibia à la partie postérieure du calcanéum et à la partie inférieure du péroné.

Observation VII bis. — Pied-bot congénital. — Section des tendons d'Achille. — Fièvre typhoïde. — Phlegmon diffus. — Mort du sujet, âgé de 27 ans.

(1) Jobert, *De la réunion en chirurgie.* 1864, p. 163.

Dissection du membre, 67 jours après la section des tendons d'Achille, des jambiers antérieurs et des extenseurs propres des orteils.

1° Tendon d'Achille droit. La dissection du tendon d'Achille permet d'étudier l'endroit où la section a été faite. La gaîne est confondue avec le tendon dans l'espace d'un centimètre 1/2 et il existe en ce même point une substance d'un gris rosé qui réunit les deux bouts du tendon. Il y a eu reproduction d'une substance tendineuse, sans toutefois que cette nouvelle substance présente la blancheur demi-transparente du tissu tendineux ordinaire. Elle est résistante, séparable par lames et l'on y découvre des fibres qui ont la même direction que celles du tendon. Cette substance a une grande ressemblance avec les caillots fibrineux du sang.

a. — Tendon du jambier antérieur. Les deux bouts du tendon présentent un écartement de quatre travers de doigt, et cependant ils sont réunis par un tendon grêle de nouvelle formation.

b. — Tendon du long extenseur propre du gros orteil. Le tendon du long extenseur propre du gros orteil a été divisé à la partie inférieure du tibia; entre les deux bouts de ce tendon on trouve un écartement de 4 cent. Dans sa gaîne existent quelques ecchymoses; au-dessus et au-dessous de la section, le tendon est blanc nacré. Les deux extrémités du tendon sont continuées par une espèce d'appendice d'un centimètre de long, qui va se perdre en pointe dans le tissu cellulaire. Le bout inférieur présente des parcelles de caillots sanguins.

2° Tendon d'Achille gauche. — La gaîne offre les mêmes dispositions que celles du côté opposé. La section a été faite dans le même point. La substance de nouvelle formation a la forme de l'ancien tendon, est un peu plus rosée que celle du côté droit, et longue de 2 centim. A sa surface on voit des fibres demi-nacrées qui se continuent avec les fibres tendineuses. Une section parallèle à la direction des fibres du tendon d'Achille faite dans son épaisseur montre plus nettement encore la continuation des fibres du nouveau produit avec celles du tendon d'Achille. Le produit est infiltré de beaucoup de sérosité et, en le comprimant, on le réduit à un tissu fibreux résistant.

a. Tendon du jambier antérieur. — Les deux bouts du tendon sont réunis de la même manière que ceux du côté opposé.

b. Extenseur propre du gros orteil. Au niveau de l'extrémité inférieure du tibia, on a divisé le tendon de l'extenseur propre du gros orteil dont les bouts sont écartés de 4 centimètres. Entre ces bouts le tissu de la gaîne est épaissi. Un peu de sang caillé se rencontre au bout inférieur.

OBSERVATION VIII. — Garçon âgé de 16 ans, atteint d'un pied bot congénital. Ténotomie du tendon d'Achille, mort 4 mois après l'opération.

Autopsie. — *Les extrémités du tendon sont éloignées l'une de l'autre d'une distance de 1 pouce 1/4, réunies par une matière ferme et compacte, dont le diamètre correspond à l'épaisseur du tendon. On y voit çà et là du sang coagulé qui a entravé le processus de la régénération dans sa marche et rendu ainsi la réparation imparfaite.* Ce tissu de nouvelle formation présente des fibres entrelacées, irrégulièrement arrangées et sans ordre.

OBSERVATION IX. — Garçon âgé de 4 ans, atteint de pied bot congénital. Ténotomie du tendon d'Achille. — Mort 7 mois après l'opération.

Autopsie. — Les extrémités du tendon sont éloignées l'une de l'autre de la distance d'un pouce et réunies par un lien très-ferme produit par une matière de nouvelle formation, dont le diamètre correspond à l'épaisseur du tendon. Cette nouvelle matière est grisâtre, transparente, et ne présente à l'œil que très-peu de vascularisation ; ce tissu de nouvelle formation, qui offre une structure fibreuse, se distingue parfaitement du tissu du tendon primitif.

Examen microscopique. — Le néoplasme présente très-distinctement un caractère essentiellement fibreux et, quoique très-fines, on peut facilement séparer ses fibres les unes des autres. L'acide acétique les rend transparentes et fait voir des noyaux allongés, parallèlement rangés dans un ordre parfait.

OBSERVATION X. — Petite fille âgée de 9 ans, atteinte de tumeur fibroïde de la jambe. Ténotomie du tendon d'Achille. Guérison complète. La tumeur de la jambe enlevée plusieurs fois se reproduisant toujours, l'amputation de la jambe est pratiquée, 18 mois après la ténotomie. — Examen du tendon d'Achille. L'examen à l'œil nu ne nous fait voir aucune trace de l'opération. *Cependant, en l'examinant avec attention, on voit que dans une étendue de 2 pouces 1/2, sa surface extérieure est moins lisse et moins souple qu'à l'ordinaire et qu'elle est en outre très-adhérente et confondue avec le tissu cellulo-fibreux environnant (gaîne).*

Après avoir fait dans cette portion une incision longitudinale, on a constaté de suite que le tendon était autrefois divisé et que ses extrémités étaient éloignées l'une de l'autre d'une distance de 2 pouces 1/4, réunies ensuite fermement par un tissu au tendon de nouvelle formation dont le diamètre correspond à l'épaisseur du tendon. Le nouveau tissu du tendon est grisâtre, transparent, se laissant parfaitement bien distinguer du tissu du tendon primitif, qui est opaque, blanc, d'un lustre perlé et ne présentant que très-peu de vascularisation. Le point de réunion du tissu de nouvelle formation avec celui du tendon primitif est très-nettement indiqué par une zone de matière transparente qui est, pour ainsi dire, insérée entre les fibres opaques et perlées du tendon primitif.

Examen microscopique. — Le nouveau tissu connectif est composé de fibres qui peuvent être séparées les unes des autres et qui ne se distinguent des fibres de l'ancien tendon que par leur finesse excessive et leur isolement moins facile. L'acide acétique ne rend pas ce nouveau tissu plus transparent et plus clair, comme on l'avait vu dans le cas précédent. Cependant il laisse encore apercevoir les noyaux allongés et rangés parallèlement. Le nouveau tissu était infiltré d'une petite quantité de matière huileuse.

Observation XI. — Femme de 42 ans, atteinte d'un double pied bot, survenu à la suite d'une paralysie, dont elle disait avoir été frappée dans son enfance. — Ténotomie des deux tendons d'Achille. — Phthisie. — Mort.

Les extrémités du premier tendon sont éloignées l'une de l'autre de 1 pouce 1/4 et celles de l'autre tendon d'un pouce et 1/8. Elles sont réunies par un nouveau tendon, dont le diamètre correspond à celui de l'ancien; il se distingue cependant de ce dernier par sa couleur grisâtre et sa transparence. Ce nouveau tissu est strié dans le sens longitudinal. Dans le point du tendon divisé par la ténotomie, la matière unissante se distingue par sa couleur du tissu central de nouvelle formation, établissant ainsi une ligne de démarcation entre le nouveau et l'ancien tissu.

Examen microscopique. En examinant côte à côte une portion du nouveau tissu et une portion du tissu primitif, il est impossible de les distinguer, tous les deux se ressemblent. En effet, le nouveau tissu présente d'une manière très-nette une structure fibreuse et se laisse très-facilement séparer en fibres isolées. Cependant, ces fibres sont beaucoup plus déliées que les fibres du tissu ancien et elles sont en outre infiltrées par une petite quantité de matière huileuse. Le tissu du tendon primitif a présenté dans ce cas aussi une quantité très-abondante de matière huileuse, phénomène que l'on n'a pas constaté dans les tendons primitifs des observations précédentes, et que l'auteur regarde comme un commencement de dégénérescence graisseuse à la suite de la paralysie dont cette malade était atteinte.

L'action de l'acide acétique n'a permis de distinguer le nouveau tissu de l'ancien que par l'apparence nébuleuse et par des stries de couleur foncée que le premier a présentées et qui sont les traces d'anciens noyaux allongés que le tissu de nouvelle formation présente à une époque peu avancée.

Observation XII. — Une petite fille âgée de 8 ans, atteinte

d'un pied bot congénital droit et de paralysie des muscles de la jambe.

Ténotomie du tendon d'Achille, morte 3 mois après l'opération.

Autopsie. Les muscles de la jambe présentent une dégénérescence graisseuse et le tendon d'Achille, dans le point où il a été divisé, est très-adhérent et dépourvu de sa souplesse naturelle, ne pouvant plus glisser dans l'étendue de cette portion adhérente. En le disséquant dans cet endroit, on voit que les extrémités du tendon divisé sont éloignées l'une de l'autre d'une distance de 3/4 de pouce et réunies par une matière de structure striée et d'une apparence fibreuse qui est traversée par des faisceaux longitudinaux, au point de réunion du tissu de nouvelle formation avec celui du tendon primitif ; on pourrait parfaitement les distinguer l'un de l'autre.

Examen microscopique. La structure du tissu de nouvelle formation et de celui de l'ancienne se ressemblent à tel point qu'il faut les examiner avec un grand soin pour les distinguer l'un de l'autre. La structure du tissu de nouvelle formation présente en outre une apparence fibreuse très-distincte ; il est facilement séparable en fibres isolées ; l'acide acétique le rend transparent et fait voir un grand nombre de noyaux allongés et parallèlement rangés, dans le même ordre que celui du tendon primitif, soumis à l'action de l'acide acétique.

CHAPITRE XI

ARTICLE Ier

CONSIDÉRATIONS GÉNÉRALES.

Après avoir étudié dans tous ses détails les phénomènes qui suivent la section des tendons chez les animaux avant d'arriver à la guérison et avoir démontré que chez l'homme la nature emploie les mêmes moyens ainsi que cela résulte de la lecture des faits cités plus haut, il me restait à étudier les phénomènes qui se passent chez les animaux dont les tendons coupés ont été suturés. Les expériences faites déjà au siècle dernier et reprises par M. Acher (1) avaient établi que les tendons coupés et réunis à l'aide de la suture guérissaient avec une rapidité très-grande. — Mes expériences confirmatives des faits cités plus haut avaient pour but d'étudier les phénomènes histologiques qui se passent dans le tendon lui-même et dans les parties voisines, ainsi que je le démontrerai plus loin ; mais avant, voyons ce que nous apprend la pathologie humaine.

Les tendons, malgré leur résistance, peuvent céder à l'action musculaire et se rompre. Cet accident, grave dans certaines circonstances, n'a été vraiment bien étudié qu'au siècle dernier par Jean-Louis Petit et Monro Hunter, qui insistèrent sur la rupture des tendons et en particulier sur celui du tendon d'Achille. Cette

(1) Acher, thèse inaugurale, 1834.

question mériterait cependant de fixer de nouveau l'attention ; il serait facile de faire une thèse utile sur ce sujet en réunissant les faits épars dans les diverses collections scientifiques. Depuis 1842 (1), je me suis occupé de la rupture du tendon du muscle droit antérieur de la cuisse et à plusieurs reprises de la rupture du ligament rotulien (2). Je n'exposerai point ici le résultat de mes recherches au point de vue chirugical. Ce dont je veux m'occuper ici, c'est du fait physiologique. Que se passe-t-il quand un tendon a été rompu ?

Un fait bien observé sur l'homme (3), et des expériences que j'ai faites sur le tendon rotulien du lapin, rapportées dans la première partie de mon travail, ne laissent aucun doute à cet égard. Le tendon se reconstitue aux dépens de sa gaîne absolument comme cela a lieu dans la ténotomie ordinaire. Par conséquent ce qu'il importe au point de vue pratique, c'est de mettre le membre dans la meilleure position qui favorise le rapprochement des deux bouts du tendon, afin que la réunion intermédiaire se fasse dans les meilleures conditions de longueur et de solidité. Car si la reconstitution se fait mal, si le tendon est trop long et trop grêle ou s'il est trop court, la fonction du membre ne s'accomplira plus dans les conditions normales.

Lorsque l'homme se livre à de violentes contractions musculaires, les tendons terminaux viennent faire une saillie très-marquée au niveau du point de leur passage dans les gaînes tendineuses et tendent aussi la peau qui les recouvre. On comprend dès lors que, si un instrument tranchant vient dans ces conditions frapper la peau qui recouvre le tendon, celui-ci et sa gaîne seront facilement sectionnés et il en résultera immédiatement par le fait de la contraction musculaire une rétraction du bout supérieur du

---

(1) Demarquay, *Gazette médicale*. 1842.
(2) Id., *Bull. de l'Académie de médecine.* 1870. — *Société de chirurgie*, 1860.
(3) Id., *Mémoire sur les ruptures du tendon du droit antérieur de la cuisse*, 1842.

tendon, d'autant plus grande que la section aura eu lieu au niveau de la coulisse synoviale du tendon.

Cette section, observée un certain nombre de fois par les anciens, a donné lieu à bien des discussions dont le point de départ était une erreur anatomique. En effet, ils accordaient au tendon une nature nerveuse et de là la crainte de voir survenir une foule d'accidents à la suite de la plus petite lésion. Bien avant Haller, des expériences avaient été faites pour démontrer toute la différence qui existe entre les tendons et les nerfs. Mais il était réservé à ce grand physiologiste de démontrer le peu de sensibilité ou l'insensibilité des tendons. Ce grand fait, malgré les expériences de M. Flourens, est resté vrai, et je me suis bien convaincu, en répétant les expériences de Haller, que les faits sont tels qu'il les avait décrits et que si les tendons sectionnés ou découverts et enflammés ont paru sensibles, cela tenait à la gaîne souvent si riche en filets nerveux et en vaisseaux, comme cela se voit dans la gaîne du tendon d'Achille.

La pratique des chirurgiens en présence de notions anatomiques et physiologiques erronées devait naturellement être incertaine. — Mais, ainsi que nous le verrons plus loin, la chirurgie avait devancé l'anatomie et la physiologie en démontrant qu'il était bon dans certains cas de recourir à la suture des tendons, et que celle-ci ne déterminait ni les douleurs ni les accidents qu'on lui imputait.

ARTICLE II

DE LA POSITION DANS LA CURE DES TENDONS SECTIONNÉS. —
OBSERVATIONS.

Deux moyens sont à la disposition du chirurgien pour obtenir la réunion des tendons divisés. Ce sont la position et la suture. On comprend que la position puisse réussir dans certaines conditions, c'est lorsque la section a porté sur un tendon qui n'est point soutenu dans une gaîne où il glisse. Car dans ce cas, après la section, inévitablement le bout supérieur s'écartera et la réunion deviendra impossible malgré la position ; dans le cas contraire, on pourra obtenir une réunion ou une reproduction quand la lésion portera sur un tendon assez volumineux et contenu dans une atmosphère celluleuse, comme le tendon d'Achille, ainsi que cela résulte des trois faits cités plus loin.

Observation I (1). — Un enfant âgé de 10 ans, jouant dans un pré que l'on fauchait, se heurta la partie postérieure de la jambe, trois travers de doigt environ au-dessus de la tubérosité du calcaneum, contre le tranchant d'une faux. Il en résulta une incision qui se prolongeait jusqu'au tibia et au péroné ; les tendons d'Achille, du plantaire grêle, du long péronier et du jambier postérieur furent incisés, comme on s'en convainquit par l'inspection de la plaie. Il y eut une hémorrhagie très-considérable fournie par la tibiale postérieure, et par quelques-unes de ses branches. On ne put employer la ligature, parce que l'écartement des bords de la plaie n'était pas suffisant pour le permettre. La compression immédiate sur les extrémités artérielles ouvertes ne parut pas convenable ; on fut donc obligé d'avoir recours au cautère actuel, qu'on appliqua sur les embouchures des vaisseaux, ayant soin de garantir les parties voisines de l'action du cautère.

On réussit par ce moyen à arrêter l'hémorrhagie. On s'occupa ensuite de la réunion des parties divisées, on appliqua un bandage roulé sur la jambe pour empêcher l'action musculaire ; puis, afin de maintenir le pied dans une extension permanente, et la jambe fléchie sur la cuisse, on se servit d'un soulier auquel on coupa le quartier et le bout pour prévenir la gêne des orteils, inconvénient qu'éprouva Monro par l'usage de son chausson. Du talon du soulier partait une courroie qu'on y avait fait coudre et qui venait

(1) Delaurière, Thèse.

se fixer à une genouillère : toutes les pièces de l'appareil appliquées, les bords de la plaie s'affrontaient : on la recouvrit avec un plumasseau imbibé de blanc d'œuf battu avec de l'huile. On recommanda un repos exact, on recouvrit le plumasseau, on maintiut le tout avec un simple bandage contentif qu'on ne leva que le 4ᵉ jour de l'accident. Tout était dans le meilleur état possible, il n'y avait point eu de douleur ni de fièvre; la plaie paraissait réunie le 18ᵉ jour. On n'eut plus besoin de pansement local le 8ᵉ jour de l'accident, mais les eschares formées par le cautère étant restées, elles donnèrent lieu à un petit abcès qu'on ouvrit et dont on obtint la cure en sept jours.

A cette époque on permit de légers mouvements du pied : on relâcha de. plus en plus le bandage qui devint inutile le 40ᵉ jour de l'accident : on permit au malade de se lever et de marcher avec des béquilles, lui ayant mis un soulier à talon haut. Trois mois après son accident il sautait, jouait avec ses camarades et ne claudiquait plus.

Observation II (1). — J. B., âgé de 38 ans, heurte, en descendant sans lumière dans une cave, le tranchant d'une scie fine, qui divise complétement le tendon d'Achille; à l'instant le malade est porté à l'Hôtel-Dieu, où l'on trouve aux téguments une plaie transversale longue de deux pouces dont les bords offrent peu d'écartement, les bouts tendineux en contact dans l'extension, s'écartant de deux pouces dans la flexion du pied.

Un peu de charpie imbibée d'eau végéto-minérale est placée vis-à-vis de la division du tendon. Sous le pied, derrière la jambe et la partie inférieure de la cuisse est étendue une compresse large qui est maintenue par les mains de quelques aides. Les vides qui se trouvent sur les côtés du tendon d'Achille sont remplis avec des gâteaux de charpie sèche, surmontés de deux compresses languettes et graduées qui les soutiennent et qui sont un peu plus

---

(1) Desault, *Œuvres de chirurgie*, publiées par Bichat, t. I, 3ᵉ édit., p. 322.

saillantes que le tendon, par rapport à l'affaissement qu'elles sont sujettes à éprouver. Le chirurgien prend la bande, fait d'abord autour des orteils quelques circulaires qui fixent la compresse large, dont le bout renversé sur les premières circulaires est assujetti par de nouveaux tours qui couvrent tout le pied et sont ensuite obliquement dirigés en haut et en bas de la division, autour de laquelle est formée un espèce de 8 de chiffre qui en rapproche les bords avec exactitude. S'il n'y a point de plaie aux téguments, il faut prendre garde que la peau, s'interposant entre les bouts divisés, ne les écarte et n'empêche leur consolidation. Remontant ensuite par circulaires tout le long de la jambe, et jusqu'à la partie inférieure de la cuisse, le chirurgien renverse en cet endroit le bout supérieur de la compresse longue, l'assujettit par d'autres circulaires qui terminent l'application de la bande.

L'appareil étant ainsi disposé, l'extension du pied et la flexion de la jambe solidement assurées par lui, on place celle-ci sur un oreiller dans une position favorable au relâchement des muscles postérieurs.

Le soir, douleurs assez vives aux environs de l'endroit blessé, pouls élevé, saignée, diète; la cicatrisation de la plaie extérieure est en partie achevée; réapplication de l'appareil, continué jusqu'au 20e jour, où la consolidation parfaite des parties le rend inutile; dès lors, le malade commence à se lever, et à marcher sur des béquilles; le 36e jour, progression et station devenues faciles sans secours; à cette époque, un petit dépôt se forme au talon, et retient encore une quinzaine de jours à l'Hôtel-Dieu le malade qui sort ensuite parfaitement guéri.

La réunion devient difficile ou impossible quand la section a porté sur un des tendons fléchisseurs ou extenseurs des doigts, soit du pied ou de la main. Quelques faits néanmoins ont été cités par Rognetta et Mondière (1). Dans ces observations nous voyons que

(1) Rognetta et Mondière, *Archives de médecine*. 1834 et 1837.

ce sont les tendons des extenseurs des doigts, au niveau de la partie dorsale de la main, quand ils sont encore contenus dans une atmosphère celluleuse qui se réunissent. Si on tient compte du petit nombre de faits que j'ai pu réunir, on sera convaincu, comme moi, qu'il vaut infiniment mieux recourir de suite à la suture ; des faits cités plus loin viendront appuyer ma manière de voir, et montreront qu'après avoir vainement essayé de la position, on a dû recourir à la suture qui, dans ces conditions exceptionnelles, a encore donné de bons résultats.

OBSERVATION III (1). — Un individu eut le tendon d'Achille coupé par un coup de sabre. M. Dupuytren appliqua un paillasson très-épais à la partie antérieure de la jambe et du pied qu'il soutint avec une attelle par-dessus et une bande. La bande avait été bandée en doloire d'abord. Le membre fut couché sur le côté externe et dans la demi-flexion. Le pied se trouvait ainsi en extension permanente et les bouts du tendon d'Achille étaient en contact. Tout l'appareil avait la figure d'une botte à postillon. La guérison fut parfaite.

OBSERVATION IV (2). — Un homme de 38 ans reçoit un coup de couteau sur la partie moyenne de la face dorsale de la main gauche. Plaie transversale longue d'environ deux pouces, intéressant les téguments et les tendons des muscles extenseurs des doigts annulaire, médius et indicateur qui étaient fortement coupés. Les doigts fléchis présentaient un écartement de près d'un pouce entre les bouts des tendons. Au moyen d'une palette qui maintient les doigts dans l'extension, il est permis d'affronter aussi bien que possible les bouts des tendons divisés et les lèvres de la plaie des téguments. Il n'y eut que très-peu de suppuration, et la réunion de la plaie ne se fit pas longtemps attendre. Pour donner aux tendons le temps de se réunir d'une manière solide, on laissa l'appareil en place pendant près d'un mois, bien que de-

(1) Rognetta, *Archives de médecine*. 1834.
(2) J. Mondière, *Des plaies et de la suture des tendons (Archives de médecine*. 1837.)

puis longtemps la cicatrice des téguments fût parfaitement achevée. Au bout de ce temps on enleva l'appareil, et, bien que gênés, quelques mouvements d'extension avaient lieu dans les doigts désignés ci-dessus. Peu à peu ces mouvements devinrent plus faciles et plus étendus et le malade put se servir de sa main comme auparavant, ne conservant qu'une cicatrice presque linéaire.

Observation V (1). — Dans le mois de décembre dernier, une domestique, âgée de 20 ans, se coupa les tendons des extenseurs des doigts en tombant avec une cruche. Elle présentait une plaie de deux pouces 1/2 sur le dos de la main droite. Impossibilité de mouvoir les trois doigts du milieu. Avec un stylet boutonné on put faire sortir de la plaie les bouts des tendons divisés. M. Breschet, aux soins duquel la malade était confiée, salle Saint-Côme, plaça la main dans une forte extension à l'aide d'une palette de bois et de plusieurs bandes et compresses qui relevèrent les doigts en arrière. Bandelettes agglutinatives sur les bords de la plaie, compresses graduées, etc. La plaie guérit en 15 jours par première intention. Les doigts ont complétement recouvré leurs usages.

ARTICLE III

DE LA VALEUR DE LA SUTURE. — OBSERVATIONS.

C'est donc à la suture qu'il faut recourir tout d'abord quand on se trouve en présence de tendons divisés afin de faciliter la réunion et la régénération.

Mais à cela il faudra ajouter, la position convenable, qui empêchera tout mouvement de traction sur les fils;

Un traitement général et local.

J'ai réuni un certain nombre de faits qui viennent à l'appui de

(1) Rognetta, *Archives de médecine*. 1834.

ma manière de voir, je ne rapporterai que les plus concluants. Parmi ces faits il en existe un qui m'est personnel et qui est relatif à un homme de 40 ans qui s'était coupé avec un morceau de verre les tendons extenseurs du medius et de l'annulaire de la main gauche. Je fis, avec une aiguille fine armée d'un fil, la suture des tendons divisés, puis, la suture des téguments, et j'abandonnai les choses à elles-mêmes, la main étant placée dans une bonne position. Les fils tombèrent d'eux-mêmes et, au bout de 20 jours, les mouvements d'extension des doigts étaient possibles. Je me livrai alors à quelques recherches à ce sujet sur la suture des tendons et je vis combien ce point avait préoccupé l'attention des chirurgiens à une époque déjà assez éloignée ; je vis en outre que la pratique n'était pas encore définitivement fixée sur ce point. Avant donc de donner des faits confirmatifs de la conduite qu'il faut suivre, je vais citer, en la résumant, l'opinion des principaux chirurgiens qui, depuis Guy de Chauliac jusqu'à nos jours, se sont occupés du sujet ; renvoyant d'ailleurs aux traités généraux de Vidal (1), de Nélaton (2), et surtout au traité de Jobert (3), ceux qui voudraient faire une étude spéciale sur cette question.

ARTICLE IV

HISTORIQUE. — OPINION DES CHIRURGIENS.

Il nous faut remonter jusqu'à Galien pour trouver les premières indications de la ténorrhaphie. Cette opération fut énergiquement repoussée par ce chirurgien et ses disciples, et ce ne fut que vers la moitié du dix-septième siècle environ, que Veslingius, Severinus,

(1) Vidal, *Traité de pathologie externe*, 5ᵉ édition. Paris, 1861.
(2) Nélaton, *Traité de pathologie externe*.
(3) Jobert, *De la réunion en chirurgie*. Paris, 1864.

Félix Wurtzius, Mainard, Bienaise, Purmann osèrent tenter la suture des tendons.

Un des chirurgiens les plus connus du quatorzième siècle, Guy de Chauliac (1), s'exprime ainsi :

« Doncques la cure de toutes ces playes a mesmes intentions, et est accomplie presque de mesme sorte, que les playes des membres charnus, sinon que l'accident (qui est douleur), surmonte de sorte les intentions communes, et générales, qu'il faut tenir un moyen lés choses par lesquelles on les accomplit durant la douleur, qu'on subuienne tellement à la douleur, que l'on n'oublie les susdites indications communes, et générales ; qui étaient, savoir : est la première ôster les choses et étrangères ; la seconde, ramener les lèures en un ; la troisième les contregarder unies et la quatrième, conserver la substance de la partie. Le moyen par lequel ces choses sont accomplies, est moyenné selon les différences sus-dites. »

Et plus loin : « L'incision des nerfs, cordes et liens, outre les trois susdites intentions, a besoin de trois ou de quatre intentions particulières. La première que : si elle est sans déperdition de substance, soit cousue avec la chair ; la deuxième, qu'on mette doucement quelque tente au lieu qui est le plus en pendant ; la troisième, qu'on y mette par dessus quelque médicament sédatif et incarnatif ; la quatrième est qu'on la bande médiocrement avec une estoupade de laine molle par dessus. Or, que telle cousture soit utile, il est prouvé de ce que par telle cousture, lèvres éloignées sont assemblées et conservées en un ; outre ce, par la couverture de la peau et de la chair, le nerf est contre-gardé du froid qui le dissipe. Et ainsi le veut Aviceune, quand il dit au 4ᵉ : Si le nerf est rompu en sa largeur, adonc il est nécessaire de le coudre et sans cela il n'est pas agglutiné. Guillaume de Salicet et Lanfranc témoignent de même, nonobstant que plusieurs disent que Galien ne commande pas de les coudre, d'autant qu'ils ne

____

(1) Guy de Chauliac, *Chirurgie*. 1663-1659.

pourraient être consolidés et que la piqueure de l'aiguille est provocatrice de convulsion. Certes (sauf leur révérence) Galien ne l'a pas défendu : mais, s'il s'en est tu, il l'a affirmé. Qui plus est, il semble bien y consentir au 6ᵉ de la Thérapeutique, chapitre troisième, quand il dit : « Le nerf étant du tout coupé, il n'y a plus aucun danger, mais la partie en sera mutilée. Et la curation sera des autres vicères, supplées, semblables. » Or il est certain que les autres ulcères sont cousus, afin qu'on entretienne les parties rapprochées. Cela même a-t-il signifié, quand au 3ᵉ du Techni, il ne fait aucune différence de la curation des playes et nerfs, d'avec les autres, sinon de la piqueure seulement. Ne au 6ᵉ de la Thérapeutique, sinon d'icelle, et des playes du nerf descouvert, et de l'accident de celuy seulement qui est taillé du tout, et non du tout, et de leur attrition..... Ne ce qu'ils objectent que les nerfs ne se consolident pas; car s'ils ne se consolident selon la 1ʳᵉ intention, au moins ils se consolident selon la 2ᵉ, comme dessus a esté dit. Et si on réplique que cela ne sert de rien; car aussi bien, depuis que le nerf est coupé (vu qu'il n'est consolidé que selon la deuxième intention qui est faite par substance estrangère), il perd la continuité de ses pores, de telle sorte que les esprits n'y sont portés; et aussi est perdu le mouvement de la partie. Je dis qu'il profite à deux choses : 1° aux enfants auxquels ils sont consolidés presque vrayment, et si se perd une partie de l'action, elle ne se perd toute. Et aux jeunes aussi, quand les parties sont plus approchées, il entrevient moins de substance estrangère, et par ainsi quelque esprit y peu reluire, et, outre ce, le membre en est plus décoré. J'ay vu et ouy dire que en plusieurs, les nerfs et tendons coupés, ont esté si bien restaurés par la cousture et autres remèdes, que depuis on ne pouvait croire, qu'ils eussent été coupés. »

On peut résumer l'opinion de Guy de Chauliac en disant qu'il a vu et entendu dire dans plusieurs circonstances que les nerfs et les tendons coupés ont été si bien suturés qu'il est devenu impossible plus tard de s'apercevoir de ces ruptures.

Laurent Joubert (1) ajoutait les réflexions suivantes :

« On oyt beaucoup de chirurgiens qui rapportent qu'ils ont souvent cousu des tendons ; mais de ceux qui aient expérimenté de même aux nerfs, quasi point, parce que les bouts de ceux-ci étant coupés, coutumièrement se retirent soudain haut et bas et se cachent sous les parties qui leur sont dessus. Mais que les tendons se soient repris par une couture, il a été vu plus d'une fois et que plusieurs d'iceux n'ont pas été privés de leur action. Car jaçoit qu'il y entrevienne une callosité, laquelle aux nerfs puisse empêcher le passage de l'esprit animal, cela n'offense rien ou bien peu le ministère des tendons. Car il suffit pour le mouvement volontaire que le muscle se resserre en soi ; et a cela suit la rétraction du tendon, et par conséquent de la partie à laquelle il est attaché. Aussi il n'est pas nécessaire que l'esprit animal soit porté par le tendon jusques à la partie qui doit être remuée. Car aux grands oiseaux comme coqs et chapons, l'esprit ne pénètre pas les tendons qui meuvent les orteils étant entièrement ossus, leurs doigts néanmoins sont unis, quand les muscles retirent ces tendons-là, comme verges de bois attachés au corps qu'ils font mouvoir. »

Ambroise Paré (2) parle de la suture des tendons, et donne une observation que nous citons plus loin. Il blâme, il est vrai, la hardiesse des chirurgiens qui recommandent trop cette opération.

Valentin (de Giessen) dit quelques mots de la suture des tendons en 1648. Il en fait un éloge très-pompeux, et ce chirurgien doit bien certainement avoir vu pratiquer un grand nombre de fois l'opération.

Meckren, dit avoir coupé peu à peu des tendons, pour voir s'ils étaient sensibles, comme celui de la rotule qu'il avait emporté lentement, et avec différents instruments, sans que la malade se plaignît. « La suture bien faite, dit-il, n'ôte ni le mouvement du membre ni le sentiment. Plus on approche exactement les parties

_____

(1) Laurent Joubert, *Annotations sur la chirurgie de Guy de Chauliac.* 1659.

(2) A. Paré, *Œuvres complètes.* Édition Malgaigne. Paris, 1841, t. III, p. 42, *Des monstres et prodiges,* ch. XVIII.

du tendon divisé, moins il y croîtra une autre substance et les esprits y passeront avec plus de facilité. »

M. A. Sévérinus (1) adopte ces opinions. « Ce n'est pas un mal
de laisser la partie trop lâche, dit-il, parce que l'espace qu'on
laisse dans une plaie empêche la communication des esprits et
détruit le mouvement. » Il encourage la suture.

Avicen admet aussi la suture des tendons. Si un nerf, dit-il, se
rompt en largeur, il faut alors avoir recours aux sutures, quand
même il ne se réunirait point.

Chalmet (2) dit « que, quand un nerf est entièrement coupé en travers, ayant donné les remèdes généraux, il faut le réunir avec les chairs
au moyen de sutures si cela se peut. Quoique plusieurs se récrient
contre, il faut introduire une tente dans l'endroit le plus déclive. »

Bœvaart (3), au rapport de Moinichen, a assuré avec serment qu'il
avait vu chez un habile chirurgien, nommé Mainard, les tendons des
doigts qui avaient été coupés avec un couteau réunis par le moyen
d'une aiguille courbe avec un fil, les doigts faisant leur mouvement
ordinaire.

M. Nuck coupa le fléchisseur externe du carpe de la patte de
devant d'un chien, il le réunit par une suture, et le chien fut guéri,
se servant de sa patte comme auparavant.

Veslingius (4), professeur à Padoue, rapporte quelques exemples
de tendons coupés qu'on a recousus. Il dit avoir autrefois détesté
cette hardiesse, mais que le succès et le dommage imperceptible
de cette méthode avaient dissipé la vanité de sa crainte.

Marchettis (5), professeur à Padoue, donnait en 1664 les pré-
ceptes suivants :

(1) M. A. Severin, *De la chirurgie efficace*, 1682.
(2) Chalmet, *Enchirid. Chir.*, lib. II, chap. II, p. 207.
(3) Bœvaart, *Obs. med. ch.*, n° 24. Hafniæ, 1665.
(4) Veslingius, *Observationes anatomicæ et posthumæ. Epistola* 73... Hafniæ, 1664,
in 8°, obs. 15, p. 90.
(5) Marchettis, *Recueil d'observations rares de médecine et de chirurgie.* 1664. Trad.
Warmont, 1858.

« On ne doit pas pratiquer la suture, dit-il, sur les nerfs et les tendons comme le recommande à tort M. A. Severinus (1). D'abord parce que cela est en désaccord avec la méthode de Galien qu'il n'a pas comprise. En effet, dans le passage que cite M. A. Severinus, non-seulement il a écrit qu'on ne devait pas réunir par la suture les nerfs quoiqu'ils soient plus nobles que les tendons à cause des esprits qui les parcourent, mais il ajoute de plus qu'il n'a jamais osé y faire de suture. Quant à moi, j'ai vu des sutures de tendons et de nerfs faites imprudemment par des barbiers, être suivies de convulsions et de la mort des malades. On ne doit donc pas accepter, mais bien plutôt condamner, cette doctrine de M. A. Severinus comme étant opposée à l'autorité de Galien et aux résultats de l'expérience. C'est en vain qu'il s'efforce de prendre pour garant de son opinion Paré (2) quand il parle d'un gentilhomme qui, ayant eu les nerfs de la main coupés, recouvra le mouvement par le moyen d'un doigtier ; car il n'y a rien de tel, et ce n'est pas là le sens des paroles de ce chirurgien qui s'exprime ainsi :

« Lorsqu'un nerf ou un tendon sont entièrement coupés, leur action qu'ils faisaient se perd, et partant la partie demeure manque à fléchir ou à estendre, et quelquefois peut être aidée par l'artifice du chirurgien.

« Ce que j'ai fait à un gentilhomme étant à Monseigneur le Connétable, lequel reçut un coup de coutelas le jour de la bataille de Dreux, près la jointure de la main dextre, partie externe, de sorte que les tendons qui élèvent le pouce furent du tout coupés ; dont ledit pouce, après la consolidation de la plaie, demeura fléchi au dedans de la main, sans se pouvoir lever, si ce n'était par le bénéfice de l'autre main ; mais subisse retournait à réfléchir comme auparavant, qui était cause que le gentilhomme ne pouvait prendre ni tenir épée, dague, lance, pique, ni autres armes. Or, voyant sa main être quasi inutile et privée des armes, me pria lui couper

(1) A. Séverin, *De la chirurgie efficace,* 1682, liv. II, chap. cxxiii.
(2) Paré, *Grande chirurgie,* liv. XXII, ch. x.

le pouce, ce que ne voulus lui accorder; mais je lui fis faire un instrument de fer-blanc, dans lequel mettait son pouce. Le dit instrument était attaché par 2 lanières à deux petits annelets sur la jointure de la main, si dextrement que le pouce demeurait élevé, et par ainsi le gentilhomme pouvait tenir épée, pique, lance et autres armes (1). »

Il y a donc lieu de s'étonner qu'un homme, d'un grand renom du reste, ait avancé un précepte semblable. Je vous avertis donc de ne jamais faire de suture sur les nerfs ou sur les tendons. Galien dit qu'on doit amener au contact les lèvres d'une plaie, et pratiquer la suture; mais il ne dit pas un mot de la suture des nerfs ou des tendons. J'ai vu dernièrement un exemple remarquable et déplorable à la fois de cette mauvaise coutume de coudre les nerfs. »

Moinichen, en 1665, rapporte les observations de Mainard.

En 1677, Job. Baster pratiqua sur un jeune paysan la suture du tendon du long supinateur qui avait été coupé avec une hache. Au bout de quatorze jours, la guérison était complète. Dans deux cas de division de tendons de la main, il obtint un pareil résultat en trois semaines. Dans deux cas, il resta une petite tumeur à l'endroit de la suture. Le même médecin ajoute qu'à Paris il avait vu une fois cette suture pratiquée avec succès.

Wurtzius (2) disait, en 1689 : « S'il arrive que le gros tendon, qui descend avec les nerfs fléchisseurs du carpe, et qui s'insère à l'origine du pouce, soit coupé, il le faudra recoudre, mais non par l'orifice de la plaie, car autrement le pouce perdrait le mouvement.... »

« Pareillement, si au dedans du coude le tendon fléchisseur de la main est coupé, ou bien en dehors l'extenseur, il les faudra recoudre avec un point ou deux, prenant bien garde de ne pas

(1) Amb. Paré, éd. Malgaigne, t. II, p. 613.
(2) Wurtzius, *Chirurgie pratique*, trad. Sauvin. Paris, 1689.

coudre un nerf ou tendon pour l'autre, et de ne pas piquer ceux qui ne sont pas coupés. »

Voici encore l'opinion de Verduc (1) : « Il y a longtemps que l'on avait commencé à coudre les tendons, puisque Galien en défend l'usage, à cause, dit-il, qu'ils ne peuvent se consolider et qu'il en arrive des convulsions fâcheuses. Guy de Chauliac, qui vivait il y a plus de trois cents ans, et plusieurs autres avant lui l'ont pratiquée heureusement ; mais depuis elle a été condamnée par tous les chirurgiens, et l'on peut dire qu'il n'y a eu que M. Bienaise, qui de nos jours l'ait remise en usage, après l'avoir faite plusieurs fois sur des chiens sans qu'il leur arrivât aucun accident. C'est aussi ce qui l'a porté à la faire sur des hommes qui en ont été parfaitement guéris.

« Il y a deux occasions qui nous obligent de faire la suture du tendon : la première quand la plaie est récente, et la deuxième quand elle est cicatrisée. Si la plaie est guérie, le chirurgien la rouvrira adroitement pour découvrir le tendon coupé ; les deux bouts étant trouvés, on coupera les corps calleux le moins qu'on pourra afin qu'ils puissent se réunir. On fait plier la partie pour les faire approcher l'un sur l'autre. On ne fait guère la suture qu'aux extenseurs des doigts des mains. On tâche de les coudre avec leurs téguments naturels, sous et à la faveur desquels ils sont mieux préservés des atteintes extérieures et se réunissent plus facilement. Il ne faut point faire de difficulté de coudre les tendons extenseurs sur les doigts , dans la crainte qu'on pourrait avoir que le fil ne les coupât bientôt à cause de leur délicatesse, puisqu'on sait que cette suture réussit fort bien sur les doigts mêmes, quand on a soin de les tenir dans une situation qui favorise la réunion. On fait passer les deux bouts du tendon l'un sur l'autre, parce que sans cette précaution les bouts s'éloigneraient bientôt à cause se du mouvement du muscle. Leur réunion ne se fait donc pas

____

(1) Verduc, *Pathologie chirurg.* 1693.

comme aux autres plaies en se collant par les bouts, puisque les deux bouts du tendon divisé doivent toujours rester appliqués l'un sur l'autre de la largeur d'environ deux lignes; mais cette réunion se fait par le suc nourricier qui s'écoule des deux bouts, et qui se répand tout à l'entour sur la superficie du tendon en formant un ganglion. Ainsi le tendon a beaucoup de volume, il doit arriver que le nœud bridera la peau à l'endroit de la cicatrice, de sorte que le blessé ne pourra jouir de longtemps avec liberté du mouvement de ses doigts. C'est pourquoi d'abord que la plaie sera bien cicatrisée, il est utile de faire des frictions, etc. »

En 1789, Wander Wiel (1) disait :

« Il se trouve des personnes qui ne veulent point approuver les sutures des tendons, et qui soutiennent qu'on ne saurait les faire : 1° parce que, dans cette opération, l'aiguille produit toujours une nouvelle piqûre; 2° parce qu'il faut ôter nécessairement d'une plaie tout ce qui en est sorti au dehors, ce qu'il faut observer surtout dans les plaies des tendons et des nerfs, comme étant plus dangereuses que les plaies des parties charnues, de sorte qu'un filet de tendon laissé est la cause des symptômes les plus fâcheux; 3° parce que la suture cause non-seulement de la douleur, mais encore d'autres accidents qu'il faut éviter; 4° parce que la partie lésée n'a plus ni sentiment ni mouvement; 5° parce qu'ils disent enfin que les tendons sont des parties spermatiques qui ne sauraient se réunir.

«Mais je soutiens : 1° que, comme l'aiguille passe directement à travers le tendon, et que la plaie est assez ouverte pour le passage du pus et pour l'application des médicaments, il n'y a point grand danger à craindre du côté de la piqûre.

« Elle n'est point à craindre, surtout si l'on y applique sur-le-champ des remèdes.

(1) Cornelii. Stalpart Vander Wiel, *Obs. de médecine, Traduction par Planque.* Paris, 1789, in-8°, t. II, p. 435 et suivantes.

« La douleur que fait la piqûre de l'aiguille, dit Andreas à Cruce (1), n'a rien de dangereux dans les sutures qu'on est obligé de faire aux nerfs. Car l'aiguille ne reste pas, on adoucit la douleur avec de l'huile rosat ; on joint par les sutures la tête des nerfs avec l'extrémité charnue du muscle ; cette opération est appuyée sur la pratique et autorisée par la raison et confirmée par Galien. Car de même que le péritoine, qui est une membrane nerveuse, s'unit par la suture aux substances musculeuses de l'abdomen, de même les autres parties nerveuses qui sont parmi les substances charnues, peuvent parfaitement se consolider.

« Le fil s'en séparera peu à peu par les humeurs en matière de pourriture qui doit précéder la guérison, à travers les petites fibres tendineuses. On peut encore lier ce fil sur un plumasseau et le serrer, puis le couper après la guérison.

« La douleur que font les sutures n'est pas si grande qu'on se l'imagine, car le tendon n'est pas si sensible. La gaîne où le tendon est en liberté, l'est un peu plus, mais bien moins que le nerf. Leurs extrémités que la gaîne abandonne, se terminent entre les muscles des mains et des doigts, c'est pourquoi leurs symptômes se manifestent plus tard dans les plaies de la gaîne que dans ceux du nerf. »

En 1698, La Vauguyon (2) décrit longuement dans son *Traité de chirurgie* la suture des tendons. Il regarde cette opération comme innocente, et il va jusqu'à conseiller de rouvrir une plaie déjà fermée pour pratiquer la suture. Le seul inconvénient qu'il reconnaisse à la suture est la nodosité qui reste à l'endroit où le tendon divisé a été réuni. Voici du reste les paroles de ce chirurgien :

« La cause de la suture du tendon est sa division. Les signes qui nous indiquent qu'il faut faire la suture du tendon sont manifestes, puisqu'on voit qu'il est coupé, et que la partie a perdu son mouvement.

(1) Andreas à Cruce, *De vuln. tract.*, liv. II, chap. viii, p. 92.
(2) La Vauguyon, *Traité complet des opérations de chirurgie.* 1698.

«Lorsque le tendon est entièrement coupé, il ne souffre ni tension, ni enflure ni fluxion ; il se retire en partie dans les chairs et augmente de volume. Si le tendon n'est coupé qu'en partie, il faut promptement achever de le couper, sans quoi il ne manquera pas d'arriver des convulsions, des douleurs aiguës, et quelquefois la gangrène, parce que les fibres qui restent n'étant pas fortifiés par celles qui sont coupées, elles doivent se rompre et se déchirer par la contraction du muscle, ou du moins souffrir de violentes tensions...

«Si les tendons étaient si retirés dans les chairs, qu'on ne les pût retirer avec des pincettes, il faudrait les ramollir avec des huiles... Si l'on avait négligé de réunir le tendon au temps que la plaie était récente, et qu'elle se fût cicatrisée, il faudrait la rouvrir pour découvrir le tendon, le moins qu'il serait possible, parce que les chairs le garantissent de toutes les opérations qui lui peuvent arriver. Pour faire l'opération, il faut couper le moins que l'on pourra de l'extrémité des tendons, s'ils étaient devenus calleux pour avoir négligé trop longtemps d'en faire la réunion. Le chirurgien fera plier la partie pour faciliter l'approche des deux bouts du tendon, qu'on fera avancer l'un sur l'autre d'environ deux lignes ; car ce ne serait pas assez qu'ils se touchassent, parce que les bouts s'éloigneraient bientôt à cause de la contraction du muscle, leur réunion ne se faisant pas comme celle des autres plaies qui se cousent par leurs bords ; mais les bouts du tendon s'appliquant l'un sur l'autre, ils se réunissent par le suc nourricier du tendon qui s'écoule par les deux bouts et qui, se répandant tout autour sur la superficie, y forment un ganglion. Le chirurgien prendra une aiguille droite déliée et plate, enfilée d'un fil double et ciré, et noué par le bout, dans lequel il passera une petite compresse ; ensuite on perce assez avant de dehors en dedans dans les tendons que l'on a fait passer l'un par dessus l'autre ; on passe ensuite de dedans en dehors ; après cela, on ôte l'aiguille, et on fait un nœud simple sur la petite compresse, puis un nœud coulant.

«L'opération étant faite, il faut tenir la partie pliée et sujette avec quelques bandes et quelques cartons, de peur que les bouts des tendons ne s'éloignent l'un de l'autre, ce qui rendrait la réunion impossible.

« Il ne faut pas croire que la réunion du tendon soit une opération chimérique et vaine. Veslingius dans ses épîtres, Bartholin dans ses observations, et Ettmuller dans sa chirurgie nous affirment que cette opération a été faite à Paris, à un homme qui avait tous les tendons de la main coupés vers le poignet.

« Cette opération a cela de particulier que, quand le temps veut changer, le malade ressent à l'endroit des tendons recousus une douleur semblable à celle de la goutte. »

A peu près à la même époque, Bartholin dans ses observations et Ettmuller dans sa chirurgie assurent avoir vu réussir l'opération.

Purmann (1) rapporte douze observations intéressantes.

Wepfer (2) rapporte des expériences tentées sur des chiens et dans lesquelles on pratiqua la suture. Les animaux guérirent très-bien.

Delaisse (3) a guéri par la suture un malade qui présentait une division complète des extenseurs du pouce.

Garengeot (4), regardant avec ses contemporains la suture du tendon comme une chose grave, recommande cependant la ténorrhaphie.

« On a vu plusieurs praticiens, dit-il, guérir par la suture les plaies du tendon d'Achille, et M. Coste, chirurgien juré et ancien prévôt de la compagnie, m'a assuré l'avoir faite plusieurs fois, et elle lui a toujours réussi quand le tendon est à demi coupé. Il faut saigner ; si les accidents ne diminuent pas, il faut couper le tendon, plus tard en faire la suture. Si le tendon est entièrement coupé, on prétend que le souverain remède est de faire la suture. Cette règle

(1) Purmann, *Chirurgia curiosa.* 1690.
(2) Wepfer, *Historia cicutæ aquaticæ.* Leyde, 1733, in-8, p. 119.
(3) Delaisse, *Recueil d'observations de chirurgie.* Paris, 1753, in-12, observ. 32, p. 148.
(4) Garengeot, *Traité d'opérations.* 1731.

a néanmoins des exceptions, car il y a des cas où cette opération est absolument impossible, d'autres où elle est possible, mais dangereuse ; enfin il y a des occasions où elle est tout à fait inutile. Lorsqu'en conséquence d'une perte de substance, on ne peut pas rapprocher les bouts du tendon l'un contre l'autre, l'opération est impossible, quoique les extrémités du tendon coupé puissent s'approcher l'une de l'autre ; il faut cependant observer que, si elles sont contuses, la suture y causerait des accidents si fâcheux qu'on serait obligé de le couper, et l'on voit par là que l'opération serait dangereuse. On doit au contraire dans une conjecture semblable y exciter une douce suppuration, comme je vais le dire, et, lorsque l'inflammation et la contusion seront dissipées, on peut tenter la suture.

« Si les tendons extenseurs des doigts viennent à être coupés transversalement, la suture est dans ce cas fort inutile, de même qu'aux fléchisseurs des doigts et aux extenseurs des orteils.

« Comme la piqûre du tendon est une plaie très-petite, et qu'elle cause des douleurs terribles et des accidents très-fâcheux, si les adoucissants ne produisent aucun soulagement, il faut couper le tendon, exciter une douce suppuration et, quand tout est calme, faire la suture.

« Si les tendons enfin sont contus, il faut les découvrir et y exciter une douce suppuration ; si les accidents augmentent, il faut couper le tendon et faire la suture. »

Dionis (1) décrit les différents procédés pratiques.

En 1758, Landweerde fait des expériences sur des animaux.

Heister (2) s'exprimait ainsi en 1770 :

« Les chirurgiens modernes pratiquent quelquefois la suture aux tendons de la main, lorsqu'ils ont été divisés ; c'est, disent-ils, le seul moyen d'obtenir la réunion et de conserver la mobilité des doigts ; cette suture n'est cependant praticable que sur des tendons

---

(1) Dionis, *Cours d'opérations*. 1736.

(2) Heister, *Institutions de chirurgie*, t. IV. Avignon, 1770.

situés peu profondément et à fleur de peau, tels sont principalement, sur le dos de la main, les tendons des muscles extenseurs du
pouce et des autres doigts, tant sur le doigt même que sur le poignet ; les tendons fléchisseurs des doigts sur ces derniers ; et enfin
les tendons fléchisseurs de la main, tout près du carpe et à l'extrémité inférieure ; le tendon des muscles extenseurs de la jambe, un
peu au-dessous du genou ; ceux qui forment les deux côtés du jarret ; le tendon d'Achille au talon et autres semblables ; mais les
tendons qui occupent la paume de la main sont si difficiles à coudre
à cause de leur profondeur, qu'il n'existe encore que je sache aucun exemple de suture faite à ces tendons.

« Quant à moi, voici ce que je pense en peu de mots de la suture
des tendons : je crois qu'on a eu tort de la regarder comme fa-
buleuse, et qu'elle peut et a effectivement été pratiquée sans inconvénient ; mais qu'elle est cependant inutile toutes les fois qu'à
l'aide de la situation de la partie et du bandage, on peut maintenir les extrémités du tendon dans le contact, ce qui arrive très-
souvent ; et qu'enfin cette suture n'est indispensable qu'autant que
la situation et le bandage ne peuvent remplir cette indication.

« Il y a, dans la jambe et dans le pied ainsi que dans la main,
quelques tendons auxquels on peut faire la suture lorsqu'ils ont
été coupés, ce sont principalement le tendon d'Achille et les extenseurs du tibia un peu au-dessus et au-dessous de la rotule et du
genou. Du reste les cas rapportés par Borelli et Garengeot, et les
exemples qu'en fournissent les autres tendons me persuadent qu'on
pourrait également obtenir la réunion de celui du tendon d'Achille,
si on faisait par la situation que les deux extrémités ne cessassent
jamais de se toucher. »

J.-L. Petit (1), parlant de la blessure des tendons, dit :

« Plusieurs ont guéri de cette blessure par la suture ; j'en ai
guéri plusieurs par le simple rapprochement. En étendant le pied,

____

(1) J.-L. Petit, *Traité des maladies des os.*

on approche les deux bouts du tendon coupé, et on les maintient dans cet état par un bandage convenable.

« Ceux qui ont fait cette opération peuvent assurer que l'approchement des deux bouts coupés se fait si exactement que la suture en est aisée et moins dangereuse par le bandage seul que par la suture. »

Sabatier (1), de son côté, disait :

« On ne peut faire des reproches à l'auteur d'avoir employé la suture pour réunir les deux bouts du tendon d'Achille divisé, parce que l'usage en était établi de son temps, mais cette opération est si peu nécessaire qu'elle a été totalement proscrite de la chirurgie.

« Il est certain qu'en faisant fléchir la jambe au malade.et en lui faisant étendre le pied, les deux extrémités du tendon d'Achille coupé s'approchent l'une de l'autre, et qu'il ne faut, pour les maintenir dans cette situation, qu'empêcher le malade de changer d'attitude. D'ailleurs la suture est douloureuse, elle attire du spasme et de l'inflammation sur la partie malade ; elle donne quelquefois lieu à des abcès dont les suites sont fort à craindre, et coupe à la longue les parties sur lesquelles les fils s'appuient. »

Dans une autre observation de rupture du tendon d'Achille, Delamotte, ayant dit que, si la rupture eût été complète, il eût fait la suture, Sabatier ajoute :

« L'auteur est impardonnable puisqu'il connaissait le *Traité des maladies des os* de Petit. Il faut être bien asservi à la routine pour savoir que l'on réunit aisément les tendons, et notamment celui dont il s'agit au moyen de la situation et du bandage approprié, et se proposer de le découvrir par une incision pour y pratiquer la suture. La réussite heureuse qu'il eut à cette occasion n'aurait-elle pas dû lui dessiller les yeux et lui montrer la méthode à laquelle il devait s'attacher préférablement? »

Au commencement de notre siècle, Marc-Antoine Petit (2), de

(1) Sabatier, *Réflexions* dans les Annotations de l'ouvrage de Delamotte.
(2) M. A. Petit, *Médecine du cœur*. Lyon. 1806, p. 319.

Lyon, pratiqua deux fois la suture des tendons et obtint deux succès complets.

Il pratiqua sa première opération dans le cas de blessure récente ; la seconde, dans le cas de blessure ancienne et complétement fermée depuis longtemps.

« Lorsque les plaies ont intéressé le tendon d'Achille, dit-il, je n'ai point suivi la méthode de Petit ; elle est bonne, mais, après la guérison, le pied reste longtemps encore dans une extension forcée ; sa plante ne peut reposer sur le sol, et tout effort peut amener une nouvelle rupture. Guidé par un grand nombre d'expériences que j'ai faites sur des chiens, je me suis convaincu que le rapprochement des deux bouts du tendon coupé n'était point nécessaire ; que la nature, comme dans les plaies des os, remplissait l'espace intermédiaire par une substance parfaitement semblable à celle du tendon, et qu'après peu de temps la contraction des muscles et les mouvements du membre s'exécutaient avec autant de facilité. En conséquence je n'ai jamais cherché à réunir les bouts du tendon d'Achille coupé ; mais, plaçant le pied dans un état moyen entre l'extension et la flexion, de manière que, le malade étant debout, sa plante repose sur le sol, j'ai attendu la clôture de la plaie, et en moins de trente jours les malades ont toujours marché avec facilité.

« La section complète d'un tendon de la main condamne toujours à l'immobilité le doigt qui y correspond, et la chirurgie qui depuis longtemps en avait proscrit la suture était sans moyen de guérison. J'ai osé l'entreprendre.

« Nicolas Baupré, soldat de la 34ᵉ demi-brigade, eut le tendon du doigt indicateur de la main droite coupé par un coup de sabre. Vingt-quatre heures après l'accident, il me fut amené. Je traversai chaque bout du tendon avec une aiguille, les maintins rapprochés par un fil, un bandage et une situation convenable ; au dix-huitième jour, la guérison était complète et les mouvements s'exécutaient.

« M. de Pisançon était perclus du même doigt, à la suite d'une ancienne blessure ; il apprit la manière heureuse dont Beaupré avait été guéri, et vint me demander la même opération. Je m'y refusai, les circonstances n'était pas les mêmes, il insista, fortifia mes doutes, me donna son courage ; je me rendis. Le dos de la main fut fendu, j'y cherchai les deux bouts du tendon séparés par un intervalle de près de deux pouces. Ils étaient arrondis et tuberculeux ; je les coupai pour en faire une plaie sanglante. L'aiguille, le fil, la situation, le bandage furent employés comme dans Baupré, et la guérison radicale au vingt-cinquième jour fut une occasion de triomphe pour M. de Pisançon, pour l'art et pour son disciple. »

Dutertre (1) a consacré un chapitre à la suture des tendons.

En 1834, le docteur Acher publie une thèse fort remarquable, qui contient du reste la plupart des faits observés par Gensoul (de Lyon).

En 1836, Syme suture le tendon d'Achille dans un cas où les moyens ordinaires avaient été complétement insuffisants pour amener la réunion des parties diverses.

C'est à cette époque que parut le remarquable mémoire de Mondière.

Robert fit aussi à cette époque la suture des tendons de l'index et du médius de la main droite.

En 1845, Bertherand publie deux observations.

Puis viennent les observations de Blandin et de L.-J. Sanson (2), qui disait dans un article remarquable :

« C'est principalement dans les cas où un muscle ou son tendon sont coupés en travers, que la position est d'un secours efficace : cette position doit être telle que les deux points d'attache du muscle divisé soient rapprochés autant que possible.

(1) Dutertre, *Médecine opératoire*, 1816.

(2) Sanson, *Dictionnaire de médecine et de chirurgie pratiques.* Paris, 1835, t. XIII, p. 233. Art. PLAIE.

Le bandage unissant est aussi d'un grand secours dans ces cas ; mais on ne doit pas perdre de vue qu'il agit principalement sur la peau ; que sans la position il serait tout à fait inefficace, et qu'il est utile plutôt parce qu'il maintient les parties dans la position requise, que parce qu'il les rapproche effectivement. Ces deux moyens doivent être employés pendant longtemps encore après que la cicatrisation des plaies est opérée, parce qu'il ne suffit pas que les parties séparées par l'accident soient réunies, mais encore que le moyen d'union ait acquis assez de solidité pour supporter, sans allongement et sans rupture, les efforts des contractions du muscle. C'est surtout quand la plaie affecte les tendons que cette précaution est indispensable. Les anciens pratiquaient la suture des tendons récemment divisés ou dont les bouts s'étaient cicatrisés isolément..... La plus forte objection que l'on ait faite à la suture des tendons est que cette opération ne peut que corriger la difformité, qui résulte quelquefois de la maladie, mais qu'elle ne peut jamais rendre aux parties les mouvements perdus, parce que le tendon blessé se soude de toutes parts au tissu cellulaire et aux téguments, qui le fixent invariablement dans le lieu qu'il occupe ; c'est une erreur. Nous avons eu occasion de voir un ancien militaire auquel cette opération avait été pratiquée pour réunir les deux bouts de l'un des tendons fléchisseurs de la main, divisés par un coup de sabre, et nous nous sommes assuré que cet homme avait conservé toute la liberté de ses mouvements. Le tendon recousu, et présentant une nodosité fort apparente à l'endroit où la réunion avait eu lieu, avait en effet contracté des adhérences avec la peau ; mais celle-ci était entraînée par lui et s'enfonçait en formant une cavité digitale, chaque fois que le muscle se contractait. Cette observation nous semble prouver que la suture appliquée aux divisions des tendons a été frappée d'une proscription trop générale, et que, dans certains cas, on pourrait la tenter avec avantage. Il est bien entendu toutefois que jamais elle ne peut tenir lieu seule de la position et des bandages, et que ces moyens devraient être toujours employés concurremment avec elle. »

Plus tard, Sédillot, Chassaignac, conseillèrent et pratiquèrent avec succès des ténorrhaphies.

Follin (1) donne des développements importants sur cette question.

Jobert a étudié, on le sait, et nous l'avons signalé déjà, comment se faisait la réparation dans les plaies tendineuses. Il s'étend assez longuement sur la suture des tendons.

Généralement aujourd'hui cette opération est conseillée, et il ne se passe pas de mois sans que des observations soient publiées. Loin de regarder avec Heister, Pibrac, cette opération comme très-dangereuse, nous croyons qu'elle est appelée à rendre dans certains cas d'immenses services.

Les succès que nous avons obtenus, ceux plus récents encore obtenus par un certain nombre de chirurgiens dont nous allons avoir à citer les observations, doivent engager à pratiquer la ténorrhaphie dans un assez grand nombre de cas de sections tendineuses.

ARTICLE V

OBSERVATIONS DE SUTURE DES TENDONS.

Je diviserai les faits de guérison par la suture du tendon en deux grandes classes :

1° ceux dans lesquels la suture a été faite quelques heures après l'accident ;

Et 2° ceux dans lesquels la réunion n'a été obtenue que plusieurs jours après, avec une opération préalable.

(1) Follin, *Traité de pathologie externe.*

Voici l'observation que l'on trouve dans Ambroise Paré (1) :

OBSERVATION I. — Estienne Tessier, maîstre barbier chirurgien, demeurant à Orléans, homme de bien, et expérimenté en son art, m'a raconté que depuis peu de temps avait pansé et médicamenté Charles Verignel, sergent demeurant à Orléans, d'une plaie qu'il avait reçue au jarret, partie dextre, avec une incision totale de deux tendons qui fléchissent le jarret, et pour l'habiller lui fit fléchir la jambe, en sorte qu'il cousit les deux tendons bout à bout l'un de l'autre, et la situa et traita si bien que la plaie se consolida sans être demeuré boîteux.

Heister (2) rapporte aussi l'observation suivante de Cowper :

OBSERVATION II. — Le malade, de 30 ans, avait le tendon d'Achille entièrement coupé, environ trois travers de doigts au-dessus du calcanéum, et le bout superieur de ce tendon, en se retirant en haut, s'était éloigné au moins de deux pouces de l'inférieur. Cowper commença par inciser les téguments qui recouvraient les deux bouts du tendon, afin de pouvoir saisir ces derniers et les réunir par la suture. Cela fait, il perça de dehors en dedans, avec la première aiguille armée d'un fil, l'extrémité supérieure du tendon, à un demi-pouce de distance de la division ; il traversa encore après cela avec une autre aiguille enfilée du même fil, et de la même façon, le bout supérieur du tendon, fit étendre le pied malade, rapprocha les deux extrémités du tendon, qu'il maintient dans le contact par l'extension du pied et coupa enfin les quatre bouts du fil... Il immobilisa le membre. Le lendemain, le malade se trouva bien, il avait dormi tranquillement, et ne se plaignait d'autre chose que d'avoir senti quelques douleurs lancinantes dans le gras de la jambe, lorsqu'il lui arrivait de s'éveiller. Le troisième jour, il pansa la plaie comme le quatrième, la place se trouva mouillée par la synovie ; le sixième le pus était un peu plus épais ; le huitième, il l'était encore

(1) A. Paré, *Œuvres complètes*. Édition Malgaigne, 1841, t. III, p. 42.
(2) Heister, *Institutions de chirurgie*. M.DCC.LXX, t. III, p. 558.

davantage, et la synovie avait complétement disparu. Pendant ce temps-là les deux extrémités du tendon ne s'étaient nullement éloignées l'une de l'autre, et l'on voyait dans l'endroit de leur union une substance blanche sur laquelle Cowper applique du baume de térebenthine. Peu de temps après cette substance blanche disparut et fit place à une autre substance charnue et fongueuse ; on ne pansa plus alors la plaie qu'à sec. Le dixième jour un des fils s'étant trouvé lâche, on le coupa et on le retira, et deux jours après on en fit autant du second, qui ne tenait plus aussi que lâchement, mais on eut toujours soin de tenir le pied bien en état, au moyen de l'appareil. On était souvent obligé, pour détruire ou pour réprimer la chair fongueuse surabondante, de la toucher avec des cathérétiques ; au bout de 30 jours, le malade commença à marcher, mais en boitant un peu ; petit à petit, il marcha avec plus d'aisance, et sans incommodité, et, vers la fin du second mois, il recouvra entièrement l'usage de son pied.

Nous trouvons dans la thèse de Delaurière (1) l'observation suivante de Mausquet de la Motte (2) :

Observation III. — Un taillandier avait mis une coignée fort tranchante au derrière du bât de son cheval, le tranchant en dehors, de manière que, quand il vint à tirer son pied de l'étrier et à le passer par-dessus le bât pour descendre, il s'attrapa à la coignée et se coupa le tendon d'Achille. M. Doucet, chez qui cet accident arriva, fut fort embarrassé, mais je lui répondis ce que me dit un jour M. Bienaise, qu'à de grandes maladies il faut de grands remèdes ; que ce même praticien avait souvent pratiqué dans ce cas la suture tendineuse, laquelle lui avait réussi, qu'il fallait l'employer pour savoir ce qu'il en adviendrait. Nous prîmes donc notre parti sur-le-champ, et comme je n'avais pas d'aiguilles propres à cet effet sur moi, je pris la plus grosse des aiguilles ordinaires que je pus trouver

(1) Delaurière, *Thèse*, an X.

(2) Mauquest de la Motte, *Traité complet de chirurgie*, annoté par Sabatier, 1771, t. II, page 162.

avec un bon fil ciré. Je passai l'aiguille de part en part des téguments, dans lesquels était compris le tendon, tant en sa partie supérieure qu'inférieure, pour venir faire un nœud à deux tours à côté et en dehors ; après quoi je passai l'aiguille une deuxième fois, pour faire un pareil nœud du côté opposé et en dedans, en faisant toucher les deux extrémités du tendon. J'enveloppai ensuite avec un linge sur lequel j'avais étendu de la térébenthine que je maintins par un bandage contentif et un carton en double, que je lui appliquai et une bande aussi longue que je le crus utile, afin de lui tenir le pied étendu sur la jambe ; à quoi je lui enjoignis d'avoir une scrupuleuse attention pour ne pas remuer le pied. Je le saignai deux fois ; il exécuta soigneusement le conseil que je lui donnai ; l'ayant visité trois fois dans douze jours, n'ayant rien trouvé de dérangé dans la manière que je l'avais accommodé la première fois, je retournai le quinzième jour, et je retirai les fils, étant sûr que la plaie, tant des chairs que du tendon, était réunie. Nous lui fîmes encore garder un grand repos pendant quinze autres jours, avec le pied bandé et ajusté comme la première fois, afin de laisser se bien affermir la cicatrice, et qu'il n'y eût rien à appréhender pour la récidive.

L'observation suivante du docteur Robert (1) mérite d'attirer l'attention.

Observation IV. — Rambouillet, sculpteur, né à Nogent-le-Roi, âgé de 25 ans, reçut le 28 juin dernier, sur la main droite, un coup de sabre, qui donna lieu à une solution de continuité, ayant la forme d'un triangle, dont la base répondait aux deuxième et troisième articulations métacarpo-phalangiennes, et la pointe à la partie moyenne du dos de la main. La peau était divisée dans toute son épaisseur, ainsi que les tendons extenseurs de l'index et du médius, dont les extrémités, comme mâchées, étaient séparées par un espace de près d'un pouce ; les doigts étaient appliqués contre

____

(1) Robert, *Journal des connaissances médico-chirurgicales*. 1839.

la paume de la main, et le poignet légèrement fléchi sur l'avant-bras.

La main portée au dernier degré d'extension possible, les muscles de la partie postérieure de l'avant-bras ramenés en bas par des compresses graduées et fixées au moyen du bandage des plaies en travers, laissait aux parties divisées un espace d'environ 6 lignes.

Je résolus de tenter l'emploi de la suture des tendons. Ayant fait porter la main dans l'extension forcée, je ramenai avec des pinces à disséquer les bouts supérieurs des tendons; je passai à travers leur épaisseur deux fortes ligatures; en ayant fait autant pour les bouts inférieurs, je rapprochai doucement les extrémités divisées, jusqu'à ce qu'elles se superposassent de 2 ou 3 lignes, et je les fixai par un double nœud; j'appliquai, par-dessus, le lambeau de peau, et réunis au moyen de bandelettes agglutinatives. Le plus difficile était d'obtenir l'extension forcée pendant le temps néces-saire à la cicatrisation. Ayant pris une bande longue de 2 aunes, et large de 3 travers de doigt, j'en fixai une extrémité à la partie inférieure du bras, et, la ramenant le long de la partie externe de l'avant-bras, je la fis passer entre le pouce et l'index, l'appliquai sur les phalanges de l'index et du médius, et, la conduisant entre le médius et l'annulaire, je la ramenai à l'extrémité inférieure du bras et je la fixai solidement. Elle figurait la corde d'un arc, dont les extrémités étaient représentées par la partie inférieure du bras et les doigts index et médius, et le milieu par l'avant-bras. J'obtins de cette manière toute l'extension possible, et je pus faire le pansement, sans déranger l'appareil. Ayant recouvert la plaie d'une compresse fenestrée, de charpie et de compresses, je terminai en appliquant dans le creux de la main un large tampon, et je l'assujettis par une bande. Je portai ainsi la main dans l'extension forcée. Les douleurs furent presque intolérables les trois premiers jours, il survint un gonflement inflammatoire considérable de la main et de l'avant-bras; la suppuration s'établit le quatrième jour, elle fut abondante; elle continua de l'être pendant plusieurs jours et le gonflement se dissipa avec elle.

Le douzième jour, les ligatures tombèrent, la suppuration diminua peu à peu, puis se tarit, et le 24 juillet, vingt-sept jours après l'accident, la cicatrisation était parfaite, les mouvements des doigts étaient faciles, la flexion était incomplète, à cause de l'extension forcée, de la superposition des tendons, la peau était adhérente aux tendons et grimaçait dans l'extension.

Je conseillai les fomentations émollientes, puis les douches.

Il a maintenant repris ses travaux; les mouvements de flexion s'exécutent parfaitement, l'extension est encore incomplète à cause de l'adhérence des tendons à la peau.

M. Valentin (1) donne les deux observations suivantes :

OBSERVATION V. — Le 14 décembre 1836, Moat, âgé de 22 ans, jouait avec son jeune frère, lorsque celui-ci, armé d'un verre en cristal, lui porta un coup sur le poignet droit fléchi en ce moment. Le verre se brisa et l'un des fragments fit, au niveau des os du carpe, une large plaie transversale immédiatement suivie de l'abaissement de l'index dans la paume de la main, sans qu'il fût possible au malade de le relever. Le verre avait opéré la section des tendons, extenseurs propre et commun de l'indicateur presque réunis en cet endroit.

Appelé aussitôt, je me hâtai de remédier à la gravité de l'accident. Les bouts inférieurs des tendons divisés restaient dans la plaie : à l'aide d'une aiguille à coudre, je les traversai, celui de l'extenseur propre d'un seul fil, celui de l'extenseur commun de deux fils, préalablement cirés. Les deux bouts supérieurs étaient rétractés fort loin, il fallut employer quelque moyen, surtout la compression de l'avant-bras, pour paralyser la contraction musculaire. Puis avec une pince à disséquer, je parvins à ramener le bout supérieur du tendon, celui de l'extenseur commun. Les deux

(1) Valentin, *Journal des connaissances médico-chirurgicales*, mars, 1839.

fils du bout inférieur furent de suite passés dans son épaisseur et je fis deux nœuds pour affronter les deux surfaces de la division. De nouvelles tentatives pour retrouver l'extrémité supérieure de l'extenseur propre furent infructueuses. Mais le malade, pâlissant et souffrant beaucoup, je m'arrêtai. D'ailleurs j'avais obéi à la principale indication, puisque par la suture de ce tendon les mouvements d'extensiôn de l'indicateur pouvaient déjà être rétablis. Mais reprenant le fil qui traversait le bout inférieur de l'autre tendon, je le passai de nouveau à travers l'extrémité snpérieure de l'extenseur commun, et sur cette extrémité furent ainsi greffés, comme sur un seul tronc, les deux bouts inférieurs des tendons divisés.

La plaie est réunie par première intention, à l'aide de bandelettes agglutinatives, et la main mise sur un appareil dans l'extension forcée sur l'avant-bras.

Le vingtième jour l'appareil est enlevé.

La main, pendant quelque temps gonflée et engourdie, reprit peu à peu les mouvements et son agilité, et, au bout de deux mois, M. Moat, jouissant même encore de la faculté d'élever.l'indicateur seul et séparément des autres doigts, put se livrer comme auparavant à tous les travaux manuels de l'état de chandelier, qu'il exerce dans notre ville.

OBSERVATION VI. — Section des tendons des muscles, premier et second radial; réunion à l'aide de fils.

Louis Lemaître, âgé de 31 ans, d'une constitution robuste, habite Saint-Louvent, à deux lieues de Vitry-le-François.

Le 19 avril 1837, en élaguant un arbre, un faux mouvement dirigea la serpe dont il était armé sur son poignet gauche. Le tranchant de cette serpe, glissant sur les tendons des éxtenseurs de l'index, qu'elle divisa à moitié, coupa nettement ceux du premier et second radial, à 6 lignes de leur attache, aux têtes des 2e et 3e métacarpiens, ainsi que le tendon du grand extenseur du pouce, qui croise leur direction. Les lèvres de la plaie étaient écartées, et laissaient voir les parties divisées. A l'angle externe de cette plaie, l'articulation était légèrement ouverte.

Je recherchai de suite les bouts supérieurs des tendons déjà rétractés fort loin, d'abord ceux des deux radiaux. En peu de temps je parvins à les amener l'un après l'autre au niveau de la division de la peau, en faisant toutefois d'assez grands efforts de traction, pour vaincre la contractilité musculaire. Deux fils cirés furent passés dans l'épaisseur des bords de chaque tendon, et ces quatre fils traversant encore les parties respectives des bouts inférieurs, furent liés séparément et simplement de manière à rapprocher le mieux possible les extrémités divisées.

Le principal but était atteint ; le rétablissement des mouvements extenseurs de la main. Le sujet, quoique robuste, montrait peu de courage, et plusieurs syncopes suivies de tremblements convulsifs m'empêchèrent de continuer la recherche du grand extenseur du pouce. La section incomplète des tendons de l'extenseur de l'index fut négligée.

La plaie réunie par première intention à l'aide de bandelettes agglutinatives, je plaçai le membre dans un appareil qui maintenait la main fortement tendue sur l'avant-bras.

Le quinzième jour, c'est-à-dire le 3 mai, je retire la dernière ligature.

Le 14 mai, l'angle d'extension de la main sur le poignet est diminué de moitié.

Le 21, la main, mise dans le plan horizontal, n'éprouve aucun mouvement de flexion, mais elle semble d'un poids énorme au malade ; l'appareil est remplacé par une simple attelle. Je conseille d'imprimer de légers mouvements au poignet.

Le 28, non-seulement la main reste dans une position horizontale, mais elle exécute légèrement ses mouvements de flexion et d'extension. On la dégarnit de ses attelles et de ses bandes.

Depuis ce temps, des exercices gradués du membre, et les bains dans une eau froide et courante ont amené une grande amélioration.

Le malade se livre aux travaux des champs avec assez de facili-
lité. Le pouce paraît avoir peu perdu à cet accident ; le petit extenseur resté intact et qui, au niveau de l'articulation de la première phalange avec le premier os du métacarpe, se joint au tendon
de son congénère, suffit pour entretenir les mouvements de ce doigt
et ceux de la dernière phalange.

Bertherand (1) a publié les trois observations suivantes :

OBSERVATION VII. — Un individu, âgé de 24 ans, fortement
constitué, travaillant aux champs pendant l'été de 1843, se divisa d'un coup de faucille le tendon extenseur de l'annulaire.

La plaie, située obliquement de dedans en dehors vers le bord
radial de la main gauche, s'étendait, depuis le milieu de la phalange, jusqu'à 3 centimètres vers la ligne médiane de la face dorsale du métacarpe. Le tendon était complétement divisé : son
extrémité digitale paraissait seule dans la plaie ; l'autre portion
avait fui à la distance de 2 centimètres sous les téguments. La
solution de continuité, assez largement ouverte, était baignée par
une très-petite quantité de sang. Après avoir appliqué un gantelet
à la main blessée, je disposai contre la face palmaire de l'avant-
bras et de la main une planchette large de 4 travers de doigt,
longue de 45 centimètres et recouverte d'une couche de ouate. Je
plaçai deux compresses longuettes sur la portion musculaire supérieure du tendon divisé, et par-dessus une seconde attelle de 12
à 15 centimètres de long, maintenue parallèle à la planchette par
une autre bande roulée et serrée avec assez de force pour exercer
une compression énergique, mais non douloureuse, sur le trajet de
la corde musculaire du doigt blessé. Le bout supérieur du tendon
qui avait été ramené avec des pinces au niveau de la plaie, fut traversé à quelques lignes de la division avec une aiguille portant un
fil ciré. Même manœuvre sur l'extrémité digitale du tendon.

Je rapprochai les deux bouts, et les maintins en contact en

(1) Bertherand, *Encyclographie médicale*, page 202. 1845.

nouant sans effort les fils de la suture que je coupai très-près de leur réunion. Ablation des matières étrangères couvrant les lèvres et l'écartement de la plaie tégumentaire. Pour tout pansement, compresses imbibées d'eau froide maintenues en permanence sur la plaie.

Le dos de la main et les doigts furent alors relevés le plus possible, de manière à former avec la longue planchette un angle aigu que je remplis avec des compresses et de la charpie. Le tendon était alors dans le relâchement le plus complet. Le membre ainsi enveloppé, je le plaçai dans le milieu d'une cravate pliée en deux et nouée autour du cou du malade.

La cicatrisation complète eut lieu le 8ᵉ jour.

Pendant les derniers jours, l'extrémité digitale de la main fut graduellement abaissée et soumise à quelques mouvements destinés à détruire les adhérences qui auraient pu se former entre le tendon et les tissus voisins.

Le 15ᵉ jour, ablation de l'appareil. Les musclés sont rendus à leurs fonctions. Il ne reste plus de l'accident que la cicatrice cutanée. L'extenseur recouvre bientôt toute l'intégrité de ses mouvements.

OBSERVATION VIII. — Suture du tendon extenseur du médius.

M. M..., en se battant en duel, reçut un coup de sabre sur la face dorsale de la main droite; il en résulta une plaie assez profonde, diagonalement située à la surface du trapézoïde du métacarpe et comprenant la peau, le tissu cellulaire, et le tendon extenseur du médius. Je procédai au pansement comme dans le cas précédent, seulement la section était peu régulière et très-oblique; deux points de suture furent placés aux deux angles de chaque extrémité tendineuse. Même pansement que ci-dessus.

Au 18ᵉ jour, l'appareil fut enlevé, et, quelques jours après, M... se servait de son doigt pour écrire, aussi bien qu'avant l'accident.

OBSERVATION IX. — Plaie profonde de la face dorsale de la

main, avec division des tissus et des tendons de l'extenseur commun du médius et de l'annulaire.

Le nommé J..., âgé de 25 ans, entre à l'Hôtel-Dieu le 26 juin 1857.

Cet ouvrier reçut en travaillant un cric sur la main gauche. Il fut fortement blessé à la face dorsale de la main gauche, sur la région métacarpienne, à peu près en regard des articulations du médius et de l'annulaire avec les métacarpiens correspondants. La plaie intéressait à peu près toute la profondeur de la face dorsale, et les tendons de l'extenseur commun du médius et de l'annulaire étaient sectionnés. Après avoir tenu sa main 20 minutes dans un seau d'eau froide, il vient à l'Hôtel-Dieu, le 26 juin 1857.

On constate : 1° l'existence d'une plaie ;

2° L'engorgement de la main et de l'avant-bras gauche ;

3° Un écoulement sanguinolent ;

4° L'engorgement des ganglions de l'aisselle.

La plaie, dont la profondeur peut être appréciée par les désordres graves signalés plus haut, présentait des lèvres écartées et inégales, et éloignées de 12 millimètres, un peu oblique au plan des articulations du médius et de l'annulaire. Elle était, par l'une de ses extrémités, à la distance de 15 millimètres de l'annulaire et par l'autre de 35 millimètres du médius ; sa longueur était de 4 centimètres.

Les extrémités supérieures des tendons intéressés avaient subi un mouvement de retrait et les inférieurs débordaient.

M. Jobert pratiqua la suture entrecoupée des tendons ; un point de suture, pour ramener au contact les extrémités de chaque tendon divisé ; en tout, deux points de suture.

Pour cela l'opérateur place l'avant-bras dans l'extension complète ; et prenant de petites aiguilles en fer de lance, légèrement courbées à la pointe et bien acérées, il passe des fils ordinaires à 4 ou 5 millimètres des tendons inégalement divisés. Il a soin, en perçant les tendons de ne pas couper en travers les fibres tendineuses parallèlement disposées. Dans ce but, il conduit l'axe qui passe par les deux tranchants, parallèlement à la direction des fibres. De plus chaque anse de fil comprend les deux bouts de l'un des tendons. Après avoir noué les fils, le chirurgien en coupe un de chaque nœud, et ramène l'autre par le rayon le plus court à la surface des téguments. Puis M. Jobert réunit les bords de la plaie, au moyen de trois épingles, qu'il fixe convenablement à l'aide d'un fil ciré. Le pansement se fait avec de la charpie trempée dans du vin aromatique.

OEdème, saignée et compresse.

Le 30, le trouble fonctionnel diminua ; l'œdème et quelques rougeurs partielles disparurent ; les lèvres de la plaie perdirent leur tuméfaction. La suppuration fut presque nulle, et bientôt les fils qui fixaient les tendons tombaient par une simple traction exercée sur eux.

Le 8 juillet, la cicatrisation de la plaie, des téguments était complète, et ce ne fut cependant que le 15 du même mois, qu'il fut permis au malade de fléchir et d'étendre le médius et l'annulaire. Ces mouvements s'exécutèrent sans difficulté. Jusqu'au 15 juillet, il a eu la main soutenue par la palette. Les pansements ont été rares. Le malade est sorti le 16 juillet de l'hôpital. Le rétablissement des fonctions du doigt était complet. Le médius et l'annulaire s'étendaient à des degrés rares, selon la volonté du malade. Une cicatrice linéaire transversale existait à la face dorsale de la main. La cicatrice avait 4 millimètres de largeur et plus de 4 centimètres de longueur. Il n'existait aucune difformité, si ce n'est un léger relief à l'endroit où la suture des tendons avait été faite, et où ils avaient été mis en contact.

Il y a donc eu séparément suture de la peau et suture des tendons.

Voici encore l'observation de Mourgue (1), que l'on trouve dans la *Gazette médicale*.

_____

(1) Mourgue, *Gazette médicale*. 1858, p. 313.

Observation X. — *Suture des tendons extenseurs des doigts.*
Un sabotier reçut sur le dos de la main gauche un coup de hache
qui divisa les tendons des doigts extenseurs indicateur et médius,
au niveau des articulations métacarpo-phalangiennes.

Les bouts inférieurs étaient au niveau de la plaie, mais les bouts
supérieurs s'étaient retirés dans les chairs à la hauteur de 2 à 3 centimètres.

Une incision pratiquée jusqu'à la rencontre des bouts supérieurs
permet de les saisir avec des pinces et de les traverser avec une
aiguille armée d'un fil ciré. Cette aiguille traversa le bout inférieur correspondant et l'on maintint les deux bouts rapprochés par
un nœud. D'autres points de suture oblitèrent la plaie extérieure.
La main est ensuite fixée sur une large palette, et la plaie recouverte par un linge fenestré.

Les deux ligatures tendineuses tombèrent les 24 et 26, puis les
plaies extérieures ne tardèrent pas à se cicatriser.

Le 26 janvier le malade a repris ses travaux et la suture des
tendons a encore ici tout le succès désirable.

On trouve aussi dans le même journal l'observation suivante de
M. Sedillot:

Observation XI. — Un ouvrier âgé de 39 ans eut la main
gauche saisie dans une machine et gravement blessée. Les téguments de la face dorsale avaient été découpés en plusieurs lambeaux sur toute la hauteur du deuxième métacarpien. Les tendons
extenseurs de l'index étaient à nu, à moitié divisés transversalement et l'articulation métacarpo-phalangienne était ouverte.

J'hésitai en présence de ces désordres à tenter la conservation
du doigt. Je crus que la plaie articulaire et la section de près de
la moitié de l'épaisseur transversale des tendons entraîneraient
de graves complications et une consolidation par ankylose. Je conseillai au malade l'amputation comme un moyen de guérison plus
prompt et plus sûr, tout en lui déclarant qu'il n'était pas impos-

sible de tenter la conservation du doigt, dont les mouvements resteraient probablement perdus.

Notre blessé ayant préféré ce dernier parti, je dégageai les lambeaux cutanés qui s'étaient enroulés sur eux-mêmes, je les réunis par quelques points de suture au-dessus des tendons qui se trouvaient complétement coupés. Je prescrivis des irrigations froides continues avec une infusion aromatique, et le malade guérit parfaitement en assez peu de temps et conserva tous les mouvements du doigt.

OBSERVATION XII. — Suture du tendon de l'extenseur commun des orteils et de l'extenseur propre du gros orteil (1).

Le nommé **Z...** moissonneur, âgé de 24 ans, habitant la commune de Silly (Doubs), était occupé à faucher sur un terrain en pente, quand il se fit au cou-de-pied une plaie longue transversalement dirigée.

Le blessé tomba en arrière, une hémorrhagie abondante se produisit.

L'accident était arrivé le 14 juillet 1860 : le docteur Ravier de Morteau fut appelé le jour même. Il trouva l'hémorrhagie suspendue, et la plaie cachée par des caillots. Après l'avoir lavée, il reconnut qu'elle était dirigée de dehors en dedans, de bas en haut, d'arrière en avant. La peau, l'aponévrose dorsale du pied, et le tendon de l'extenseur commun des orteils, celui de l'extenseur propre du gros orteil et enfin l'artère pédieuse avaient été coupés. La profondeur et l'étendue de cette plaie s'expliquent par la forme de la faux dont le tranchant est plus affilé vers la partie moyenne qu'aux extrémités, en même temps que par la disposition anatomique du pied, dont la face dorsale regarde en bas et en dehors.

L'artère fut liée, les bords de la plaie rapprochés, à l'aide de bandelettes de sparadap et par-dessus des compresses d'eau alcoolisée ; le pied fut soutenu par une planchette qu'on fixa par un huit de chiffre de la jambe au pied. La partie fut élevée par des coussins.

(1) Bodier, Thèse. 1365.

La nuit qui suivit l'accident, respiration vive, sommeil pénible, pouls agité, l'hémorrhagie qui reparut un instant s'arrêta bientôt.

Le 18, des spasmes agitent les muscles de la partie antérieure de la jambe, opiacés :

Le lendemain, l'appareil est dérangé. On le lève, et on en profite pour examiner de nouveau la plaie ; les bords se sont tuméfiés, les bords des tendons gonflés semblent se cicatriser isolément ou avec les téguments.

Le docteur Ravier pense alors à la suture qu'il pratique immédiatement.

L'opération fut faite le 10 ; les bouts coupés furent dégagés de la masse fibrineuse dans laquelle ils étaient plongés. Un fil métallique fin fut passé avec une aiguille courbe : puis les chefs tordus furent ramenés dans la plaie extérieure.

Le blessé n'accuse que peu de douleurs, le pied est de nouveau soutenu par la planchette.

Frisson, engorgement des ganglions.

Angioleucite suivie d'abcès successifs. Ouverture des abcès.

Malgré ces symptômes, la plaie avait marché lentement vers la cicatrisation.

Le 18 août, les fils étaient tombés, et la plaie avait bientôt achevé de se fermer.

Le 22, état général satisfaisant. On imprime quelques mouvements au pied ; mais ce ne fut qu'à partir de septembre que la convalescence fut pleinement confirmée ; le malade marchait, les mouvements se faisaient. Le docteur Ravier revit le malade en octobre ; la marche était alors complétement libre.

Dans les faits qui précèdent nous avons vu la section d'un ou de plusieurs tendons réunis à l'aide de la suture et les malades guérir parfaitement. Notre attention jusqu'à présent ne s'est portée que sur les tendons d'Achille et les extenseurs de la main et des doigts, nous allons nous occuper maintenant de la suture des tendons fléchisseurs de la main ou des doigts compliqués de la section soit du

nerf médian, soit de l'artère cubitale. Ici le plus souvent ces tendons sont contenus dans une gaîne fibro-séreuse, dans laquelle
les glissements sont beaucoup plus faciles, et la rétraction bien
plus considérable ; de plus en raison, de la multiplicité des lésions,
il a fallu multiplier les points de suture. Malgré tout cela nous
verrons les mouvements se rétablir ; nous verrons plus loin que
M. Richet et Boeckel ont réuni les deux bouts du médian et que
la continuité matérielle et fonctionnelle paraît s'être rétablie. Je ne
cite ici sommairement les faits de suture des nerfs que pour prouver
que cette complication, grave sans doute, de toute section tendineuse, ne doit point arrêter le chirurgien et qu'il doit tenter la réunion des tendons et des nerfs. J'ajouterai que le fait de la réunion
des nerfs, qui a si vivement occupé l'attention publique au sujet des
faits cités par M. Laugier, avaient été bien observés par les anciens
chirurgiens ainsi que cela résulte des passages que j'ai cités et que,
malgré la confusion qu'ils semblaient faire au sujet des tendons et
nerfs, il est facile de voir qu'ils parlent nettement de la suture des
nerfs.

OBSERVATION XIII citée par Sanson (1). — Nous avons eu l'occasion de voir un ancien militaire auquel la suture avait été pratiquée
pour réunir les deux bouts de l'un des tendons fléchisseurs de la
main, divisé par un coup de sabre, et nous nous sommes assuré que
cet homme avait conservé toute la liberté de ses mouvements. Le
tendon, recousu et présentant une nodosité fort apparente à l'endroit où la réunion avait eu lieu, avait en effet contracté des adhérences avec la peau ; mais celle-ci était entraînée avec lui et s'enfonçait en formant une cavité digitale, chaque fois que le muscle
se contractait. Cette observation nous semble prouver que la suture
appliquée aux divisions du tendon a été frappée d'une proscription
trop générale, et que dans certains cas on pourrait la tenter avec
avantage.

(1) Sanson, *Dict. de Méd. et Chirurg. prat.* Paris, 1835, t. XIII, p. 234, art. PLAIE.

OBSERVATION XIV (1). — S., dans une lutte contre un des gardiens, reçoit plusieurs coups d'instrument tranchant ; une de ses plaies a intéressé les téguments du poignet dans leur moitié interne ; l'extrémité du cubitus, le tendon du cubital antérieur, trois tendons du fléchisseur commun, l'artère cubitale. Le lendemain, on fait la suture des tendons. Retirés à un pouce et demi au-dessus de leur section, on ne peut les atteindre qu'en faisant une incision longitudinale. Quelques jours après, toutes les ligatures et sutures sont sorties et le poignet finit par se cicatriser complétement ; les mouvements toutefois, conservent de la raideur.

Cette observation démontre l'efficacité et l'innocuité de la suture des tendons que la position seule eût été insuffisante à rapprocher.

OBSERVATION XV, recueillie par le docteur J. A. Fort, dans le de Richet, à l'Hôtel-Dieu (2).

Plaie de l'avant-bras. — Division de plusieurs tendons, de l'artère radiale et du nerf médian.

Une femme de 24 ans fait une chute dans laquelle le bras porte par sa face antérieure sur des feuilles de cuivre placées verticalement. 22 heures après l'accident, la plaie située à 6 centimètres environ au-dessus de l'articulation radio-carpienne présente un aspect déchiqueté et des caillots sanguins au-dessous desquels on aperçoit, vers la lèvre postérieure, le bout des tendons, des muscles grand palmaire, petit palmaire et cubital antérieur. Les faisceaux tendineux du fléchisseur superficiel sont incomplétement divisés sur leur bord externe, ordinairement en rapport sur ce point avec le nerf médian, qui passe de la face profonde du fléchisseur superficiel sur le bord externe du même muscle.

Au moyen de bandelettes de sparadrap, M. Richet s'est contenté de réunir les extrémités du grand palmaire qui doit assurer à la

(1) *Gazette médicale.* 1839, p. 407, recueillie par M. Boileau à la maison centrale de Nîmes.

(2) Fort, *Union médicale.* 1867, 3ᵉ série, 4. p. 270.

main son mouvement de flexion. Les autres tendons n'ont pas été réunis, afin d'éviter la présence d'un trop grand nombre de fils à ligature dans la plaie. Du reste, ils ont une importance bien moindre que celle du grand palmaire. (*Résultat inconnu.*).

NOTA. — Interrogé à ce sujet, M. Fort nous a déclaré avoir revu la malade et avoir constaté qu'elle avait recouvré les mouvements de sa main. Voir M. Duchenne (de Boulogne), qui l'a soumise à ses expériences (1).

OBSERVATION XVI (1). — Blessure de la face dorsale de la main ; section complète du tendon de l'extenseur propre de l'index. Suture au bout de cinq jours du tendon divisé; cicatrisation des bouts du tendon avec retour des mouvements des doigts.

Un jeune homme de 16 ans, Léon L..., exerçant la profession d'orfévre, reçut, dans la soirée du 26 juin dernier, un coup de couteau sur la face dorsale de la main gauche, au niveau de la réunion du tiers inférieur avec le tiers moyen du second métacarpien.

Il y eut une hémorrhagie abondante, qu'on arrêta par le tamponnement. Le lendemain, le blessé se présente à la consultation des hôpitaux, où l'on se contente de lui prescrire des lotions avec le vin aromatique.

La plaie prit bon aspect, mais L... remarqua bientôt que le doigt indicateur pendait inerte, dirigé vers la face palmaire de la main, et qu'il ne pouvait le relever. Il fut alors conduit par son père à la clinique de M. Fano, le 1er juillet, c'est-à-dire cinq jours après l'accident. M. Fano constate qu'il existe, sur la face dorsale de la main gauche, une plaie transversale de 4 centimètres de long sur 2 de large, comprenant la peau, le tissu cellulaire, le tendon de l'extenseur propre de l'index, et la portion de l'extenseur commun, avec laquelle le premier s'unit.

La plaie est déjà en voie de cicatrisation. Après avoir été débar-

(1) Duchenne (de Boulogne), *De l'Électrisation localisée,* 3e édit. Paris, 1872.
(2) Fano, *Gaz. des hôpitaux.* 1867.

rassée par le lavage du pus qui la recouvre, la plaie fait voir à M. Fano, vers le milieu, un lambeau d'un blanc brillant, nacré, résistant, nettement divisé, répondant au bout digital de l'extenseur propre de l'index.

En effet, lorsqu'on saisit cette portion blanche entre les mors d'une pince, et que l'on exerce sur elle de légères tractions, on étend le doigt indicateur, qui retombe dès qu'on cesse les tractions. Le bout central du tendon est rétracté et ne se voit pas au fond de la plaie. Le doigt indicateur est privé de tout mouvement volontaire d'extension.

M. Fano soulève le bout digital du tendon avec des pinces, et le traverse à quelques millimètres de sa section, avec une aiguille dont le chas porte un fil ciré. Il procède ensuite à la recherche du bout central, rétracté au milieu des chairs, ce qui nécessite un débridement perpendiculaire à la direction transversale de la plaie qui occupe la face dorsale de la main, et une dissection minutieuse. Le bout central ayant été retrouvé, M. Fano le traverse avec le fil qui a traversé antérieurement le bout périphérique, et fixe les deux bouts l'un contre l'autre au moyen d'une suture simple. Un des chefs est coupé près du point de réunion, l'autre fixé sur le dos de la main par un carré de sparadrap. On recommande un pansement à l'eau froide pour prévenir une réaction inflammatoire. Pour favoriser l'agglutination des bouts du tendon, la main est placée en permanence dans l'extension à l'aide d'une planchette coudée.

Les jours suivants, absence de tout phénomène inflammatoire intense. Le 4 juillet, chute du fil de la suture ; le tendon divisé est presque entièrement recouvert de bourgeons charnus ; l'indicateur exécute quelques mouvements d'extension.

Le 9, la plaie marche vers la cicatrisation, les mouvements de l'index sont plus étendus.

On continue le pansement à l'eau froide et l'on maintient la main dans la position précédemment indiquée.

Le 11 août, la plaie est entièrement cicatrisée, les mouvements d'extension de l'index sont complétement rétablis. Tout l'appareil contentif est enlevé.

Le 20 août, le malade se présente de nouveau à la clinique, il reste une légère raideur des doigts, due sans doute à leur immobilité prolongée.

OBSERVATION XVII (Bœckel) (1). — Division accidentelle du nerf médian, des tendons fléchisseurs, de l'artère radiale. Guérison avec retour des fonctions de la main.

Le 4 octobre 1867, on apporta à l'hôpital un enfant de 4 ans et 1/2 pour une plaie située à 1 centimètre 1/2, au-dessus du poignet. Les deux bouts de l'artère radiale, largement écartés, sont liés. Les tendons du grand palmaire, du long fléchisseur du pouce, des fléchisseurs superficiels et profonds des deuxième, troisième et quatrième doigts, ainsi que le nerf médian, sont complétement divisés.

M. Bœckel fait, avec un fil de soie, une suture des tendons des fléchisseurs du pouce et des fléchisseurs superficiels des doigts.

Les autres tendons coupés et le nerf médian ne sont pas suturés. Les doigts sont complétement fléchis dans la main et maintenus dans cette position ; en outre la main et l'avant-bras sont placés dans la flexion forcée.

Le second jour, les sutures des tendons étaient détachées, les fils de l'artère radiale tombèrent le huitième et le dixième jour. La flexion forcée de la main et de l'avant-bras fut maintenue pendant trois semaines.

Le 5 décembre 1867, on constate que la main a repris tous ses mouvements, sauf l'index et le pouce. En effet, la troisième phalange de l'index ne se fléchit qu'à un faible degré et l'extension du pouce n'est pas complète.

(1) Bœckel, *Gazette médicale de Paris*. 1868, p. 410.

L'enfant écrit tout aussi bien qu'avant l'accident. La sensibilité est normale sur toute la face palmaire de la main et des doigts, à l'exception de l'index.

OBSERVATION XVIII (1). — Suture de deux bouts divisés du tendon du long extenseur du pouce.

L. Michel, âgé de 17 ans, ébéniste, étant en état d'ivresse, est tombé le 8 février sur une vitre, et s'est fait une plaie au niveau de la face dorsale de l'articulation métacarpo-phalangienne du pouce droit. La plaie a compris toutes les parties molles, et l'os est à nu dans une assez large étendue, le tendon extenseur a donc été divisé; aussi la deuxième phalange du pouce est-elle fléchie, et le malade ne peut-il exécuter aucun mouvement d'extension. Les deux bouts du tendon ne sont point visibles dans la plaie ; cependant, comme il est probable que la section en a été faite d'une façon nette par le verre, et que par conséquent ils ne sont pas mâchés, M. Tillaux se propose de tenter la suture. Il pratique une incision dans la direction du tendon, et ne tarde pas à découvrir d'abord le bout supérieur notablement rétracté, et ensuite le bout inférieur. A l'aide d'un fil à ligature ordinaire, M. Tillaux met un seul point de suture qui réunit exactement les deux bouts du tendon ; ce mode de suture est celui qu'on emploie pour la réunion des nerfs. Le pouce est ensuite immobilisé sur une planchette dans l'extension et la plaie fermée par occlusion.

Les jours suivants le malade n'éprouve aucune douleur, la planchette est enlevée le 22 février, c'est-à-dire treize jours après la suture ; le pouce peut exécuter de légers mouvements de la deuxième phalange sur la première, la réunion se fait donc. On immobilise le pouce dans l'extension.

Le 27, nouvel examen : le pouce fonctionne bien, la plaie tend à se cicatriser. Ce n'est toutefois que le 20 mars, c'est-à-dire quarante-deux jours après l'accident, que la guérison est complète. Le

____

(1) *Bulletin de thérapeutique*, t. LXXVI, p. 420.

malade exécute des mouvements de flexion et d'extension de la première et de la deuxième phalange du pouce. Il oppose facilement ce doigt à tous les autres doigts.

OBSERVATION XIX (1). — Suture du tendon d'Achille.

Charranier, âgé de 9 ans, a reçu un coup de hache qui lui a fait une plaie profonde à la partie postérieure du talon.

Le blessé n'est examiné que dix jours après l'accident ; la plaie commençait déjà à bourgeonner, la plaie siége en arrière des malléoles, elle est transversale et d'une longueur de 4 centimètres 1/2. L'enfant ne peut s'élever sur la pointe du pied; cependant l'extension du pied sur la jambe n'est pas complétement impossible, mais ce mouvement est peu énergique, et l'on soupçonne qu'il n'est produit que par les muscles de la couche profonde. Pour s'en assurer, on a recours à l'électricité.

Le 3 avril, on fait une suture du tendon après avoir fait une ouverture cruciale à la partie postérieure du tendon. Quatre points de suture sont appliqués. A partir de ce moment, le malade va de mieux en mieux.

Le 10 mai un point de suture se détache, et on constate qu'il n'y a eu aucune adhésion des surfaces tendineuses, mais cependant, grâce à la position imposée au membre, il ne se produit pas d'écartement des parties et l'on peut espérer une réunion secondaire.

Le 15, l'état général est moins satisfaisant, il survient de la fièvre, du coryza, du larmoiement.

Une rougeole se déclare en même temps que la plaie devient un peu blafarde ; on peut se demander si l'incubation de cette fièvre éruptive n'est pas pour quelque chose dans l'insuccès de notre suture.

Toutefois vers le 20 mai, l'éruption a presque entièrement disparu. Une suppuration mieux liée se produit dans la plaie, que l'on voit bourgeonner avec activité.

(1) Delore, *Bulletin général de thérapeutique*, t. LXXV, p. 228.

Le 21 juin suivant, c'est-à-dire 52 jours après son application, on enlève le bandage, car la plaie est presque entièrement cicatrisée, et l'on a tout lieu d'espérer que la reunion tendineuse est assez solide à cause du temps assez long d'immobilité complète des jointures du pied, dont l'extension n'a amené qu'une raideur articulaire insignifiante qui se dissipe assez facilement, grâce aux mouvements progressifs qu'on fait exécuter au jeune malade.

Le mois de juillet tout entier est utilisé pour le rétablissement des fonctions du membre, le malade marche encore avec un peu de claudication le 1er août. La masse musculaire du triceps a perdu de son volume, mais l'exercice stimule chaque jour sa nutrition, et l'on espère voir se rétablir bientôt toute sa puissance contractile.

Le 4 août, l'enfant sort du service avec un membre dont les fonctions sont bien rétablies. Il peut s'élever sur la pointe du pied, bien que toute la puissance musculaire ne soit pas encore complétement revenue. Si l'on examine le siége de la lésion, on constate que la saillie du tendon n'est nullement interrompue ; non-seulement on n'observe plus d'écartement, mais, à ce niveau, il ne semble pas y avoir le moindre amincissement du tendon ; seulement la cicatrisation secondaire de cet organe le fait adhérer à la peau qui le recouvre, et dans les mouvements étendus du pied on voit cet organe suivre en partie le déplacement du tendon d'Achille.

Cette observation, comme le fait remarquer M. Delore, est intéressante à plusieurs points de vue ; elle montre que les plaies des tendons peuvent être traitées par la suture, et que, malgré l'insuccès de celle-ci, on peut obtenir un excellent résultat, si l'on a eu soin, comme dans le cas actuel, de maintenir les extrémités avivées en contact, grâce à une position convenable, conservée pendant long-temps.

Le bandage amidonné a permis de remplir cette indication. Malgré une rougeole intercurrente, la réunion *secondaire* ne s'est pas moins bien produite ensuite, et enfin une immobilité complète pendant cinquante-deux jours de plusieurs articulations non malades n'a amené aucune ankylose, mais un peu de raideur.

Nous attirons l'attention sur la cause de la non-réunion immédiate, qui d'après nous est bien certainement l'état général qui accompagne la rougeole.

Nous reviendrons du reste sur ce fait lorsque nous nous occuperons des conditions de réussite des régénérations.

OBSERVATION XX. — Recueillie par le docteur Barbaste(1), dans le service de M. Polaillon.

Suture des tendons des extenseurs de l'annulaire, du médius, de l'index et de l'extenseur propre de l'index.

Le nommé Doumin, âgé de 23 ans, avait eu la main droite violemment projetée dans une vitrine d'échantillons.

Il en est résulté deux plaies à la face dorsale de la main : l'une supérieure, à bords nets, transversale, d'une longueur de 3 centimètres, située sur la partie moyenne d'une ligne tirée de l'extrémité supérieure du cinquième métacarpien au milieu du premier ; l'autre correspondant à la moitié inférieure du deuxième métacarpien, dirigée, suivant une ligne courbe, à une cavité externe de 1 à 2 centimètres de longueur.

Une hémorrhagie abondante eut lieu.

Trois jours après l'accident, on s'assure, en écartant les lèvres de la plaie, déjà un peu adhérentes, que le tendon de l'index est sain au niveau de la plaie inférieure, et que quatre tendons sont coupés au niveau de la plaie transversale. Ce sont ceux de l'extenseur commun de l'index, du médius et de l'annulaire, et celui de l'extenseur propre de l'index.

La suture est pratiquée.

Les parties supérieures et inférieures des bouts correspondants des tendons furent suturées avec trois fils d'argent. L'un des fils

(1) Barbaste, *Thèse de Paris*, 1873.

comprit dans son anse, outre les deux bouts de l'extenseur commun de l'index, celui de l'extenseur propre de ce doigt. L'un des chefs des fils fut coupé dans le fond de la plaie et l'autre amené à l'extérieur.

Le tout fut enveloppé de ouate.

Le cinquième jour, fièvre violente, 39°4. — Adénite épitrochléenne et axillaire.

Le vingt-sixième jour on défait l'appareil, — on enlève le fil du milieu et on laisse les fils latéraux. La possibilité de faibles mouvements d'extension fait espérer que la soudure des extrémités des tendons a pu s'opérer.

Le vingt-huitième jour, fièvre, frisson, temp. 39° 6. Rougeur qui fait craindre un érysipèle.

Le trente-cinquième jour, quelques élancements, douleur au pli du coude.

Le quarante-deuxième jour, le malade se plaint de frisson. On enlève l'appareil ouaté, et l'on constate une fusée purulente du côté des extenseurs. Contre-ouverture.

Les fils sont retirés, le malade fait des mouvements avec ses doigts. Nouvelle fusée purulente. On fait passer un drain.

Les mouvements des doigts reviennent peu à peu. Le malade reste encore un mois à l'hôpital ; il sort enfin le 31 décembre, conservant ses mouvements, mais ayant une certaine difficulté.

En résumé, dans cette observation, nous voyons la suture parfaitement réussir malgré les accidents phlegmoneux qui surviennent, bien que l'on se soit servi de l'appareil ouaté.

CHAPITRE XII

Lorsque les tendons extenseurs ou fléchisseurs sont coupés, il peut se faire que, par suite de la négligence du blessé, ou encore par le fait de soins insuffisants, la réunion n'ait pas lieu et que le malade reste dans l'impossibilité de se servir convenablement d'un de ses membres. J'ai vu l'année dernière un sommelier dont le tendon extenseur du médius avait été coupé depuis quinze jours environ. La plaie était complétement fermée. Je fis une incision perpendiculaire à la plaie transversale qui avait amené la division du tendon, et, après avoir un peu ouvert la gaîne, je trouvai les deux extrémités du tendon nettement sectionnées et n'ayant encore subi aucun travail d'adhérence avec les parties voisines. Je réséquai la surface de mes deux bouts de tendon et je les réunis par un double point de suture, fait avec une aiguille très-fine chargée d'un fil de soie. Cela fait, je réunis la peau de la même façon et je plaçai la main du blessé dans une position convenable. Mon malade a guéri au bout de quinze jours; au moment où il a quitté mon service, il imprimait déjà de légers mouvements à son doigt.

Ce que j'ai fait avait été fait avant moi, et je rapporte plus loin le fait célèbre de Dutertre et un fait emprunté à M. Roux, deux autres tirés de la pratique de Sédillot et Chassaignac. Lorsque l'accident est ancien, il faut quelquefois faire quelques recherches pour retrouver les deux bouts du tendon ; il est même nécessaire d'inciser un peu la gaîne pour retrouver le bout le plus rétracté, c'est-à-dire celui qui correspond au muscle. Le peu de vitalité du tendon explique comment, après un temps plus ou moins long, on retrouve ses extrémités sectionnées, n'ayant encore subi aucune modification importante. Toutefois, il importe de suivre l'exemple des maîtres que nous allons citer et d'aviver la surface de suture avant de les réunir. Je crois aussi qu'il est important, une fois l'avivement terminé, de réunir les extrémités tendineuses par deux points de suture faits avec une aiguille très-fine, chargée d'un fil très-fin, afin d'écarter plutôt que de sectionner les éléments du tendon. Il est bien certain que la suture provoque, comme je l'ai vu sur les animaux, une prolifération des éléments cellulaires du tendon qui en réunit les deux bouts et les fait de plus adhérer à la surface interne de la gaîne.

OBSERVATION I (Dutertre) (1). — Coup de sabre à la partie moyenne et postérieure de l'avant-bras droit. Guérison de la blessure avec perte des mouvements d'extension des deux derniers doigts de la main.

Le docteur Dutertre conçut le projet de remédier à cette infirmité par l'opération suivante : deux incisions elliptiques circonscrivent la cicatrice tégumentaire qui était adhérente et avait 6 cent. de long. transversale, 16 mill. de largeur, 8 mètres d'épaisseur et renfermait une esquille du volume d'un grain de chènevis provenant du cubitus.

On put dès lors constater que l'extenseur était partiellement divisé, tandis que la section de l'extenseur propre du petit doigt et du cubitus postérieur était complète. Un intervalle de 3 cent. existait entre les fibres musculaires.

Dutertre rapprocha la peau et les muscles au moyen de points de suture enchevillés (petits morceaux de cuir placés aux extrémités de chaque fil), mais n'affronta pas entièrement les parties et laissa entre les lèvres de la plaie 2 centimètres environ d'écartement. Un appareil de renversement des doigts et du poignet, de l'invention de l'auteur, fut appliqué, et le malade recouvra au bout d'un mois la faculté d'allonger les doigts et d'étendre la main.

(1) Dutertre, *Médecine opératoire*. Paris, 1816.

L'observation suivante, publiée par Symes (1), est à peu près analogue à l'observation précédente.

Observation II. — J. M. Kay, âgé de 21 ans, eût en fauchant toute l'épaisseur du tendon d'Achille du côté gauche divisée par l'instrument de son voisin. Au bout de cinq semaines la plaie fut cicatrisée, une dépression très-marquée et une petite cicatrice transversale indiquaient le siége de la lésion ; lorsque le pied était fléchi à angle droit sur la jambe, on sentait distinctement les extrémités du tendon à un pouce et demi l'une de l'autre. Le malade ne pouvait soulever le pied de terre et semblait en marchant plutôt traîner son membre que s'appuyer sur lui.

Pour remédier à cet état, une incision longue d'environ 3 pouces fut pratiquée le long du tendon et passa sur la dépression, deux ou trois petites incisions transverses circonscrivent la cicatrice. Les lambeaux ainsi formés furent renversés de manière à montrer parfaitement la situation des bouts rétractés. La substance fibreuse qui les unissait fut enlevée avec soin, et le pied étant fortement étendu, deux aiguilles furent passées dans la substance des deux extrémités du tendon, de manière à les mettre parfaitement en contact. On appliqua l'appareil de Petit, pour la rupture du tendon d'Achille ; la réunion eut lieu par première intention et le malade put bientôt nous quitter pour reprendre le libre usage de sa jambe (2).

Observation III (Sédillot) (3). — M..., brigadier au 4e régiment de cuirassiers, entra dans mon service le 11 janvier 1853. Ce militaire, âgé de 25 ans, avait reçu, le 13 décembre 1852, un coup de sabre au tiers inférieur de la face dorsale de l'avant-bras, pendant que la main était en demi-pronation.

Au moment de la blessure, M... n'éprouva, du côté des doigts,

---

(1) Symes, *Archives de médecine*. 1837, t. I, p. 112.
(2) Voyez aussi Symes, *Report of surgical cases* (*Edinburgh med. and. surg. Journal*, octobre 1830).
(3) Sédillot, *Compte rendu de l'Académie des sciences*, 24 octobre 1853.

aucune sensation particulière, et il peut même serrer la main de son camarade. Mais on constate bientôt que le pouce, l'indicateur, et en partie le médius, avaient seuls conservé leur mobilité, tandis que les deux autres doigts restaient fléchis et ne pouvaient être spontanément redressés.

La plaie traitée à l'infirmerie régimentaire, par la réunion immédiate, fut cicatrisée le septième jour, sans avoir offert de complication. Mais la paralysie des doigts devint un obstacle à toute reprise de service; et le malade fut dirigé, quelques semaines plus tard, sur l'hôpital militaire de Strasbourg.

A la visite du 12 janvier 1853, on constata la perte complète des mouvements d'extension des doigts auriculaire et annulaire, et incomplète du médius. Les deux derniers doigts soulevés retombent dans la flexion, et le malade est incapable de s'en servir.

On aperçoit, au tiers inférieur et postérieur de l'avant-bras droit, une cicatrice allongée, légèrement déprimée, adhérente aux parties sous-jacentes et située à 23 mil. de l'apophyse styloïde du cubitus. Il était évident que les tendons extenseurs avaient été divisés et s'étaient cicatrisés isolément.

Les mettre à découvert et les réunir c'étaient les seules chances de guérison, et le malade était décidé à tout tenter pour recouvrer l'usage de sa main et éviter ainsi d'être réformé.

Le 19 janvier, en présence de plusieurs officiers de santé, le malade fut chloroformé et je pratiquai à 8 mil. en dedans de la cicatrice une incision longitudinale de 6 cent. d'étendue, la peau coupée et rejetée en dehors. Je mis à nu un tissu cicatriciel adhérent et continu à l'aponévrose, et, par la dissection, j'arrivai à découvrir les extrémités d'un tendon volumineux, séparées par un intervalle de 3 centimètres.

Je devais m'attendre à trouver intéressés les tendons de l'extenseur propre du petit doigt, mais par une anomalie peu rare, ce dernier n'existait pas et nous n'aperçûmes qu'un seul tendon, dont la section avait suffi pour paralyser les doigts. Afin de lever toute incertitude à cet égard, je dégageai entièrement le bout digital du tendon d'une sorte de gangue fibreuse qui l'entourait. En exerçant, comme je le fis à plusieurs reprises, des mouvements de traction de bas en haut sur cette extrémité tendineuse, on ramenait facilement les derniers doigts dans une extension complète. L'auriculaire et l'annulaire étaient plus facilement redressés que le médius.

Nous isolâmes alors le bout supérieur du tendon enveloppé à cette hauteur de quelques fibres musculaires, et j'enlevai le tissu fibreux intermédiaire, qui eût fait obstacle à l'affrontement du tendon, dont chaque bout fut rafraîchi avec des ciseaux.

Le renversement de la main en arrière, suffisant à ramener au contact les deux extrémités tendineuses, nous assujettîmes par un seul point de suture, traversant le milieu du tendon.

Un double nœud fortement serré fixa le fil, dont un des bouts fut coupé près du nœud, tandis que l'autre fut maintenu en dehors de la place pour être retiré en temps opportun.

Les téguments furent réunis immédiatement par trois points de suture entrecoupée. Les doigts, la main et le poignet furent étendus sur des coussins élevés, et l'extension obtenue par la position et quelques jets de bande.

Le 20, un peu d'agitation.

Le 22, tuméfaction de tout l'avant-bras. Rougeur érythémateuse, endolorissement. On enlève deux points de suture. Eau de Sedlitz, bouillon maigre.

Le 23, le troisième point de suture s'est détaché, pendant la nuit. Diminution notable de la tension et du gonflement. État général satisfaisant.

Le 26, suppuration. Le fil de la suture profonde est enlevé sans résistance, et les bords de la plaie sont légèrement rapprochés.

Les jours suivants, malgré nos recommandations, le malade commence à étendre et à fléchir les doigts paralysés. On distingue sous la peau, les mouvements du tendon, la cicatrice se fronce, et la contraction musculaire se suit des yeux jusqu'à l'extrémité supérieure de l'extenseur commun des doigts.

Rien ne vint dès lors entraver la guérison, la main reprit sa force et ses usages, et le malade quitta l'hôpital, et fut rendu à sa profession.

OBSERVATION IV. — En même temps que M. Sédillot communiquait l'observation précédente à l'Académie des sciences, Roux lui présentait l'histoire d'un pianiste fort distingué qu'il avait opéré longtemps auparavant.

« Un Italien, dit-il, du nom de Ruffo, très-fort pianiste, me fut présenté avec le doigt médius de la main droite continuellement fléchi, et comme renversé sur la paume de la main. Cet état de choses était le résultat d'une section du tendon extenseur de ce doigt qui avait été faite par un morceau de verre. Au moment de la blessure, on avait appliqué inutilement un appareil unissant, et maintenu le doigt dans l'extension. La plaie de la peau s'était réunie, mais il n'y avait point eu de consolidation du tendon, et depuis près de deux années, M. Ruffo avait dû renoncer presque entièrement à ses occupations chéries ; du moins son jeu sur le piano était des plus imparfaits.

M. Ruffo accepta la proposition que je lui fis de lui pratiquer la suture du tendon, dont les deux bouts qu'on sentait distinctement à travers une cicatrice, correspondaient un peu au-dessous de l'articulation métacarpo-phalangienne. J'incisai verticalement cette cicatrice, et je reséquai les deux extrémités du tendon qui tenaient l'une à l'autre par un tissu membraneux, et qui étaient séparées par un intervalle d'un travers de doigt environ.

Je les traversai par un fil, au moyen d'une aiguille courbe ; elles furent mises facilement en contact, et je les y maintins, en unissant les deux bouts de ce fil par deux nœuds simples, je réunis la plaie et je pus retirer le fil le dix-septième jour. Bien entendu que pendant tout le temps que la nature fut mise à même de consolider le tendon, le doigt fut maintenu dans une extension forcée, ou du moins aussi grande que possible.

La consolidation fut parfaite, et M. Ruffo put recouvrer le libre usage de tous les mouvements de la main et reprendre ses exercices sur le piano.

OBSERVATION V. — Ténorrhaphie tentée dans le cas de plaie anciennement cicatrisée. Réunion des extrémités tendineuses à la cicatrice, dans le but d'unir entre elles les parties divisées, et de rendre par là tous les mouvements perdus.

Jeune fille présentée par M. Chassaignac (1).

Au mois de novembre 1853, cette jeune fille était tombée avec une carafe à moitié vide qu'elle tenait à la main, un fragment de verre fit à la partie antérieure et inférieure de l'avant-bras gauche, une plaie transversale qui se cicatrisa après avoir suppuré pendant quelque temps. La perte des mouvements de flexion du pouce et de l'indicateur s'en était suivie. La malade vint à l'hôpital Saint-Antoine. L'examen fit reconnaître aussitôt cette paralysie partielle. On constata de plus que le bout inférieur du tendon adhérait solidement à la cicatrice. En effet, toutes les fois que, saisissant le bord inférieur de la cicatrice avec l'ongle, on cherchait à la remonter de bas en haut, on déterminait aussitôt la flexion du doigt indicateur.

Il s'agissait donc, en ramenant le bout supérieur au contact de la cicatrice dans le point correspondant au bout inférieur, de rétablir les mouvements perdus.

Tel fut le but de l'opération pratiquée le 4 février 1854. On mit à découvert les tendons fléchisseurs, dans une étendue de 2 travers de doigt, au moyen d'un lambeau rectangulaire représentant un couvercle de tabatière, et disposé de telle sorte que l'un des côtés marchait parallèllement à l'artère radiale ; le bord inférieur contigu à la cicatrice était transversal, et le bord supérieur, situé à deux travers de doigt au-dessus, parallèle à celui-ci.

____

(1) Chassaignac, *Bull. de la Société de chirurgie*, séance du 22 avril 1854.

Les tendons paraissent intacts, mais on reconnaît bientôt que le nerf médian se trouve à la place de la portion des tendons fléchisseurs qui passe au-devant de lui. Ne trouvant point le tendon divisé, on prolonge de deux centimètres, à la partie supérieure, l'incision primitive, et après avoir disséqué un petit lambeau triangulaire, on aperçoit au-dessous de lui l'extrémité volumineuse d'un tendon qui se termine d'une manière abrupte. Cette extrémité étant séparée des parties environnantes, on la traverse au moyen d'un fil à ligature conduit par l'aiguille; le tendon, saisi avec des pinces, est attiré vers la cicatrice et mis en contact avec son tissu par des sutures, dont on laisse pendre les deux chefs au dehors, il n'y avait *eu aucun avivement préalable du tendon*.

Le lambeau tégumentaire est ensuite réappliqué aussi exactement que possible, et maintenu en place par de nombreux points de suture entrecoupée. Le tout est pansé par la méthode du pansement par occlusion, puis la main fortement fléchie est maintenue par un bandage, et l'avant-bras placé sur un coussin élevé.

Aucun accident n'a suivi cette opération.

Au bout de 6 jours, la réunion était presque complète, et la jeune fille commençait à fléchir l'index. En moins de 15 jours, le travail de cicatrisation était complétement achevé et la malade sortit de l'hôpital, après avoir recouvré les mouvements perdus.

ARTICLE Ier.

PHÉNOMÈNES HISTOLOGIQUES QUI SE PASSENT DANS LA RÉUNION DES TENDONS SUTURÉS.

Il était logique, après avoir observé les phénomènes histologiques qui se passent dans la régénération des tendons, que je suivisse la même marche pour étudier le mode de réunion des tendons suturés et divisés. Nous avons vu que le tendon d'Achille se prêtait admirablement à l'étude de la réparation des tendons. La rétraction qu'il subit dans sa gaîne quand il est divisé, la vascularisation de celui-ci, tout vient en aide à l'étude du phénomène ; il n'en est plus de même quand il s'agit de la suture tendineuse, les efforts faits pendant la marche amènent promptement la section du tendon et l'écartement des deux bouts. Il faut prendre, pour la facilité de l'étude, d'autres tendons ; nous avons choisi de préférence dans nos expériences les tendons fléchisseurs. Les tendons sont grêles, il est vrai, mais ils sont moins tiraillés pendant la marche, et de plus ils sont contenus dans une gaîne synoviale au niveau du ligament antérieur du carpe. Dans la réunion des tendons par la suture, que l'on prenne un tendon contenu dans une gaîne synoviale ou dans une gaîne celluleuse, le résultat est le même. Le tendon coupé doit d'abord être réuni au moyen d'une aiguille très fine entraînant après elle un fil très-mince. La suture des tendons étant faite, il faut abandonner les choses à elles-mêmes pendant 8 à 10 jours, à cause du peu de vitalité du tendon ; au bout de ce temps, on trouve le plus souvent un ou plusieurs de ces tendons réunis à l'aide d'une petite cicatrice intermédiaire due évidemment à la prolifération des éléments cellulaires interposés entre les faisceaux. De plus, la membrane séreuse synoviale ou l'atmosphère celluleuse du tendon prolifère, comme cela se voit (pl. 1 et 2), et il en résulte une adhérence du tendon avec la gaîne. Aussi à ce moment, tendons et gaînes sont confondus, ce n'est que plus tard que l'isolement s'établit. Ces faits que j'ai souvent vus donnent une bonne idée de la synovite fongueuse, car il est bien évident que cette synovite que nous pouvons appeler expérimentale et que nous voyons naître sous nos yeux, est au point de vue histologique de la même nature que celle que nous étudions chez nos malades.

La cause seule a changé ; souvent, en effet, cette affection est une manifestation de ce qu'on appelle une diathèse, mais combien de fois ne le voyons-nous pas succéder à un traumatisme dont nous pouvons apprécier les funestes effets sur un organisme prédisposé !

Nous n'avons eu à examiner qu'un tendon, dans lequel la suture ait amené une réunion complète.

Nous résumons les particularités les plus importantes de l'examen.

A l'œil nu, la gaîne est fort épaissie, il y a infiltration purulente au voisinage des extrémités du fil.

Le tendon suturé par un fil simple dont les points de pénétration sont distants de 5 millimètres, est à l'œil nu parfaitement réuni. On distingue difficilement à l'extérieur les traces de la section.

Le tendon ayant été durci dans l'alcool, on peut noter les faits suivants : Sur une section faite parallèlement à la longueur du tendon, et à ses surfaces aplaties, on aperçoit aux extrémités de la coupe le tendon sain, puis les deux trous dans lesquels passe le fil de la suture et entre eux une ligne un peu irrégulière, plus translucide que le reste du tendon.

Nous avons examiné ces diverses parties au microscope.

Au niveau de la *cicatrice translucide* on peut distinguer trois zones d'ailleurs très-étroites. Les *deux extrêmes* montrent la structure ordinaire des tendons, c'est-à-dire les faisceaux primitifs séparés par des fibres élastiques et des fibres lamineuses ou corpuscules du tissu conjonctif, seulement il y a ici multiplication des fibres lamineuses et des fibres élastiques elles-mêmes. On trouve des corps fusiformes et des fibres élastiques à noyaux, dans lesquelles il y a un étranglement du noyau et de la fibre, ou une véritable segmentation. Mais de plus, on trouve, là où existent de rares vaisseaux, un amas de cellules qui rappellent les caractères des leucocytes, et, entre ces éléments, des granulations graisseuses abondantes, qui ressemblent aux corps de Glüge.

La partie moyenne offre un aspect qui rappelle le tissu cicatriciel. On voit un très-grand nombre de corps fusiformes, de fibres lamineuses, de fibres élastiques à noyau, qui semblent se continuer avec le tissu conjonctif ou lamineux qui sépare en faisceaux primitifs les deux extrémités tendineuses. Ici encore on trouve quelques leucocytes, mais ils sont bien plus rares que les éléments fibroplastiques et fusiformes.

En résumé : les deux extrémités tendineuses sont réunies par une cicatrice extrêmement fine, linéaire, à peine visible à l'œil nu, et qui, formée par les éléments du tissu fibreux, est en continuité avec le tissu conjonctif ou lamineux qui entoure les faisceaux tendineux et est lui-même le siége d'une multiplication d'éléments.

Au niveau des blessures faites par le fil à suture, on aperçoit également des marques de l'irritation produite.

Il y a multiplication des éléments du tissu conjonctif (corps fibro-plastiques, fusiformes), mais cet aspect n'existe pas plus loin. Dans le muscle dont le tendon a été suturé, on ne retrouve aucune altération.

En définitive, il existe une analogie complète entre la réunion du tendon suturé, et la réunion par première intention, telle qu'on l'a étudiée sur la langue de la grenouille (Wywodzoff, Billtroth), avec cette différence cependant que le rôle des vaisseaux est ici fort secondaire.

CHAPITRE XIII

SUTURE DES NERFS

Dans un grand nombre de cas de sections tendineuses accidentelles, l'on se trouve aussi en présence de sections nerveuses. — Une question importante et qui se pose immédiatement, c'est de savoir, si, à l'exemple d'un grand nombre d'auteurs, l'on doit faire la suture du nerf en même temps que celle du tendon.

Un certain nombre de chirurgiens n'ont pas hésité dans de semblables circonstances à pratiquer la suture.

A côté de ces observations chirurgicales peu nombreuses, nous aurons à citer un assez grand nombre d'expériences pratiquées sur des animaux.

Une des premières sutures nerveuses a été faite en 1863 par M. Nélaton, mais une observation publiée par Laugier (1) a surtout attiré l'attention du monde médical.

Nous commencerons par citer les différentes observations, nous réservant plus loin de les interpréter, afin de savoir si la suture du nerf a des avantages aussi marqués que la suture du tendon.

Dans le cas de Laugier, il s'agissait d'un malade qui avait été atteint d'une blessure grave de l'avant-bras gauche. Il y avait eu section complète du médian et section incomplète du nerf radial qui avait été coupé dans les deux tiers de son diamètre transversal.

La sensibilité avait disparu dans toutes les parties desservies par le nerf médian. Elle avait cessé, en partie seulement, dans les points où le radial se distribue à la main. Les mouvements d'opposition du pouce étaient impossibles.

(1) Laugier, *Gazette médicale de Paris*, 1864.

En présence de ce cas M. Laugier fit la suture du médian.

A la suite de cette suture, l'on n'observa aucun accident. ·

La sensibilité, dès le soir de l'opération, dit Laugier, semble un peu rétablie dans les points où elle avait disparu ; le malade dit positivement sentir le contact des doigts ou de tout autre objet appliqué à la face palmaire des doigts paralysés du sentiment, par la section du nerf médian ; cependant cette sensibilité est obtuse.

Le lendemain de la suture du nerf, toujours d'après Laugier, le retour de la sensibilité était très-marqué ; il y avait pourtant encore une notable différence entre celle des deux mains et des parties de la main gauche, desservies par le nerf médian ou par le nerf cubital. Le mouvement d'opposition se faisait facilement.

Le deuxième et le troisième jour, il y avait accroissement de la sensibilité et des mouvements, certaines sensations n'étaient cependant pas perçues, la pointe d'une épingle, pressée contre la face palmaire du médius, ne déterminait aucune douleur ; en appliquant sur les parties de la face palmaire, dont la sensibilité était altérée, un corps froid, comme une paire de ciseaux, le malade n'éprouvait pas la sensation de froid, que ce contact devait produire ; il rapportait du reste très-bien au point touché les impressions ressenties.

De sorte que, trois jours après la suture du nerf divisé, si la sensibilité tactile était revenue, les sensations de douleur et de température n'étaient pas perçues.

Quatre jours après l'opération, la sensation de piqûre était obtenue, et celle de température était manifeste.

Comme conclusion, M. Laugier disait :

1° Qu'après la suture d'un nerf coupé, la sensibilité et les mouvements des parties auxquelles il se distribue, peuvent se rétablir d'une manière très-notable en un petit nombre d'heures ;

2° Que ce rétablissement des fonctions est rapidement progressif ;

3° Qu'il est successif, c'est-à-dire que la sensation tactile et les mouvements sont obtenus avec certaines sensations, par exemple, celles de douleur et de température ;

4° Que la suture du nerf ne produit pas, du moins par le procédé que j'ai suivi et indiqué, de douleurs spéciales ni nécessairement d'accidents nerveux graves, ce que, du reste, la ligature accidentelle de certains nerfs collatéraux des artères avait prouvé ;

5° Qu'il faut admettre, dans la pratique chirurgicale, la suture des nerfs d'un volume notable, et dont la section intéresse la sensibilité et le mouvement de parties plus ou moins étendues.

Nous aurons à examiner si les conclusions, peut-être trop favorables, données par Laugier, doivent être entièrement admises.

Dans une première observation, M. Nélaton nous dit qu'il fit la suture nerveuse à la suite de l'ablation d'un nevrôme, siégeant à la partie supérieure et inférieure du bras.

Après avoir disséqué la tumeur, « avant de couper le nerf à sa partie supérieure, un fil d'argent fut passé dans le bout inférieur, afin de l'empêcher de fuir et de se cacher au fond de l'incision. — Puis on détacha le névrôme du bout supérieur en employant les mêmes précautions. —Le fil passé dans le bout inférieur sortait par la surface de section du nerf. » M. Nélaton reprit ce fil et le fit passer dans le tronçon supérieur en ayant soin de le faire pénétrer par la surface de section. Un second fil d'argent fut introduit de la même façon. De cette manière, les deux extrémités nerveuses se trouvèrent réunies par deux anses métalliques que l'on put serrer jusqu'à ce que les deux surfaces de section fussent en contact. — Ce temps de l'opération fut fait lentement. Le contact obtenu, on le maintint en passant les anses de fil dans trois anneaux de Galli dont on ne serra que le supérieur.

Le 7ᵐᵉ jour, le pouce, le médius et l'index se fléchissaient.

On ne trouve pas du reste dans la suite de cette observation des détails assez précis sur le moment où s'est fait le retour du mouvement et de la sensibilité.

Dans une autre observation, M. Nélaton pratiqua la suture, chez un jeune enfant à la suite d'une blessure du médian par un coup de canif. Le malade, nous dit-on, fut perdu de vue.

M. Paget a aussi publié quelques cas pour lesquels il fut obligé de pratiquer la suture nerveuse.

Dans le premier cas il fit la suture du médian et du radial.

Le poignet fut fléchi sur l'avant-bras et, au bout de huit jours, dit M. Paget, *après une réunion immédiate*, l'enfant sentit.

Dans la seconde observation, il s'agit aussi d'un enfant de treize ans, qui avait eu le médian et le radial sectionnés. Au bout de douze jours, la sensibilité avait reparu dans les doigts.

M. Richet (1) a eu aussi à pratiquer la suture du nerf médian. Dans ces cas la suture tendineuse du radial fut aussi pratiquée.

Avant la suture, on constata avec étonnement que la sensibilité tactile était conservée dans toute la main, excepté à la face palmaire de la phalangine, et de la phalangette de l'index.

Après la suture, au bout de cinq minutes, M. Richet constata de nouveau la persistance de la sensibilité au pouce, à l'index, au médius et à l'annulaire.

Quand on touchait la phalangine ou la phalangette de l'index, le malade éprouvait bien une sensation, mais il ne savait à quel endroit la rapporter.

« Avec un appareil à intermittences lentes, on constate que la contractilité des muscles de l'éminence thénar est abolie; les interosseux et l'adducteur dorsal se contractent très-bien. Le pouce a de légers mouvements d'extension. En explorant la sensibilité à la température au niveau de l'éminence thénar, le malade accuse des sensations réelles de chaud et de froid, mais il lui faut quelques secondes pour faire la distinction. »

Cette observation nous prouve en somme :

1° Qu'après la section d'un nerf mixte, la sensibilité peut persister dans les parties innervées par ce nerf;

2° Que la suture a dans ce cas donné peu de résultats avantageux.

---

(1) Richet *in* Blum, *De la suture des nerfs. Revue critique* (*Archives générales de médecine*, Paris, 1868).

M. Verneuil (1) a, dans deux cas, suturé le médian et le cubital.

Chez le premier de ses malades, il ne put suturer que le médian et chez l'autre le cubital seulement. Au bout de cinq à six semaines, on remarqua les premières traces du retour à la sensibilité et l'on constata qu'elle était revenue plus rapidement par le nerf suturé. Dans un troisième cas, la suture du cubital fut pratiquée. La sensibilité tactile qui était abolie dans toute la face antérieure de l'avant-bras, du bord radial au bord cubital, dans toutes les parties innervées par le cubital, ainsi que dans la région métacarpienne correspondante, persista après l'opération. Mais ce ne fut que deux jours après l'opération que les fonctions nerveuses apparurent ; au bout de huit jours, elles étaient complétement revenues.

A côté de ces faits cliniques, consultons les faits expérimentaux.

Flourens le premier, après avoir sectionné les deux nerfs principaux qui vont du plexus brachial, l'un à la face supérieure et l'autre à la face inférieure de l'aile d'un coq, les sutura. Ce n'est, dit cet illustre physiologiste, qu'au bout de quelques mois que l'animal avait repris l'usage de l'extrémité de son aile.

MM. Vulpian, Philipeaux et M. Sédillot ont aussi pratiqué des sutures nerveuses. Dans la plupart de ces expériences la réunion immédiate n'a évidemment pas eu lieu, mais les fonctions nerveuses semblent être réapparues très-rapidement.

Nous arrivons ensuite aux expériences très-consciencieuses d'Eulenburg et de Landois (2), lesquelles portèrent sur le sciatique et le nerf vague.

De leurs expériences au nombre de dix-sept, Eulenburg et Landois tirent les conclusions suivantes :

1° Les nerfs ne présentent chez les animaux (lapin et chien) aucune tendance à la réunion immédiate.

2° Dans les expériences de ce genre, la conductibilité est restée

(1) Verneuil *in* Blum.

(2) Eulenburg et Landois, *Berliner klinische Wochenschrift organ für pracktische Aætze.* Novembre 1864, n°ˢ 46 et 48, et *Gazette médicale de Paris,* 1865.

interrompue au niveau de la suture, et les fonctions ont cessé dans la portion périphérique. Ces phénomènes ne subissent aucun changement dans le cours des jours et des semaines suivantes.

3° L'examen microscopique a donné les mêmes résultats : altération des tubes dès les premiers jours et marche progressive de cette altération.

4° Dans une série de cas, le cylinder axis a présenté une altération caractéristique ; il participe évidemment à la dégénérescence.

5° Dans beaucoup de cas, la suture du nerf est suivie de névrite et de périnévrite, qui peuvent même aller jusqu'à la suppuration et occasionner des abcès métastatiques du poumon.

6° Enfin, il en résulte que l'introduction de la suture nerveuse dans la pratique chirurgicale récemment proposée par Laugier, est au moins problématique.

D'un autre côté, M. Magnien (1) a établi par des expériences que la réunion immédiate n'était pas possible.

Chez un chat qui fait le sujet de la première de ses expériences, les fonctions se rétablirent du 11° au 18°. jour après la section.

Chez un autre chat, le rétablissement commença au 7e jour, et était complet le 15°.

« De l'innocuité de la suture nerveuse, dit M. Magnien, prouvée par les expériences sur les animaux, par les faits de ligature accidentelle chez l'homme de nerfs collatéraux des artères et surtout par les observations directes de Nélaton et de Laugier, nous pouvons hardiment conclure à l'utilité de la suture nerveuse. Du reste, si, dans un de ces cas, il survenait des accidents nerveux graves, il serait toujours facile d'enlever la cause du mal. »

Que conclure de tous ces faits?

Nous dirons d'abord, ce que nous avons déjà signalé à propos de la régénération nerveuse (page 108 et suivantes), que la réunion

---

(1) Magnien, *Recherches expérimentales sur les effets consécutifs à la section des nerfs mixtes.* Thèse de Paris, 1866, n° 28.

immédiate est impossible ; nous ajouterons que la suture nerveuse est exempte de danger.

Quant à répondre à la question : le rétablissement immédiat des fonctions se fait-il? La difficulté est peut-être grande.

Nous devons dire cependant que la sensibilité et la motilité persistantes après les sutures nerveuses tiennent aux rameaux récurrents très-nombreux pour certains nerfs.

Les expériences de M. Arloing et Tripier (1) nous ont parfaitement éclairés sur tous ces points délicats.

Dans un certain nombre de cas où ces expérimentateurs sectionnèrent chez des animaux un nerf, soit sensitif, soit moteur, ils virent ce nerf perdre sa fonction, mais les points qu'il innervait n'étaient privés de sensibilité qu'autant qu'on avait coupé tous les autres nerfs sensitifs qui se rendaient à ces parties.

D'ailleurs il n'est pas rare en chirurgie d'observer à la suite de sections nerveuses pour l'ablation de tumeurs siégeant sur des nerfs d'un volume assez considérable, la sensibilité et la motilité persister dans certaines parties, bien que la suture nerveuse ne soit pas pratiquée.

D'après ces dernières considérations la suture nerveuse n'aurait des avantages qu'en hâtant et en favorisant le travail de régénération et de cicatrisation. Dans un certain nombre d'expériences pratiquées chez l'homme ou chez l'animal adulte, le retour des fonctions a pu être vu au bout de sept à huit jours.

Ces résultats, s'ils sont confirmés, nous obligent à pratiquer la suture nerveuse.

Quant aux parties qui servent à la réunion, nous nous sommes assez étendus sur tous ces faits dans notre chapitre sur la régénération nerveuse (pages 100 et suivantes).

(1) Arloing et Tripier, *Archives de physiologie normale et pathologique*, publiées par M. Brown-Séquard, année 1869, n°s 1 et 3.

CHAPITRE XIV

DES PRINCIPALES CONDITIONS QUI FAVORISENT OU EMPÊCHENT LES RÉGÉNÉRATIONS

Dans l'exposé que nous venons de faire des principaux tissus qui se régénèrent, nous avons étudié aussi succinctement que possible les différentes phases que les éléments étaient obligés de parcourir avant d'arriver à constituer par leur réunion un tissu parfait.

Mais cette régénération s'accomplit-elle toujours sans entrave?

Est-elle toujours fatale? et est-ce au hasard que nous devons attribuer cette fatalité?

Des conditions de réussite des régénérations existent, l'on ne peut certainement en douter, et nous allons essayer dans les chapitres suivants de passer en revue les différentes conditions qui sont nécessaires pour qu'un élément nouveau et parfait vienne prendre dans nos tissus la place de l'élément détruit ou retranché. Nous sommes malheureusement obligés d'avouer que nous savons fort peu de chose sur cette difficile question, et ici se feront sentir l'étendue de notre sujet et le petit nombre de faits que nous connaissons. — Beaucoup de questions posées, peu de résolues, et nous serons obligé d'accumuler nos points d'interrogation.

Le résumé que nous avons essayé de présenter et l'étude des quelques conditions de réussite des régénérations que nous allons faire, nous prouvent que le temps n'est pas encore venu de faire un traité complet sur un semblable sujet, mais nous nous estimerons heureux, si, tout en faisant entrevoir le programme de cette importante question de physiologie et de chirurgie, nous attirons l'attention sur un certain nombre de faits qui réclament une prompte solution.

La cicatrisation et la régénération, comme nous l'avons développé dans le courant de cet ouvrage, nous semblant être deux phénomènes à peu près identiques, nous négligerons, on le comprend, un certain nombre de conditions qui empêchent ou favorisent cette régénération ou cette cicatrisation et qui sont du reste suffisamment traités dans nos ouvrages de pathologie. Nous nous occuperons peu, par exemple, de la lésion traumatique et des variétés de blessures (section, contusion, etc.) au point de vue de la régénération chez l'homme. Nous aurons surtout en vue le rôle que jouent le blessé et le milieu dans l'évolution réparatrice.

Plusieurs facteurs concourent nécessairement à la régénération : il faut d'abord un élément. Mais cet élément préexistant, qui est destiné à nous donner d'autres éléments, doit vivre, et, pour cela, il a besoin d'un entourage. — Cet entourage est fourni chez les animaux supérieurs par le sang dans lequel viennent se réfléter la plupart des modifications extérieures. — L'élément, pour nous servir d'une admirable expression de Claude Bernard, vivra dans son milieu intérieur.

Toutes les conditions extérieures ne retentissent pas cependant sur l'élément au moyen de ce milieu intérieur liquide. — Elles peuvent agir encore localement sur lui sans intermédiaire, et c'est pour cette raison qu'après avoir examiné les conditions extérieures qui agissent d'une façon générale et sur *tous* les éléments de l'être, nous aurons à faire un chapitre où nous devrons étudier la façon dont certains agents, en agissant *localement* sur l'élément, pourront nuire ou servir à sa régénération.

Notre sujet se trouve donc naturellement divisé.

Dans un premier article nous aurons à étudier les conditions de réussite qui dépendront de l'élément, et à examiner rapidement la différence que nous remarquons parmi les différents tissus au point de vue de la facilité de la régénération.

Dans un second article, nous aurons à étudier successivement :

1° L'influence que joue la nutrition du sujet;

2° L'influence des différentes maladies dont il peut être atteint ;

3° L'influence que possède l'âge du sujet ;

4° Nous ne dirons que quelques mots de l'influence peu importante que possède le sexe, mais nous nous étendrons un peu plus longuement sur l'influence que possède le type de l'animal, sa race, son espèce;

5° et 6° Nous examinerons enfin l'influence de la circulation et de l'innervation sur les régénérations.

Dans un troisième article nous étudierons les conditions générales qui favorisent ou empêchent les régénérations, conditions de lumière, de température, etc.

Dans un quatrième article enfin, nous étudierons les conditions locales, c'est-à-dire l'influence de la température, de l'air agissant localement, et nous terminerons en examinant le rôle que jouent l'irritation et les causes qui la déterminent.

ARTICLE Ier

DE LA FACILITÉ PLUS OU MOINS GRANDE QUE POSSÈDENT LES TISSUS POUR SE RÉGÉNÉRER.

Dans l'étude que nous venons de faire, nous venons de voir que nos tissus se régénéraient plus ou moins facilement; certains tissus présentent, par exemple, une facilité très-grande pour la régénération. Parmi tous les tissus qui nous ont offert des exemples indiscutables de régénération, nous pourrons citer les os, les nerfs, l'epithélium, les cartilages, etc. Le tissu musculaire est encore le tissu dont la régénération est le plus contestée. Nos recherches nous semblent démontrer clairement la régénération du tendon. Ainsi donc, à mesure que nos moyens d'investigation nous permettront d'examiner plus attentivemment l'évolution de nos tissus, nous verrons que la régénération est une propriété générale de la matière vivante, et le temps n'est pas peut-être très-éloigné où nous pourrons dire que : Tous nos tissus se régénèrent.

ARTICLE II

INFLUENCE DES CONDITIONS DU SUJET.

§ I. — Influence de la nutrition.

L'état de santé ou de maladie du sujet doit être pris en sérieuse considération, et nous ne saurions trop insister sur un certain nombre de rapports qui existent entre la nutrition et la régénération. Sans vouloir confondre complétement la naissance, y compris la régénération et la reproduction, avec la rénovation moléculaire continue, ou nutrition, comme l'ont fait Harvey et Leibnitz, nous ne pouvons nous empêcher de faire remarquer que la régénération et la nutrition se touchent par un très-grand nombre de points ; et c'est là ce qui très-certainement a fait dire que la nutrition est une génération continuée (1).

Il est pour nous évident que toute mauvaise nutrition amènera une mauvaise régénération. Le sujet devenu malade, atteint de quelque diathèse dégénérée en cachexie, présentera une régénération de ses tissus incomplète, et les nouveaux éléments produits, ne trouvant pas leur nourriture suffisante, mourront à la période embryonnaire et constitueront le pus.

Tous les jours, nous pouvons nous apercevoir, en chirurgie, de la vérité de ces faits.

Pour les maladies osseuses, en particulier, nous avons eu bien soin de nous renseigner dans quelques recherches que nous avons faites sur l'ostéomyélite, de l'état de la nutrition du malade, et chez presque tous les enfants que nous avons examinés, nous avons pu noter souvent une alimentation insuffisante, des fatigues exagé-

____

(1) Claude Bernard, *De la Physiologie générale*, p. 130.

rées, etc., toutes conditions qui amènent rapidement une véritable, misère physiologique.

Nous ne devons pas être étonné d'après cela de voir la régénération s'effectuer beaucoup mieux et beaucoup plus rapidement chez un individu dont la nutrition est excellente. Chez les êtres supérieurs atteints de ce qu'on appelle des diathèses, des cachexies, nous voyons des régénérations imparfaites, et des suppurations interminables. Si chez un enfant cachectique nous sectionnons, par exemple, le tendon d'Achille, nous pourrons voir la suppuration s'établir, et nous n'obtiendrons pas alors de régénération, mais une cicatrice tendineuse, qui mettra un certain temps à se produire, et cela, qu'on le remarque attentivement, bien que nous ayons pris toutes les précautions désirables pour mettre la plaie à l'abri du contact de l'air.

§ II. — Influence de l'état pathologique.

Une question assez difficile à résoudre et sur laquelle nous n'insisterons pas, car elle demanderait de grands développements, est la suivante : La scrofule, la syphilis, la goutte, l'alcoolisme, etc., retentissent-ils sur la régénération ou sur la cicatrisation ?

Des distinctions doivent être établies, et nous dirons d'abord que dans ce que l'on est convenu d'appeler la première période de ces maladies, il est peu probable que l'on puisse noter une action manifeste de la diathèse.

La scrofule, la syphilis n'agissent pas sur la régénération et la cicatrisation en tant que diathèses spéciales.

Pour la syphilis, par exemple, nous pouvons dire que nous avons fréquemment opéré des malades, sans que nous ayons vu aucune modification dans la marche des plaies vers la guérison. M. Ricord n'admet pas du reste l'influence de la syphilis sur la cicatrisation. Mais, lorsque la scrofule, la syphilis, etc., auront à la longue amené la ruine de l'organisme, nous observerons alors des régénérations et des cicatrisations imparfaites. Sous l'influence de ces maladies nos éléments ont perdu leur vitalité, et dans ces conditions la régénération s'accomplit mal.

Parmi les maladies chroniques qui nuisent à la régénération et à la cicatrisation, nous citerons l'albuminurie et surtout le diabète.

Pour le diabète, il est certain que la glycémie met nos éléments dans un état de mort imminente, et s'ils viennent à être retranchés, ils se régénéreront très-difficilement et toujours avec une grande lenteur.

Si l'individu chez lequel nous voulons avoir une régénération est atteint de quelque maladie aiguë, les éléments ne se reproduiront pas. Ce fait est surtout observé dans les maladies qui présentent des modifications très-grandes dans la crase du sang, maladies que l'on a appelées, dans ces derniers temps, maladies dyscrasiques (fièvre typhoïde, etc.).

On sait du reste avec quelle facilité se produit le pus dans ces circonstances, l'on pourrait presque dire avec quelle facilité meurent les nouveaux éléments embryonnaires produits.

Dans les fièvres éruptives, il n'est pas rare de voir le travail de régénération s'arrêter complétement et dans l'observation que nous citons plus haut (suture des tendons, obs. XIX, p. 215), nous voyons que la suture n'est pas suivie de régénération, parce qu'une fièvre éruptive, la rougeole, a éclaté.

Les accidents observés dans ce cas nous semblent évidemment dus au trouble amené par la fièvre.

L'état fébrile seul peut nuire à tout travail de régénération, et il suffit de quelques jours d'élévation de température pour amener un arrêt complet dans l'évolution des tissus.

A la suite de lésions traumatiques graves et surtout lorsque les os sont atteints, la fièvre traumatique, l'infection putride et purulente empêchent toute cicatrisation, et toute ossification dans le cas particulier de plaie de l'os.

Nous devons aussi signaler l'influence toute particulière de l'érysipèle qui, dans le plus grand nombre de cas, arrête tout travail de régénération. Dans d'autres cas, au contraire l'érysipèle est salutaire et active des travaux de régénération languissants. — M. Ricord a observé quelques faits de ce genre fort curieux.

Mais ce qui prouve surtout l'influence de certaines maladies générales sur les éléments et sur la régénération, c'est ce que l'on observe si une maladie, telle que la fièvre typhoïde, survient au moment où un tissu s'était complétement régénéré. Ce tissu se ramollit en effet, la gangrène peut survenir et entraîner à sa suite des accidents sérieux. Ce phénomène a surtout été vu pour les fractures, et le cal à la suite de maladies dyscrasiques a pu se ramollir (*Ramollissement du cal*). M. Ollier a cité un assez grand nombre de ces cas intéressants où l'on voit la rétrocession du travail réparateur se faire sous certaines influences morbides.

Après une ablation sous-périostée du premier métatarsien, dit M. Ollier, la gaîne périostique était dure, de consistance cartilagineuse; un noyau avait même la résistance du tissu osseux, quand nn érysipèle survint qui fit tout disparaître.

Dans une autre observation, après une ablation du maxillaire supérieur, une masse osseuse s'était reformée, entourée de masses fibreuses qui paraissaient éprouver le processus de l'ossification. Une fièvre typhoïde légère se déclara, et, au dixième jour, l'os paraissait réduit de volume, les tissus qui l'entouraient avaient maigris et s'étaient resorbés, de telle sorte que le volume de la masse cicatricielle avait notablement diminué.

Un enfant de quatorze ans chez lequel on avait pratiqué une résection du coude, soulevait déjà son bras, le sortait seul de la gouttière et commençait à fléchir l'avant-bras ; une fièvre typhoïde survint, et au dix-huitième jour le coude était vacillant, les os mobiles les uns sur les autres ; l'articulation n'avait plus de fixité.

Toutes les pertes que pourra faire l'organisme agiront dans le même sens que les maladies que nous venons de citer, et les saignées s'opposeront dans certains cas à tout travail complet de régénération.

Nous sommes loin aussi d'admettre l'opinion de M. Piorry qui prétend que les animaux qu'il avait saignés présentaient une cicatrisation très-rapide.

Hewson (1) a cité plusieurs cas de fractures non consolidées à la suite de saignées.

Chaque fois que l'organisme sera obligé de fournir des matériaux de nutrition pour un travail supplémentaire quelconque, la régénération pourra dans quelques cas être entravée.

Pendant la grossesse notamment, l'on a observé des fractures qui ne s'étaient pas consolidées.

Dupuy a rapporté en effet, dans le Journal de médecine de Bordeaux en 1853, une observation où l'on voit que le travail de consolidation d'une fracture a été réellement arrêté pendant tout le temps de la grossesse.

Astley Cooper a du reste cité des faits semblables.

Dans d'autres observations, au contraire, l'on a vu la consolidation se faire régulièrement.

C'est en amenant une nutrition défectueuse que les mauvaises conditions hygiéniques nuisent à la régénération.

Un animal placé dans un lieu malsain et humide, avec une alimentation insuffisante, et chez lequel nous enlevons une partie osseuse, cartilagineuse, etc., ne présentera pas le phénomène de la régénération.

Nous avons pu constater cette différence, dit M. Ollier, à propos des résections sous-périostées et des transplantations du périoste que nous pratiquions à une époque, tantôt à la campagne et tantôt à Paris, à l'école Pratique ou dans des lieux insalubres. Dans le premier cas nous avions des ossifications rapides et abondantes : dans le second, nos animaux mouraient le plus souvent avec des ossifications incomplètes ou à peine commencées.

____

(1) Hewson, *Journal des Progrès*, t. IX, p. 161.

Ces faits observés chez les animaux se rencontrent malheureusement trop souvent aussi chez l'homme, et il n'est pas rare de voir dans nos hôpitaux, au moment où il y a de l'encombrement, nos fractures ne pas se consolider, nos résections ne pas donner de résultats satisfaisants, nos plaies enfin ne pas marcher vers une régénération rapide, et la cicatrisation être entravée par des complications multiples.

Dans les temps où l'hospitalisme laissait à désirer sous bien des rapports, on avait abandonné un certain nombre d'opérations ; à mesure que nos conditions hygiéniques deviennent meilleures, les régénérations que nous sollicitons dans nos opérations sont de plus en plus faciles et satisfaisantes.

Nous reviendrons du reste plus loin sur l'influence des conditions hygiéniques qui servent à la régénération, mais, comme ces conditions retentissent directement sur la nutrition du sujet, il était nécessaire de les signaler dès à présent.

En résumé, la misère, l'alimentation insuffisante, les saignées répétées, la grossesse, les maladies aiguës, la fièvre, les affections dites diathésiques (mais seulement alors qu'elles sont arrivées à la période de cachexie), portent une profonde atteinte à la vie de nos éléments et nuisent par conséquent à la régénération.

Nous ajouterons enfin que, si c'est à des conditions de nutrition que nous devons le peu de vitalité de nos éléments, c'est aux mêmes conditions que nous devons leur production exagérée.

N'est-ce pas en effet à une mauvaise nutrition que nous devons cette hypergenèse excessive d'éléments anatomiques qui constituent les tumeurs dites cancéreuses ? Après l'ablation de ces tumeurs, si nous n'avons pas soin d'agir énergiquement sur l'état général de façon à modifier la nutrition, nous observerons presque toujours des régénérations fatales.

Comme l'a bien fait remarquer M. Robin : « C'est dans les troubles de la génération normale que se trouve être la cause de la production des tumeurs », nous ajouterons que ces troubles de régénération et de génération se trouvent très-certainement sous la dépendance de la nutrition.

La nutrition ne s'accomplissant pas physiologiquement, nous n'avons pas d'abord une génération d'éléments anatomiques modérée, il y a exagération de génération; si nous enlevons ensuite la tumeur produite, la génération continuera, car le milieu dans lequel vivent nos éléments n'aura pas changé, et nous aurons fatalement une récidive, c'est-à-dire une régénération des tissus primitivement enlevés.

§ III. — Influence de l'âge.

Si la propriété de régénération est une propriété inhérente à l'organisme pendant toute la vie, il faut noter cependant que son énergie se ralentit à mesure que l'animal avance en âge.

Nous avons dit, en effet, au commencement de notre travail que plus l'animal était jeune, plus la régénération se produisait avec facilité. Les larves des reptiles nus sont plus capables de réparer leurs pertes que lorsque l'animal est passé à l'état adulte.

Nous avons aussi signalé ce fait, que les larves d'insectes reproduisent leurs parties perdues plus facilement avant leurs métamorphoses qu'après. — Chez certains animaux, dès que la mue cesse ou lorsqu'ils sont parvenus à l'état adulte, toute régénération devient impossible. Ce fait intéressant est observé chez les araignées. Chez les larves d'insectes, l'on peut voir les antennes se reproduire, mais lorsque les individus sont devenus adultes, la régénération n'est plus observée.

Ces particularités que nous avons notées chez les êtres inférieurs, nous allons les retrouver chez les êtres plus parfaits en organisation.

Pour l'homme, l'on peut même dire jusqu'à un certain point que la régénération est une propriété qui est proportionnelle à l'âge du sujet. Cette proposition ne serait pas, d'après certains auteurs, absolument vraie, et, chez les sujets d'un âge *très-tendre*, les régénérations seraient loin de s'accomplir toujours régulièrement.

Pour les vieillards, l'on sait parfaitement que l'on n'obtient que des cicatrisations qui se font avec une lenteur désespérante.

M. Ollier a justement insisté sur ce fait que les sécrétions osseuses, dans ses transplantations du périoste et de la dure-mère, se montraient d'autant plus abondantes que l'animal était plus jeune ; chez les adultes on n'obtenait que des granulations isolées.

Dans ses observations sur l'homme c'est de treize à vingt ans que M. Ollier a pu obtenir le plus facilement des régénérations parfaites.

Pendant la vie embryonnaire, la régénération se fait, paraît-il, avec une facilité extraordinaire. De nouveaux faits fort curieux viennent donner un appui puissant à cette proposition.

M. Simpson (1) a communiqué en effet en 1850 une observation qui semble prouver que dans l'espèce humaine, après l'amputation spontanée (*spontaneous amputation*) d'un membre chez de très-jeunes embryons, on peut voir un nouveau membre se former à l'extrémité du moignon. Ces faits demandent un examen attentif, et en raison de leur importance nous ne devons pas les négliger.

§ IV. — Influence du sexe, du type de l'animal, de la race et de l'espèce.

Nous ne dirons rien de l'influence que possède le sexe de l'animal sur la régénération, nous ne possédons pas de recherches précises à cet égard.

Quant aux différences au point de vue des régénérations que nous observons chez l'enfant, chez les différents individus, non-seulement suivant leur constitution, mais encore suivant leur race, elles sont très-marquées.

Chez les animaux surtout, suivant le groupe zoologique auquel ils appartiennent, les régénérations se font plus ou moins facilement.

Chez les rats, en particulier, les plaies les plus vastes guérissent avec une rapidité surprenante. Chez quelques oiseaux l'on observe

(1) Simpson, *Before the Physiological, Section of the British Association meeting in Edinburgh*, Aug. 1850.

aussi des cicatrisations très-rapides ; il est vrai que ce ne sont pas là des régénérations, il y a dans ces derniers cas excès de génération cellulaire, c'est-à-dire cicatrisation.

Les différences que présentent les sujets tiennent, nous ne devons pas l'oublier, aux milieux dans lesquels ils vivent, et aux conditions différentes au milieu desquelles se trouve l'animal suivant le type auquel il appartient. La rapidité de la circulation, l'activité respiratoire, la dimension des globules sanguins, la composition du sang jouent les principaux rôles et peuvent nous expliquer les différences si marquées que nous observons, à mesure que nous examinons des êtres qui occupent un rang plus élevé dans l'échelle animale.

Plus l'animal est simple, plus la *régénération* se fait avec facilité, témoin les expériences de Trembley ; chez l'animal qui possédera, au contraire, une organisation parfaite nous observerons la cicatrisation.

Fait curieux à observer, c'est de voir par exemple les animaux qui présentent une facilité très-grande pour les régénérations ne pas offrir de faciles cicatrisations.

Chez les oiseaux où la cicatrisation est très-rapide, l'on sait parfaitement que la régénération est le plus souvent fort difficile à obtenir ; chez le Triton, au contraire, qui possède une facilité si grande pour se régénérer, les plaies qu'on peut lui faire ne se cicatrisent qu'avec une grande difficulté.

Dans un grand nombre de faits nous trouverions la même opposition, de telle sorte que les conditions qui favorisent la régénération, nuisent à la cicatrisation et réciproquement.

Mais, nous dira-t-on, pourquoi le Triton possède-t-il cette précieuse propriété de faire repousser les parties qu'il a perdues, tandis qu'un mammifère est incapable de réparer la perte d'un lambeau cutané ? De nombreuses conditions que nous aurons à examiner plus loin existent et agissent dès lors sur nos éléments pour les solliciter à la régénération ou pour amener la cicatrisation.

Parmi ces conditions, l'on pourrait penser que les conditions de circulation jouent un grand rôle, et l'on doit remarquer en effet que les animaux à sang froid, dont la *circulation est très-lente*, sont justement ceux qui présentent une régénération des plus parfaites, tandis que d'autres, chez lesquels la circulation est très-active, les oiseaux notamment, présentent presque toujours des cicatrisations.

Nous devons dire cependant que nous ne possédons pas encore de données assez certaines qui puissent nous permettre de résoudre sûrement ce problème.

Le ralentissement de nos différentes fonctions par un moyen artificiel et par l'hibernation chez les animaux à sang froid paraît, d'après certaines expériences, très-peu nombreuses, il est vrai, favoriser la régénération.

M. Claude Bernard a remarqué que les plaies qu'il pratiquait pour sectionner le sympathique chez des loirs se cicatrisaient très-rapidement. Y avait-il suppuration ou réunion par première intention, y avait-il régénération ? C'est ce qu'il importerait de savoir (1).

D'autres expériences tendraient aussi à prouver qu'en mettant un animal dans les conditions d'un animal à sang froid, on pourrait obtenir des régénérations.

Ces expériences sont pour nous très-importantes, car elles semblent nous prouver nettement que, si nous n'obtenons pas de régénérations, cela tient uniquement à ce que la circulation, la respiration, etc., ne sont pas ralenties, à ce que la température n'est pas abaissée.

Ralentissons en effet, à l'exemple de M. Legros (2), ces différentes fonctions à l'aide d'un moyen artificiel chez un animal à sang chaud, et plaçons un rat, par exemple, dans un milieu très-froid, de façon à le mettre dans les mêmes conditions que les animaux

(1) Claude Bernard, *De la Physiologie générale*. Paris, 1873.
(2) Legros, *Gazette médicale de Paris*. 1867.

hibernants. Si alors nous coupons la queue de cet animal, nous pouvons voir cette partie se régénérer, fait que nous n'obtenons jamais lorsque l'animal se trouve dans des conditions normales.

L'hibernation d'après cela, en ralentissant un certain nombre de fonctions, favorise la régénération, et nous ne serons pas étonné si nous apprenons que les loirs présentent ce phénomène alors qu'ils sont plongés dans le sommeil hibernal.

M. Legros a obtenu quelques résultats qui démontrent en partie ce fait. Il est regrettable qu'il n'ait pas poursuivi ses premières expériences.

Dans un cas, ayant coupé, au début de l'hiver la queue d'un loir, il vit qu'il ne tarda pas à se former une sorte de bourrelet qui s'allongea, se couvrit de poils et atteignit à peu près la longueur de la queue ancienne qu'il dépassait en grosseur; extérieurement, c'était l'aspect de l'organe enlevé; malheureusement, l'hibernation fut incomplète, et l'animal qui se réveillait souvent mourut au bout de trois mois. L'examen incomplet de la pièce que l'on ne put examiner à l'état frais fit constater qu'au-dessous de la peau parfaitement normale, se trouvait un cylindre, une sorte de queue osseuse faisant suite aux vertèbres ; mais, dans la coque, les éléments étaient altérés, et l'on ne put nettement les définir.

Dans ce cas la régénération était imparfaite, il est vrai, mais ce résultat prouve que si l'on opérait sur des animaux maintenus en hibernation complète, l'on obtiendrait peut-être une reproduction parfaite.

Nous n'avons pas besoin de faire remarquer que, dans ces expériences qui nous paraissent si concluantes dans l'étude des régénérations, un seul facteur est changé. L'on a, en effet, un même animal, que nous savons ne pas présenter le phénomène de régénération, lorsque ses fonctions égalent l'activité de celles des animaux à sang chaud, mais qui, lorsqu'il vit dans un milieu plus froid, peut au contraire se régénérer.

Dans ces conditions, ou le sait, la nutrition n'est pas interrompue, elle se fait d'une façon lente et soutenue, et la régénération d'éléments anatomiques dans le cas de plaie, au lieu d'être tumultueuse, comme cela arrive lorsqu'il est réveillé, devient régulière. Nous avons donc ici un exemple des plus frappants de la façon dont le milieu retentit sur nos éléments pour nuire ou servir à la régénération. Ce fait nous prouve encore que si nous trouvons des différences aussi grandes au point de vue des régénérations entre les individus des différentes races, suivant leurs types, etc., si nous voyons des différences très-marquées entre les différents représentants des races, suivant leur état de maladie ou de santé, cela tient certainement aux conditions dans lesquelles ils se trouvent, au milieu dans lequel ils vivent.

§ V. — Influence de la circulation sur la régénération.

Nous venons de dire que les animaux chez lesquels se produisaient le plus souvent des régénérations étaient ceux qui avaient une circulation très-ralentie. La circulation joue certainement un grand rôle, il ne faudrait pas cependant croire que ce soit en raison de cette seule influence que nous observons la différence de phénomènes que nous avons signalée chez les animaux.

D'un autre côté, il est important de remarquer que les tissus qui se prêtent le plus facilement à la régénération sont justement ceux dont la circulation est très-lente. Le tissu tendineux, le tissu épithélial, le tissu cartilagineux et le tissu nerveux ne possèdent pas évidemment de bien nombreux vaisseaux; le tissu musculaire, au contraire, reçoit une grande quantité de sang.

Il ne nous serait pas non plus difficile d'établir que ce sont les tissus les plus vasculaires qui s'enflamment le plus rapidement et qui peuvent en outre se greffer avec la plus grande facilité. Pour Hunter, ce sont les muscles et la peau qui manifestent le plus de facilité pour la cicatrisation.

Palmer, annotateur de Hunter, fait remarquer avec raison que les tissus sont d'autant plus disposés à la cicatrisation qu'ils sont plus vasculaires. Nous pourrions citer de nombreux exemples de plaies des organes génitaux, dont la circulation, on le sait, est si active, et qui se sont cicatrisés facilement. Nous avons aussi observé quelques plaies de l'utérus qui se sont cicatrisées rapidement.

Mais, c'est à tort que l'on a dit que la régénération se produisait dans ces parties avec une très-grande facilité. Ce n'est pas une régénération, c'est une cicatrisation : aussi nous ne saurions admettre l'assertion de Diffenbach (1) qui prétend que le scrotum possède une facilité pour la régénération très-grande.

Des observations de Holtzem (2), de Quirot, Burdach, de Kahleis à cet égard ne nous paraissent pas avoir été prises avec tout le soin désirable ; le premier dit avoir vu chez un homme de soixante-huit ans toute la peau du scrotum qui avait été détruite par la gangrène se *régénérer* avec les poils ; le second rapporte que, chez un jeune homme qui à la suite du typhus perdit par la gangrène le gland entier et un pouce et demi de verge, la régénération avait eu lieu au bout de cinq semaines. Dans ce dernier cas, il nous semble y avoir eu cicatrisation, d'autant plus que Kahleis dit qu'il s'était formé seulement une espèce de gland.

Nous en dirons de même de l'observation de Jamieson (3), qui prétend, en effet, avoir vu à la suite de l'amputation du corps caverneux, un peu *au-dessous de cet organe,* naître d'un champignon irrégulier un organe qui prit *la figure d'un gland bien formé et bien proportionné.* Nous n'insisterons pas davantage sur ces faits. Des cicatrices exubérantes ont très-sûrement fait croire à la régénération.

Les tissus dont la cicatrisation est très-active présentant une

<hr>

(1) Diffenbach, *Chirurgische Erfahrungen besonders ueber die Wiederherstellung zerstœter Theile,* t. II, p. 171.

(2) Fabrice de Hilden, *Cent. V. obs.* 66. *De admiranda curatione scroti post gangrenam delapsi.* Francof. ad Mœn., 1646, p. 467.

(3) *Essais et observations de la Société de médecine d'Édimbourg.* Trad. par Demoutiers. Paris, 1740-47, in-12, t. V, art. XXXVI, p. 556 et suiv.

grande facilité pour s'enflammer, l'on comprend parfaitement que cette complication empêche la régénération.

Pour la greffe, nous voyons aussi que les parties qui se greffent le mieux sont justement celles qui se cicatrisaient le plus facilement et dont la circulation est la plus active.

Les animaux qui se prêtent le mieux à la greffe sont ceux que nous avons signalés comme présentant des cicatrisations rapides, et non des régénérations : les rats, les oiseaux chez lesquels la circulation est très-rapide.

Des expériences directes n'ont pas été faites pour apprécier l'influence de la circulation sur la régénération, et cette lacune est regrettable; il faut dire cependant que la solution du problème est entourée de difficultés.

Dupuytren prétendait que la ligature du tronc artériel principal d'un membre arrêtait tout travail de consolidation dans le cas de fracture.

Delpech a vivement combattu cette opinion.

Un certain nombre de chirurgiens ont pu observer aussi des fractures qui se consolidaient, bien que des ligatures d'artères eussent été pratiquées. Mais les données ne sont pas assez nombreuses pour que nous puissions nous prononcer sans hésitation.

Cependant, d'après ce que nous voyons se passer chez les animaux, suivant que la circulation est très-lente ou très-active, nous sommes engagés à conclure qu'une circulation trop accelérée nuit à la régénération. L'on sait du reste que les parties les plus vasculaires sont celles qui s'enflamment le plus facilement, et la suppuration et la cicatrisation sont la conséquence de cette complication.

Depuis longtemps aussi les chirurgiens cherchent, par la position, à empêcher l'afflux sanguin, dans les parties que l'on veut voir se cicatriser régulièrement. Dans la plupart des cas où ce puissant moyen est employé, l'on n'a pas la prétention d'obtenir une réunion par première intention, mais les phénomènes de suppuration et d'inflammation sont moins graves, et la cicatrisation devient plus facile (1).

§ VI. — Influence du système nerveux.

Favorise-t-il ou empêche-t-il la régénération ?

Un grand nombre d'expériences ont été faites pour connaître exactement l'influence du système nerveux sur la régénération et la cicatrisation.

Nous allons voir si l'on est arrivé à des résultats précis.

Tood (2) a prétendu le premier que, si l'on sectionne les nerfs du moignon d'une salamandre, l'on peut empêcher la régénération de s'effectuer. Cette expérience curieuse n'a pas été répétée ce qui fait que nous ne savons pas si nous devons l'accepter sans crainte d'erreur.

D'un autre côté, Nasse, Arnemann ont essayé de montrer que la section des nerfs n'agissait en rien sur la cicatrisation des plaies.

Chez les paralytiques, certains auteurs prétendent avoir vu des différences très-marquées, d'autres, au contraire, disent n'avoir pas pu les saisir.

M. Broca nous dit que lorsqu'il coupait à ses animaux les nerfs de l'une des cuisses, il ne remarquait aucune différence dans le mode évolutionnel de la plaie qu'il pratiquait dans l'un ou l'autre membre.

Il résulte des expériences d'Ollier et de Chauveau que la production du tissu cicatriciel n'est pas sous la dépendance de l'innervation.

Un certain nombre de cas de fractures observées chez des paralytiques semblent démontrer cependant que la régénération osseuse se trouve entravée.

Travers a cité l'exemple suivant : Dans un cas de fractures mul-

(1) Voir à ce sujet : Isidore Bourdon, *Mémoire sur l'influence de la pesanteur sur les phénomènes de la vie*, 1819. — A. Lacroix, *Considérations pathologiques sur l'attitude de l'homme*. Thèse. Paris, 1824. — Gerdy jeune, *De l'Influence de la pesanteur*. (*Archives de médecine*, 1833.) — Piorry, *De l'Influence de la pesanteur sur la circulation*. — Nélaton, *Concours de clinique chirurgicale*, 1851.

(2) Tood, *Quarterly Journal of sciences*, t. XVI, p. 91.

tiples de l'humérus, de la jambe et des vertèbres lombaires, avec paralysie, la fracture de l'humérus se consolida, celle de la jambe au contraire se termina par une fausse ankylose.

Bush (1), au contraire, a publié l'histoire d'un homme de soixante-cinq ans, paralytique depuis plus de vingt ans, privé de tout mouvement et de toute sensibilité des membres inférieurs, et qui pourtant s'étant cassé la jambe gauche, l'avait parfaitement consolidée au bout de cinq semaines.

Monro avait vu aussi chez une grenouille à laquelle il avait coupé le nerf crural que non-seulement la jambe n'avait pas maigri au bout d'un an, mais que la fracture du fémur qu'il produisit alors se consolida sans accident.

Schrœder van der Kolk a soutenu que la suppression de l'action nerveuse amenait toujours une aberration du cal.

M. Ranvier (2) a conclu d'une expérience assez intéressante que cette influence des nerfs sur le cal n'existait pas.

Chez un chien, en effet, il fit la résection du sciatique droit dans une longueur de 42 millimètres, et le bout supérieur fut relevé en anse et fixé dans cette position avec un point de suture.

Le nerf crural du même côté fut réséqué dans une étendue de 27 millimètres, et le bout supérieur fut aussi relevé en anse comme pour le nerf sciatique.

La jambe droite fut alors fracturée au moyen d'un levier. La fracture porta sur le tibia et le péroné au niveau de leur tiers inférieur. Au moment où la fracture fut produite, il se fit une cicatrice transversale de la peau, de telle sorte que le foyer de la fracture communiquait avec l'air.

Nous nous dispenserons de décrire les différentes modifications que subit l'os, nous nous contenterons de citer les conclusions de M. Ranvier :

(1) Bush, *London medical, Gazette*, 1840.
(2) Ranvier, *Gazette hebdomadaire de médecine et de chirurgie*. Paris, 1872. In P. Redard, *Considérations générales sur la moelle des os*, id.

1° La moelle limitée par un os nécrosé peut sous l'influence de l'inflammation prendre la forme embryonnaire et donner de l'os ;

2° Les nerfs n'ont pas d'influence directe sur la formation du cal. En effet, dans cette expérience, comme dans les fractures compliquées de plaies, il a été établi que le cal se forme par ossification directe, tandis que dans les fractures simples il est d'abord cartilagineux.

M. Ollier (1) prétend s'être assuré par l'expérience que le défaut d'innervation ne nuisait pas directement et par lui-même au développement du processus cicatriciel.

Ayant fracturé l'os métatarsien sur deux jeunes agneaux de même âge et ayant réséqué à l'un d'eux le nerf sciatique dans une étendue de 3 centimètres, cet observateur trouva que les deux fractures étaient solides. La section du nerf n'avait donc pas nui à la consolidation.

Dans les deux cas, l'ossification de la moelle dépassait de 2 centimètres le niveau de la fracture.

Si nous adoptions les expériences de Schiff, nous devrions penser, au contraire, que la section nerveuse amène une hypergenèse des éléments anatomiques.

Schiff dit en effet avoir vu à la suite de la section du sympathique que l'os subissait une véritable hypertrophie.

Pour se mettre à l'abri de l'influence que le repos pouvait avoir sur ces phénomènes, Schiff a aussi opéré sur la mâchoire inférieure, et il a obtenu les mêmes résultats, c'est-à-dire une hypertrophie assez notable de l'os.

Ollier se plaint de n'avoir jamais obtenu ces résultats. La section du sympathique que ce patient observateur fit sur un assez grand nombre d'animaux ne produisit pas d'hypertrophie. Cet auteur conclut donc que la paralysie des nerfs vaso-moteurs n'active pas les propriétés végétatives des cellules, malgré la pré-

____

(1) Ollier, *Traité expérimental et clinique de la Régénération des os*. Paris, 1867.

sence d'une beaucoup plus grande quantité de sang dans l'organe paralysé.

Chauveau (1) a vu du reste en étudiant l'appareil kératogène des solipèdes que les propriétés végétatives des cellules sont indépendantes des nerfs, non-seulement des nerfs vaso-moteurs, mais encore des nerfs de la vie animale.

En coupant très-haut les nerfs de l'animal, il était sûr de paralyser tous les ordres de fibres, il n'observait cependant, dit-il, aucun changement dans l'activité formatrice des cellules épithéliales qui doivent former la corne du sabot.

Quelques expériences fort intéressantes qu'a pratiquées Snellen semblent nous prouver que, sous l'influence de la section du sympathique, il y a réellement une activité formatrice exagérée.

Ayant coupé à un lapin la moitié de chaque oreille après avoir sectionné le filet sympathique d'un côté, cet observateur trouva la plaie de ce côté cicatrisée en dix jours, tandis que l'autre ne l'était qu'au bout de quinze.

M. Cl. Bernard n'admet pas, on le sait, que la suppression vaso-motrice détermine des troubles divers de nutrition, par conséquent ni inflammation ni hypertrophie.

M. Brown-Séquard (2) a souvent soutenu que la multiplication des éléments anatomiques n'était pas en rapport avec l'activité circulatoire.

Il faut cependant remarquer que, si nous admettons à la suite de section des vaso-moteurs qu'il y ait le maximum des phénomènes physiologiques, nous devons en conclure que les phénomènes de nutrition et de génération sont au maximum.

«Mais ce n'est pas là encore, dit M. Bernard, un état morbide. On est sur la limite. » Nous ajouterons que cette limite est très-facile à dépasser.

Sous l'influence de cette section du sympathique, des éléments

(1) *Journal de médecine de Lyon*, 1853.
(2) Brown-Séquard, *Journal de Brown-Séquard*, t. VI. p. 107,

en trop grand nombre peuvent être produits, et, s'ils se trouvent sur un terrain qui n'est pas suffisamment nutritif, ils mourront à la période embryonnaire et constitueront le pus. En effet, chez un animal soumis à l'inanition, à la misère, l'on peut voir dans les parties où les nerfs vaso-moteurs ont été supprimés une suppuration abondante. « A la suite de certaines opérations sur les nerfs, dit C. Bernard (1), on voit le pus se former dans les différents organes : c'est le sympathique qui est l'agent de cette production. Que la section du sympathique soit pratiquée sur un animal faible, on observera d'un seul côté, celui où a été pratiquée l'opération, une suppuration tellement abondante que l'animal en mourra presque toujours. J'ai observé la même chose dans les cavités abdominale et thoracique, lorsque j'y ai détruit quelques parties du grand sympathique. »

Nous signalerons encore l'influence que paraît avoir le système nerveux sensitif sur le développement de l'inflammation, et nous citerons une expérience très-curieuse de Claude Bernard, dans laquelle ce physiologiste, après avoir mis un clou dans le sabot d'un cheval, et coupé les nerfs sensitifs du membre, voit que non-seulement il n'y a pas réaction générale, mais encore que l'inflammation locale guérit très-rapidement. Les vétérinaires emploient du reste ce moyen pour guérir les chevaux des inflammations douloureuses qui gênent la marche; pour remédier à ces inconvénients, ils savent qu'il faut qu'ils sectionnent tous les nerfs sensitifs du sabot, et sous cette influence ils ne tardent pas en effet à voir tous les accidents locaux (suppuration, inflammation) guérir avec une rapidité étonnante. Ce fait prouve évidemment, suivant nous, que l'excitation réflexe partie de la plaie douloureuse vient agir sur les vaso-moteurs, et amène une inflammation locale qui persistera tant que la cause elle-même subsistera.

L'on voit donc, d'après ces quelques exemples, que si le système nerveux est une fonction de perfectionnement chez l'animal

(1) C. Bernard, *Liquides de l'organisme*, t. II, p. 344.

supérieur, certaines de ses propriétés se manifestant d'une façon exagérée pourront causer des troubles dans les phénomènes évolutionnels, amener des suppurations et troubler la régénération.

L'existence de deux espèces de nerfs vaso-moteurs, les constricteurs, les dilatateurs, peut-elle nous servir à mieux comprendre les rapports qui existent entre la suppression vaso-motrice, la nutrition, l'inflammation, là régénération? On a bien dit que la congestion par section des constricteurs était passive, la congestion par dilatation était active et que c'était cette dernière action qui présidait à la prolifération des tissus et qui intervenait pour produire l'inflammation; la première ne ferait que préparer ces mêmes tissus à la prolifération, les constricteurs seraient les modérateurs de la nutrition. Nous ne savons si nous devons admettre définitivement ces idées. — Dans l'expérience que nous avons citée plus haut sur le sabot du cheval, l'excitation sensitive agirait peut-être en paralysant le sympathique de la même façon que, d'après M. Claude Bernard (1), l'excitation du filet du facial paralyse le sympathique. M. Vulpian (2) et Brown-Séquard n'admettent pas cette action paralysante d'un nerf sur un autre, et ces deux physiologistes semblent admettre l'action directe des nerfs sur les tissus qui amènent alors directement la dilatation des capillaires.

En 1866, M. Brown-Séquard (3) nous dit que la simple vascularisation ne suffit pas pour déterminer l'inflammation, mais l'inflammation se développerait au contraire très-facilement dans les parties dont les vaso-moteurs sont paralysés. Ce n'est pas l'abord d'une quantité plus grande de sang, dit-il, qui développe l'inflammation, c'est la modification des tissus qui attirent davantage le sang artériel.

(1) Claude Bernard, *Leçons sur la physiologie et la pathologie du système nerveux.* Paris, 1858.
(2) Vulpian, *Leçons du Muséum d'Hist. nat.* (*Revue des cours*, 1866, p. 746.)
(3) Brown-Séquard, *Leçons sur le système nerveux central.* Philadelphie, 1866.

Demarquay. — *Régénérations.* 19

Nous devons, après cela, citer aussi les expériences qui prouvent au contraire que certaines lésions nerveuses produisent des inflammations. Snellen (1857), Büttner (1862), ont produit des inflammations de l'œil en sectionnant le trijumeau ; on a aussi obtenu par la section du pneumogastrique de véritables pleurésies et des pneumonies ; la péritonite a pu être aussi produite par la lésion des ganglions semi-lunaires, etc.

De ces expériences on a voulu en conclure que c'était à l'hypérémie paralytique qu'était due l'inflammation. — C'est du reste l'opinion de M. Vulpian qui pense que la paralysie vaso-motrice ne produit pas directement l'inflammation, elle déterminerait une prédisposition locale qui rendrait les tissus plus aptes à s'enflammer. — Certains auteurs sont loin de penser que cette hypérémie neuro-paralytique n'est pas suffisante pour occasionner à elle seule une altération dans la nutrition des tissus.

Nous devons dire du reste que les inflammations signalées à la suite de section du trijumeau et du pneumogastrique ont paru recevoir une explication convenable.

Les irritations tiennent en effet, d'après certains auteurs, à ce que l'œil devenu insensible ne peut pas se soustraire aux causes irritantes. Si l'on a soin de clore les paupières, la section du trijumeau n'est jamais suivie de conjonctivite.

Traube (1) a démontré en outre que la pneumonie consécutive à la section du pneumogastrique pourrait certainement être attribuée à l'introduction de corps étranges qui peuvent facilement s'introduire dans la trachée pendant les mouvements de déglutition, vu que la sensibilité de la muqueuse de l'orifice supérieur du larynx n'existe plus.

Cette opinion, il est vrai, n'est plus soutenable depuis que M. Cl. Bernard a montré que les lésions du poumon, à la suite de la section du pneumogastrique, se produisent lorsqu'on fait respirer l'animal par une canule placée dans la trachée.

(1) Traube, *Beitraze zur experim. Physiol. und pathol.* Berlin, 1846.

D'après un certain nombre d'expériences, on pourrait dire cependant que les lésions qui ont pour résultat d'anéantir ou de suspendre l'action du système nerveux, n'ont pas le pouvoir de faire naître des phénomènes inflammatoires, et, par conséquent, de troubler la régénération.

Les expériences de Nasse, Arnemann, nous ont démontré, il est vrai, que des sections simples de nerfs n'empêchent pas le travail de cicatrisation, mais il en est tout autrement si, au lieu d'une section pure et simple, il existe une excitation, une exaltation de propriétés ; l'on voit alors se produire une véritable inflammation c'est une irritation nerveuse qui amène les mêmes résultats que l'irritation mécanique.

Samuel (1) a fait l'expérience suivante : Chez un lapin deux aiguilles sont appliquées sur le ganglion de Gasser, et l'on fait passer un courant d'induction ; aussitôt il se produit un rétrécissement plus ou moins prononcé de la pupille, et en même temps se développe une légère injection des vaisseaux et de la conjonctive ; la sécrétion des larmes s'exagère.

Le processus inflammatoire commence à se développer en général, au bout de 24 heures. Son intensité s'accroît pendant le second et le troisième jour et diminue ensuite progressivement. — On peut observer tous les degrés de l'ophthalmie, depuis la conjonctivite la plus légère jusqu'à la *blennorrhée* la plus intense.

Il se produit sur la cornée une opacité générale, et, tantôt de petites exulcérations, tantôt un ulcère unique de forme ovalaire qui occupe la partie moyenne de cette membrane.

Dans un cas même, il s'était formé une *collection purulente* dans la chambre antérieure de l'œil.

D'autres cas semblables ont été publiés par Meissner, à la suite de sections incomplètes du sympathique.

Une question difficile à résoudre est la suivante : Comment cette irritation vient-elle retentir sur les parties périphériques et y déter-

(1) Samuel, *Die trophischen Nerven.* Leipzig, 1860.

miner les troubles inflammatoires? Il paraîtrait probable que c'est en amenant l'irritation ou la paralysie du système vaso-moteur.

Quant à admettre des *nerfs trophiques*, rien ne nous engage jusqu'ici à nous rattacher à cette hypothèse.

M. Samuel, en effet, que nous avons déjà cité, admet dans son travail qu'il existe des nerfs trophiques qui accompagnent les nerfs sensitifs. — Leur fonction est d'augmenter l'activité nutritive des éléments des tissus. — Excités, ils amènent une hypernutrition, une hyperplasie existe, et les éléments se multiplient au delà d'une certaine limite, et tout à fait comme dans l'inflammation, de nouveaux éléments embryonnaires sont produits, qui ne trouvant pas les matériaux nécessaires pour leur nutrition meurent à la période embryonnaire.

Si ces nerfs sont paralysés, il y aurait au contraire des troubles d'atrophie, troubles trophiques que M. Brown-Séquard et Charcot (1) ont surtout étudié avec soin dans ces dernières années.

Quand ces nerfs sont irrités, dit M. Samuel, les éléments anatomiques se gonflent et prolifèrent.

A côté de ces expériences de Samuel, il faut citer aussi des expériences contradictoires d'Otto Weber, de John Simon qui ont vu qu'après la galvanisation d'un filet nerveux il n'y avait pas inflammation des parties où se distribue le nerf excité.

Cette théorie de Samuel présente un côté séduisant, cependant nous ne saurions l'admettre, et nous ferons remarquer que les nerfs trophiques en tant que nerfs spéciaux n'ont pas encore jusqu'ici été démontrés anatomiquement.

Si les lésions nerveuses paraissent n'avoir pas une influence bien marquée sur la régénération, des expériences nombreuses tendraient à nous démontrer qu'il en est de même pour le développement.

Des expériences consciencieuses ont été entreprises par M. Vul-

---

(1) Charcot, *Leçons sur les maladies du système nerveux. Des troubles trophiques consécutifs aux maladies du cerveau et de la moelle épinière.* Paris, 1870.

pian (1) pour savoir si les lésions du système nerveux central retentissaient sur le développement.

Sur un assez grand nombre de têtards très-jeunes, mais dont les branchies extérieures étaient déjà enveloppées, on fit une piqûre avec une assez grosse épingle au niveau du point où se trouve le cerveau proprement dit, et l'on traversa la tête en ce point. — Malgré cette lésion, le têtard continua à se nourrir, il revint à son état normal et il passa très-régulièrement par toutes les phases de ses métamorphoses.

Dans une autre série d'expériences, on a cherché à piquer la partie antérieure de la moelle épinière, en se rapprochant autant que possible de la moelle allongée. Dans ces cas la plupart des têtards mouraient.

Dans une dernière série d'expériences l'on a pratiqué une piqûre de la moelle allongée.—On a piqué le bulbe rachidien : 1° sur des têtards dont le développement était déjà très-avancé, et 2° sur des têtards très-jeunes, peu de jours après l'enveloppement des bran chies extérieures.

Dans le premier cas, l'apparition de leurs membres se faisait.

Il en était de même dans le second cas. Voici du reste le résumé des expériences et des conclusions présenté par M. Vulpian :

1° Les lésions du cerveau proprement dit survenues pendant la vie embryonnaire n'ont pas d'influence appréciable sur le développement;

2° L'influence des parties antérieures (supérieures) de la moelle n'a pas pu être étudiée convenablement, l'étendue des lésions ayant déterminé la mort. Ce qui a été constaté à la suite des lésions du bulbe rachidien permet jusqu'à un certain point d'inférer que des lésions limitées de la partie antérieure de la moelle, produites pendant la vie embryonnaire, n'auraient probablement que peu d'influence sur le développement, ou même n'en auraient aucune;

3° Les lésions limitées des parties antérieures du bulbe rachidien, chez les embryons, ne paraissent avoir aucune influence sur

(1) Vulpian, *Comptes rendus de la société de Biologie,* 1861.

le développement. En effet, on a vu des lésions de ce genre faites sur des têtards vers la fin de leur existence embryonnaire, avant l'apparition des membres antérieurs, ne déterminer aucun retard dans les dernières phases de l'évolution, et ne modifier en rien les phénomènes de cette évolution.

· La dernière expérience de M. Vulpian donne un appui solide à cette conclusion, aussi croyons-nous devoir la citer en entier.

Chez un têtard dont le développement était encore peu avancé, on fit le 28 avril une piqûre sur une des moitiés du bulbe. Les membres postérieurs ne commencèrent à paraître que le 10 juillet; les membres antérieurs se montrèrent le 12 septembre : la transformation en grenouille était à peu près achevée le 14 septembre. Or le double mouvement de rotation (en cercle et autour de l'axe longitudinal) exécuté sur ce têtard presque aussitôt après la piqûre de la moelle allongée, persista jusqu'au dernier moment de la métamorphose, ce qui indique sans doute que la réparation des parties lésées n'a pas été complète. Malgré cette permanence de la lésion de la moelle allongée, malgré la persistance des troubles fonctionnels déterminés par cette lésion pendant toute la durée de l'évolution, on n'a pas pu constater la moindre irrégularité dans le travail du développement.

Si nous essayons de résumer les résultats fournis par les expériences pratiquées en vue de savoir si le système nerveux a une grande influence sur les phénomènes de génération et de régénération, nous voyons que les interprétations de ces expériences par les différents auteurs varient, et de là une incertitude regrettable.

On peut dire cependant que les lésions simples du système nerveux ne possèdent pas une influence très-marquée sur l'évolution des tissus et, partant, sur le phénomène régénération.

Les lésions nerveuses (paralysies) paraissent dans certains cas prédisposer considérablement à une génération cellulaire exagérée, à l'inflammation. L'irritation du système nerveux sensitif amène des troubles inflammatoires assez intenses.

ARTICLE III

INFLUENCE DES MILIEUX AMBIANTS.

Nous croyons avoir suffisamment insisté sur le rôle que joue le sang, milieu liquide dans lequel vivent nos éléments ; nous avons vu ainsi que, pour qu'une régénération se fasse dans de bonnes conditions, il fallait que ce milieu intérieur fût physiologique.

Il nous reste maintenant à voir l'influence du milieu extérieur, qui agira tantôt localement, tantôt d'une façon générale.

L'air, par exemple, s'il vient à être vicié, pourra nuire à la régénération, et cela de deux façons : d'une manière générale en agissant sur la nutrition au moyen du sang. Nous nous occuperons donc dans cet article des différents agents qui agissent d'une façon générale ; dans le quatrième article, nous examinerons l'influence des agents qui agissent localement sur une partie qui se régénère.

§ I. — Influence de la lumière.

La lumière est une condition indispensable au développement de l'être et, par conséquent, à la régénération des éléments anatomiques.

Tous les auteurs ont insisté sur la nécessité de cet agent, et Lavoisier disait : « Sans la lumière la nature était sans vie, elle était morte et inanimée. » Un certain nombre d'expériences ont démontré que la lumière servait directement à l'évolution des tissus. L'on sait, en effet, qu'une plante privée de lumière ne peut continuer à se développer ; des germes que l'on place au fond d'un vase ne peuvent se développer s'ils sont entièrement privés de lumière.

W. Edwards et J. Béclard ont étudié l'influence de la lumière sur le développement des œufs de grenouilles, et ces deux habiles physiologistes ont noté des différences plus ou moins grandes suivant que ces œufs se trouvaient sous un bocal plus ou moins coloré.

Moleschott a vérifié expérimentalement ce fait que les phenomènes organiques s'activaient beaucoup sous l'influence de la lumière. Il faisait respirer des grenouilles vertes alternativement à la lumière et dans l'obscurité, et il cherchait à voir, combien pour la même unité de poids, les grenouilles placées dans ces conditions exhalaient d'acide carbonique. Sous l'influence de la lumière, la quantité d'acide carbonique exhalé était très-considérable.

W. Edwards a vu aussi que des têtards laissés dans l'obscurité ne se développaient pas et restaient longtemps à l'état de têtards ; ils augmentaient seulement de poids du double et du triple par rapport au poids qu'ils auraient dû posséder au moment de leur transformation, si elle s'était réalisée.

Ces expériences même, d'après W. Edwards, indiqueraient que l'action de la lumière développe les différentes parties du corps dans une juste proportion.

Humboldt fait en outre remarquer que, chez certains peuples, les Chaymas, les Caraïbes, les Muyscas, les indiens, les Mexicains, qui vivent le corps nu, et chez lesquels la surface du corps est constamment exposée à la lumière, il existe une régularité parfaite dans leurs formes.

Dans tous ces faits que nous venons de citer, l'on voit de quelle façon la lumière sert à l'évolution de nos tissus. Aussi devons-nous conclure qu'elle est aussi favorable aux régénérations. M. Duméril s'est du reste assuré par l'expérience de l'influence que possède la lumière sur la régénération des tissus chez quelques reptiles et chez quelques poissons.

Si l'on vient en effet à placer deux salamandres dans deux bocaux dont l'un est plus éclairé que l'autre, et si l'on vient à leur enlever un membre, la régénération se fera avec une rapidité beaucoup plus grande chez l'animal qui a vécu dans le bocal le plus éclairé que chez celui qui a vécu dans un milieu obscur.

La lumière, en activant nos phénomènes organiques, est nécessaire si nous voulons obtenir des régénérations qui se feront dans de bonnes conditions, il est dès lors indiqué, dans les plaies chirurgicales, de ne pas négliger cet agent qui peut dans certaines circonstances avoir une certaine importance.

Diverses théories ont été proposées pour expliquer cette action, et l'on s'est demandé si l'augmentation des phénomènes nutritifs tenait à l'excitation visuelle, ou était le résultat direct d'une excitation cutanée. Les deux modes d'action paraissent exister dans la production exagérée du pigment, il est évident que dans ce cas particulier l'on ne peut penser qu'à l'excitation directe, puisqu'il ne se produit qu'aux endroits où la lumière frappe; d'un autre côté, les expériences de Bidder et Schmidt qui ont démontré, on le sait, que si l'on crevait les yeux à un animal, l'acide carbonique exhalé était en aussi grande quantité le jour que la nuit, ce qui n'a pas lieu à l'état normal, la quantité d'acide carbonique étant toujours plus considérable le jour que la nuit, indiquent que l'excitation qui se propage aux centres nerveux par les nerfs optiques doit jouer un certain rôle.

§ II.—Influence de la température.

Suivant que nous observons dans des climats plus ou moins tempérés, nous observons des différences très-marquées.

M. Shipperfield (1), professeur d'anatomie à Madras, a réuni vingt cas de blessures graves de l'abdomen chez les Chinois, et ces blessures ont nécessité la suture avec adossement des séreuses. Dix-sept guérirent sans accident.

Le docteur Toye (2) insiste aussi sur la facilité avec laquelle se fait la réparation à la suite de traumatisme chez les Chinois.

« Dans l'Amérique du Sud et l'océan Pacifique, dit le professeur

(1) Shipperfield, *La Chine au point de vue médical.*
(2) Toye, *Note sur l'art médico-chirurgical en Chine.* Thèse de Montpellier, 1864.

Duplouy (1), on voit les races primitives supporter sans se plaindre les opérations les plus douloureuses, et guérir de mutilations affreuses aussi facilement que lorsqu'il s'agit des plaies les plus simples. »

La moyenne annuelle de température des pays chauds où cette réparation se fait si facilement serait pour toute l'année, d'après Michel Lévy, de 27 à 29° centigrades.

Ruddiman, cité par Carpue, avait déjà signalé que les plaies des nègres dans l'Inde se guérissaient avec une très-grande facilité.

William Edwards a aussi vu une grande différence au point de vue de la cicatrisation des plaies suivant que le blessé habitait un climat chaud ou un climat froid.

Quelques expériences pratiquées sur les animaux ont aussi démontré que la régénération se faisait beaucoup plus facilement en été qu'en hiver.

Dugès a eu bien soin de noter ce fait important que la régénération qui se fait chez les planaires est beaucoup plus rapide en été qu'en hiver. Il suffit en effet de quatre jours en été, au lieu qu'en hiver il faut au moins quinze jours.

A côté de ces faits où nous voyons une température très-élevée servir à la régénération des plaies (car dans ces cas c'est plutôt une véritable régénération qu'une cicatrisation), nous devons rappeler les exemples que nous avons cités où nous voyons des animaux en hibernation présenter de rapides régénérations.

C'est qu'en effet, froid et chaleur *exagérés* agissent absolument de la même façon, engourdissent nos éléments et favorisent la génération lente et non tumultueuse des éléments. On a du reste remarqué l'apathie, le peu d'activité des peuples qui habitent les pays tropicaux. Chez eux la chaleur, en raison de son intensité, loin d'activer l'activité nutritive et favoriser la prolifération cellulaire exagérée (cicatrisation), agit dans le même sens que le froid chez les animaux hibernants, ralentit les fonctions, et ce ralentissement

______

(1) Duplouy, *Archives de médecine navale*, t. II, p. 581.

nous paraît être, nous l'avons dit, fort utile à la régénération.

Disons qu'une chaleur modérée, un froid modéré agissent chez l'homme de la même façon ; les propriétés vitales sont au maximum, l'activité formatrice est exagérée, et, dans ces cas, une plaie se cicatrisera, mais les éléments embryonnaires produits en trop grand nombre ne pourront tous être nourris, et de là très-probablement les suppurations souvent interminables que nous observons surtout en hiver.

En résumé, la température du milieu extérieur agira sur les fonctions de nutrition, et exagérera ou diminuera la génération des éléments atanomiques ; elle·pourra donc ainsi nuire ou servir à la régénération.

§ III. — Influence de l'air.

L'influence importante de l'air sur l'être vivant ne saurait être niée, et là, plus encore que pour les autres conditions de milieu, nous voyons que l'action de cet élément ne peut se manifester qu'au moyen du sang. Car nos éléments ne sauraient vivre s'ils n'étaient mis constamment en contact avec lui.

L'oxygène est certainement une des parties les plus importantes de l'air, et l'on sait qu'il préside chez l'animal vivant à tous les actes vitaux dont il est le siége. La propriété de nutrition, qui est, on le sait, si intimement liée à la propriété de régénération, paraîtrait ne pouvoir s'accomplir sans son intervention ; dans certains cas, il serait cependant possible de voir une génération nouvelle d'éléments anatomiques, bien qu'il y ait absence complète d'oxygène (bourgeonnement organique) (1).

Nous nous occuperons surtout dans ce chapitre de l'influence de l'oxygène et de l'acide carbonique, l'azote ne devant pas nous

(1) Pasteur, *Nouvel exemple de fermentation déterminée par des animalcules infusoires pouvant vivre sans oxygène libre et en dehors de tout contact avec l'air atmosphérique.* (*Comptes rendus l'Académie des sciences*, 9 mars 1869.)

préoccuper, puisqu'il ne passe dans le sang qu'en très-faible proportion. Les autres principes de l'air ne paraissent pas jouer un
rôle très-important.

Nous ne voulons parler ici que de l'influence générale de ces gaz,
nous réservant de parler plus loin de l'action locale qu'ils exercent
sur nos tissus ; cette dernière partie ayant été de notre part l'objet de nombreuses recherches, nous croyons utile d'en donner un
résumé.

L'oxygène, a dit Brown-Séquard, nourrit les tissus, l'acide carbonique les excite. Cette formule ainsi posée, doit-elle être acceptée ? Nos recherches nous porteraient plutôt à penser que l'oxygène possède une propriété excitante manifeste, il serait l'excitateur indispensable de la vie. L'oxygène, dans certains cas mis en
trop grande quantité, peut en raison de cette propriété amener
des irritations très-vives, suivies d'un véritable empoisonnement.

L'oxygène agit surtout en sollicitant les tissus à manifester leurs
propriétés, cette action nous a été souvent utile, et nous avons retiré d'excellents résultats des inhalations d'oxygène.

L'acide carbonique, au contraire, nous semble surtout agir sur
les phénomènes nutritifs, il *ralentit l'état fonctionnel*, et nous avons
vu combien cela était favorable aux régénérations.

La présence de l'acide carbonique n'empêche pas d'ailleurs des
fonctions très-importantes de s'accomplir, et M. Cl. Bernard fait
remarquer avec raison que le foie sécrète la matière glycogène,
bien qu'il reçoive une très-forte proportion de sang veineux.

L'acide carbonique, en favorisant la nutrition, aurait donc une
action très-utile. D'après cela nous sommes porté à croire que
l'oxygène et l'acide carbonique agissent de la même façon, lorsqu'ils
exercent leur action d'une façon générale, que lorsqu'ils agissent
localement. Nous verrons en effet plus loin que l'oxygène mis au
contact de nos tissus nuit à la régénération, en amenant une
irritation trop vive, l'acide carbonique, au contraire, est très-
utile.

L'acide carbonique, d'après M. Claude Bernard (1), ne serait même pas un agent toxique. Nous pouvons en effet affirmer que nous avons trouvé dans toutes nos expériences ce gaz très-utile aux phénomènes de nutrition, et il est très-probable que c'est surtout en ralentissant le mouvement fonctionnel qu'il jouit de cette propriété.

S'il est mis en trop grande quantité dans le sang, il engourdit ou éteint complétement les propriétés des muscles et des nerfs.

En résumé, la présence du sang artériel, c'est-à-dire d'un sang fortement chargé d'oxygène, n'est pas indispensable pour l'accomplissement des phénomènes nutritifs ; il excite surtout les tissus à manifester leurs propriétés vitales spécifiques.

Le sang veineux joue le rôle inverse, et, en ralentissant l'état fonctionnel, il favorise les phénomènes nutritifs, il sert surtout alors à la régénération de nos tissus.

Il est facile de voir, d'après ce que nous venons d'exposer, qu'une régénération convenable ne saurait s'effectuer sans les conditions de milieu favorables. Mais les agents du dehors interviennent de deux façons, nous l'avons dit, les uns pénètrent l'être vivant et agissent dans leur profondeur au moyen du sang qui leur sert de véhicule, les autres, au contraire, agissent localement sur la périphérie. C'est cette dernière partie du sujet qu'il nous reste à étudier.

ARTICLE IV

INFLUENCE LOCALE DE CERTAINS AGENTS SUR LA PARTIE EN VOIE DE RÉGÉNÉRATION.

§ I. — Influence de la lumière.

Nous ne chercherons pas à savoir si la lumière plus ou moins intense et diversement colorée agit sur la régénération des éléments, des expériences sérieuses n'ont pas encore été faites sur ce sujet.

(1) Bernard, *Leçons sur les effets des substances toxiques et médicamenteuses.* Paris, 1857.

§ II. — Influence de la température.

Nous savons d'abord qu'un certain degré de chaleur est nécessaire pour mettre en mouvement le travail embryogénique, et M. Dareste (1) a fait, on le sait, quelques expériences qui lui ont démontré qu'une élévation anormale de la température pendant la première période du développement de l'embryon tendait à diminuer la taille finale des individus et à produire des nains.

Mais, de même que pour l'évolution, une température modérée est nécessaire, il en est de même pour la régénération.

Si nous faisons, à l'exemple de certains naturalistes, l'ablation de la tête d'un limaçon en ayant bien soin de conserver le ganglion céphalique, nous ne pourrons voir la régnération s'effectuer qu'à la condition de maintenir cette partie de l'animal à une température assez élevée.

Il ne faudrai pas cependant que la température fût trop élevée, et, pour la conservation de la vitalité de certaines parties, il vaut mieux qu'elle soit de 5 à 6° au-dessus de zéro que si elle s'élevait à 15 ou 20°.

M. Ollier prétend que l'abaissement de température est une condition favorable pour la conservation de la vitalité du périoste, lorsqu'il fait ses transplantations plus de deux heures après la mort de l'animal.

M. J. Guyot a tenté, on le sait, de soumettre les plaies à l'action continue de la chaleur dans l'espoir d'obtenir une cicatrisation plus prompte. La température à laquelle était maintenu l'appareil dans l'intérieur duquel on introduisait la partie blessée était 36° centigrades. Les premiers essais ont été faits sur des lapins, puis sur l'homme.

Sept plaies accidentelles, et trente-deux plaies consécutives à

____

(1) Dareste, *Annales des sciences naturelles.* 1868, t. X.

des amputations, d'après l'auteur, furent guéries par ce moyen de traitement que l'on a appelé l'incubation.

La température de 36° à laquelle J. Guyot tenait essentiellement est, d'après nous, beaucoup trop élevée, et des expériences nous ont démontré qu'une chaleur constante de 28 à 30° était bien plus favorable à la cicatrisation des plaies.

Si le procédé de Guyot a, du reste, donné quelques succès, nous n'hésitons pas à l'attribuer à l'acide carbonique qui se trouvait dans le ballon, par suite des combustions destinées à donner une température constante.

Tous les jours nous nous servons en chirurgie du froid et du chaud dans le traitement des plaies.

Le froid, qui est, comme l'a très-bien dit M. Trousseau, le *radical des sédatifs*, sert à modérer considérablement l'inflammation.

La chaleur, au contraire, produit une violente irritation qui peut nous être très-utile pour activer certains travaux de réparation languissants.

Si le froid, si le chaud sont employés sans prudence (chaleur, froid excessif), l'on observe une sorte de stupeur locale des éléments qui nuit à tout travail de réparation (1).

En résumé, nous pouvons dire qu'une partie que nous voulons voir se régénérer doit être maintenue à une température modérée, constante, et Celse a eu raison de dire : « Nimium calorem et « nimium frigus vulnerum curationem infestare. »

§ III. — Action locale de l'air sur la régénération et la cicatrisation de nos tissus.

Il n'y a certainement pas en pathologie une question qui ait autant préoccupé les chirurgiens que celle de savoir si l'air est utile et nuisible.

(1) Voir la remarquable Thèse de M. le professeur Richet, *Influence du chaud et du froid*. Thèse de concours pour l'agrégation, 1847.

Il y a déjà quelques années, frappé du désaccord qui régnait, nous avons voulu voir si, par quelques expériences pratiquées sur des animaux, nous ne pourrions pas arriver à des conclusions certaines.

Nous avons d'abord constaté que l'air jouait un rôle immense dans la régénération et la cicatrisation des plaies ; mais nous avons voulu aller plus loin, et voir les parties réellement nuisibles ou utiles qu'il contenait.

Nous n'avons pratiqué nos expériences, on le comprend, qu'avec de l'air parfaitement pur, c'est-à-dire ne contenant pas un grand nombre de ces particules que nous énumérerons bientôt, et qui nuisent évidemment à la réparation.

Si, dans un chapitre précédent, nous avons pu dire que l'oxygène ne jouait un rôle important, qu'en tant qu'excitateur de nos fonctions ; que l'acide carbonique, au contraire, agissait puissamment sur les phénomènes nutritifs et par conséquent sur l'évolution des tissus, cette action se produisant lorsque ces deux gaz agissent d'une façon générale ; nos expériences nous ont aussi démontré que, lorsque l'action est locale, leur effet est le même.

Si nous mettons une plaie dans une atmosphère d'oxygène, nous avons en effet une excitation, une irritation qui est certainement loin d'être toujours favorable ; si l'on se sert de l'acide carbonique, l'on obtient des régénérations très-rapides et le plus souvent des réunions par première intention.

Dans nos recherches sur la régénération des tendons, nous avons noté que l'acide carbonique agissait dans tous les cas d'une façon très-favorable.

Voici du reste ce que nous disions en 1858 (1), dans un travail présenté à l'Académie des sciences :

1° Le gaz acide carbonique injecté sous la peau n'est nullement toxique ;

2° Il active la réparation des tendons divisés ;

(1) Demarquay, *Comptes rendus de l'Académie des Sciences.* 1858.

3° L'acide carbonique, contrairement à l'action de l'oxygène et de l'hydrogène, favorise au *plus haut degré* l'organisation des plaies sous-cutanées, et amène la guérison dans un laps de temps beaucoup plus court que dans les ténotomies faites en dehors de l'influence de l'air;

4° Des ulcérations gangréneuses, des plaies diphthéritiques ou de mauvaise nature, qui ont résisté à des traitements antérieurs guérissent rapidement sous l'influence de ce gaz.

Les résultats de toutes nos expériences ont été très-nets.

Nous avons pu aussi démontrer l'influence favorable de l'acide carbonique sur les ulcères anciens qui affectent principalement les membres inférieurs et qui se montrent rebelles à toute action cicatrisante. Dans plusieurs cas d'ulcères gangréneux, nous avons pu, au moyen de ce gaz, amener une guérison assez prompte.

Un de nos élèves, le docteur Salva (1), a publié un certain nombre de faits concluants.

Nous avons même cité (2) une observation où il a suffi de vingt jours d'application continuelle d'acide carbonique pour produire la guérison d'une plaie datant de quatre mois et qui avait résisté au traitement par les bandelettes de diachylon, par l'eau froide, le vin aromatique, le fer rouge, le nitrate d'argent, etc.

L'acide carbonique dans tous ces cas ne produisait pas une irritation vive, mais favorisait la génération cellulaire qui se faisait, il est vrai, d'une façon lente et sans tumulte, mais qui conduisait cependant à la guérison.

L'oxygène maintenu au contraire pendant longtemps au contact d'une plaie produit une vive irritation qui peut à la longue amener des accidents.

Voici généralement comment les choses se passent dans la plupart des cas :

(1) Salva, *Du gaz acide carbonique, comme analgésique et cicatrisant des plaies.* Thèse, 1860.

(2) Demarquay, *Essai de pneumatologie médicale,* 1865.

On constate d'abord que les bourgeons charnus sont moins rouges, mais avec tendance à prendre un aspect grisâtre. Ils sont comme revenus sur eux-mêmes, et la plaie est recouverte d'une sérosité purulente généralement peu abondante.

Le pus examiné au microscope ne présente rien de particulier.

Si l'on continue l'application de l'oxygène, des phénomènes inflammatoires très-violents peuvent survenir, et il est prudent d'éloigner le gaz qui devient un véritable danger.

Il faut aussi bien remarquer qu'au moment où l'oxygène n'est plus maintenu au contact de nos tissus, il se produit une réaction qui peut être salutaire, quand la plaie est atonique, mais qui le plus souvent dépasse la limite et amène quelquefois une inflammation très-intense.

L'oxygène, en raison de sa propriété excitante, pourra donc amener des cicatrisations très-rapides ; dans ces cas, le plus souvent, les pertes de substances ne sont pas réparées, ce n'est pas une régénération.

Il résulte par conséquent de mes recherches, que le gaz oxygène n'est certainement pas utile à la guérison des plaies ; je suis cependant loin de lui attribuer, avec M. J. Guérin, tous les accidents qui arrivent pour entraver la guérison. Il existe des contacts anormaux dont l'action est, d'après moi, beaucoup plus funeste aux plaies. Quant à l'azote, nous avons aussi fait quelques expériences, et nous avons vu que ce gaz, grâce à son action isolante, permettait d'obtenir des adhésions et des réunions par première intention.

Deux résultats précieux peuvent être obtenus, si l'on se place dans des circonstances favorables, c'est-à-dire si l'on se sert d'appareils convenables et d'azote pur :

1° On modérera la réaction inflammatoire d'une plaie;

2° On favorisera l'adhésion ou la réunion par première intention.

Dans nos expériences sur la régénération des tendons nous avons vu que l'hydrogène était certainement le gaz qui offrait l'action la plus fâcheuse sur l'organisation des plaies sous-cutanées.

Lorsque l'on introduit de l'hydrogène au contact de tissus qui doivent se régénérer et que l'on veut étudier comment se fait la réparation, l'on voit s'effectuer une régénération irrégulière, c'est-à-dire une cicatrisation analogue à celle que l'on obtient lorsque l'on se sert de l'oxygène, avec cette différence cependant que l'hydrogène mis en trop grande quantité arrête ou supprime même complétement le travail de régénération. On voit toujours, par exemple, dans le foyer de la section du tendon où l'on a introduit de l'hydrogène du sang diffluent, les tissus sont infiltrés de sérosité, les veines sont devenues turgescentes, et, lorsque l'on examine la plaie à une période plus avancée, il n'est pas rare de voir les mêmes altérations persister.

L'hydrogène agit surtout d'une façon fâcheuse en raison des congestions qu'il détermine.

Mais si certaines parties de l'air peuvent jusqu'à un certain point, comme nous venons de le dire, avoir une action favorable sur la marche des plaies, en sera-t-il de même lorsque l'air, mélange assez complexe, sera en contact avec nos tissus ?

Il y a déjà longtemps que les chirurgiens avaient été frappés de la facilité avec laquelle certaines plaies à l'abri du contact de l'air se cicatrisaient, tandis que les plaies exposées étaient inévitablement soumises à la suppuration et à ses conséquences.

Les premiers chirurgiens qui ont coupé le sterno-cléido-mastoïdien à travers une ouverture aussi petite que possible avaient bien vu que la suppuration n'arrivait pas et que l'organisation se faisait avec une très-grande rapidité.

Delpech a cité un assez grand nombre de cas où la guérison fut très-rapide. Dupuytren proposa aussi de faire dans cette opération une incision très-petite, et Stromeyer en 1833 adopta et préconisa, on le sait, ce procédé.

M. Jules Guérin a insisté sur l'influence immense que posséda l'air sur la marche des plaies, et il a proposé de vastes appareils aspirateurs, destinés à faire le vide et à isoler complétement les plaies.

Dans nos expériences sur les tendons, lorsque nous avions soin de pratiquer des plaies sous-cutanées, nous avions presque constamment des régénérations.

L'air agit donc véritablement d'une façon nuisible et John Hunter a eu raison de proposer sa belle classification des plaies : en plaies exposées et en plaies non exposées.

L'air agit en exagérant les phénomènes inflammatoires, qui nuisent tant aux véritables régénérations ; son absence modère au contraire les mêmes phénomènes inflammatoires.

Mais ici se pose une question. A quelle partie de l'air, et pourquoi agit-il d'une façon défavorable ?

Est-ce l'air lui-même qui cause la putréfaction, ou bien est-ce quelque chose que cet air entraîne mécaniquement ?

Est-ce à la présence de l'oxygène, de l'acide carbonique de l'azote, ou de l'hydrogène, que sont dues les propriétés funestes de l'air? Nous ne le pensons pas. Pour les disciples de Gay-Lussac ce serait cependant l'air seul qui produirait la putréfaction.

Il faut d'abord, croyons-nous, dans cette étude si difficile de l'influence de l'air sur les régénérations et les cicatrisations, faire une distinction qui nous paraît des plus importantes. Il s'agit en effet d'examiner si l'air mis en contact avec une plaie est *pur* ou *impur*. Nous verrons bientôt en quoi peut consister cette impureté.

Nous savons d'abord que, dans un certain nombre de cas d'emphysème, à la suite de fractures de côtés par exemple, où l'air vient largement baigner les cellules, il n'y a aucun accident. Pourquoi cette exception? Pourquoi pouvons-nous insuffler des animaux, ce que nous avons fait bien souvent, sans que nous ayons le moindre phénomène morbide ? C'est que, dans tous les cas, l'air avant d'arriver au contact des cellules se purifie.

Dans le premier cas, l'air, en passant à travers le poumon, comme nous l'ont fait voir Tyndall et Lister, se purifie ; ce que l'on reconnaît à la présence d'une tache noire qu'il produit lorsque

l'on le fait traverser par un faisceau lumineux, ce qui n'a pas
lieu si l'air est impur (1).

Dans les cas d'injection d'air dans le tissu cellulaire sous-cutané, l'oxygène se transforme en acide carbonique, qui est loin de
favoriser les décompositions putrides qui pourraient se former
dans ce cas.

Les chirurgiens sont dans ces derniers temps arrivés à quelques
résultats en recherchant les parties qui amenaient l'impureté, et
l'on a surtout cherché, depuis les belles expériences de Pasteur, à
savoir si c'était à cette sorte de semence d'êtres vivants apparte-
nant à la grande classe des protozoaires, à « cette voie lactée des
organisations inférieures », suivant l'expression d'Erhenberg,
qu'étaient dues l'impureté et l'action irritante de l'air. Et l'on a tour
à tour accusé les infusoires ciliés (cercomonades, trichomonades,
etc.); les vibrioniens (genre vibrio, genre bacterium, genre bactéri-
die) ; les amibes, enfin les granulations moléculaires décrites par
Béchamp, sous le nom de *Microzymas.*

Ce sont ces germes, qui, suivant l'expression de Trousseau, *lèvent*
avec une si grande facilité dans nos salles d'hôpitaux, qui, en produisant la putréfaction, amèneraient, d'après un grand nombre
d'auteurs, les accidents d'inflammation.

En outre de ces germes, il existe aussi des détritus organiques
contenus dans l'air, composés, d'après Reveil, de petits flocons de
charpie et de cellules épithéliales.

Eiselt (2) nous dit que chargé d'un service assez important pendant une épidémie d'ophthalmie purulente, il fut atteint, ainsi que
toutes les personnes de son service, et il en conclut que la transmis-
sion devait avoir lieu par voie miasmatique.

Au moyen d'un appareil analogue à l'aéroscope de Pouchet
qu'il plaça entre deux lits occupés et sur le trajet d'un courant

---

(1) Voir Tyndall, *Revue des Cours scientifiques*, 1870, page 415.
(2) Eiselt, *Vierteljahrschrift für die Practische Heilkunde.* Prag, 1863, vol. 11.

d'air, les corpuscules contenus dans l'atmosphère se déposèrent sur des plaques de glycérine. L'examen microscopique en fut fait, et l'on y reconnut la présence de globules purulents.

M. Pouchet (1) a fait voir que l'air contenait en outre une grande quantité de poussières.

Chalvet (2) a analysé soigneusement des poussières provenant des salles d'hôpitaux ; elles donnèrent 36 pour 100 de matières organiques.

La nature des poussières variait du reste suivant les salles où elles étaient recueillies.

Le même auteur nous dit aussi que la vapeur d'eau condensée auprès d'un foyer de suppuration, avant la dissémination des miasmes, est fortement chargée de corpuscules irréguliers, semblables en tous points à du pus desséché. Il n'est pas rare non plus d'y rencontrer quelques fragments de matière colorante du sang. Un grand nombre de médecins, parmi lesquels nous citerons Kircher, Henry Holland, Helmholtz, Nyander, Henle, Budd, Smith, Greenhow, etc., ont fait des recherches semblables.

Ces dernières parties (poussières, etc.), que l'on retrouve facilement dans l'air, ne seraient pas, d'après certains chirurgiens, la cause des accidents qui seraient dus à la putréfaction qui aurait pour agent les microzymas.

Comment donc se mettre à l'abri de ces agents redoutables? Comment arriver à rendre notre air absolument pur ; car, qu'on le remarque, il suffit de quelques microblastes, qui vont se reproduire avec une rapidité effrayante, pour causer les accidents tant redoutés?

Si nous pouvions réaliser toutes les conditions dans lesquelles s'était mis M. Pasteur dans ses belles expériences connues de

---

1) Pouchet, *Hétérogénie ou Traité de la régénération spontanée.* Paris, 1859 ; *Recherches et expériences sur les animaux renaissants.* Paris, 1859.

(2) Chalvet, *Comptes rendus de l'Académie des sciences,* 1863 et *Gazette des hôpitaux,* 1864.

tout le monde, en faisant filtrer l'air à travers du coton, nous pourrions espérer avoir des résultats. Or, dans les tentatives qu'on a faites dans ces derniers temps (appareil ouaté), est-on arrivé à cette précision indispensable que nous ne pouvons réaliser malheureusement le plus souvent que dans nos laboratoires ?

Un grand nombre des points recommandés par M. Pasteur pour réaliser son expérience sont omis, et nous comprenons parfaitement, pour notre part, que si c'est véritablement à ces germes que sont dus les accidents (ce qui peut être encore contesté), il suffira de quelques secondes, du temps nécessaire après notre opération à l'application de notre appareil, pour qu'une quantité assez notable de microblastes s'introduisent dans les liquides à la surface de la plaie et amènent tous les accidents de fermentation qui ont lieu sous l'appareil phéniqué, ouaté, ouato-silicaté.

Il faudrait d'ailleurs, comme dans l'expérience de Pasteur, ce qui est toujours omis, en raison de l'impossibilité de la réalisation des précautions nécessaires, pouvoir faire bouillir aussitôt après notre section dans une amputation par exemple, les liquides déposés à la surface de la plaie.

Ainsi l'on peut dire avec raison que la méthode nouvelle, guidée par une expérience de laboratoire, ne réalise pas toutes les conditions de cette expérience, l'éloignement de l'air extérieur et des germes qu'il renferme (1).

Quelques succès ont été publiés des accidents où l'on a vu des inflammations et des phlegmons assez graves; ces derniers faits nous prouvent que l'irritation est loin d'être supprimée par ce genre de pansements.

Pour nous, l'immobilisation, le pansement rare, doivent rendre compte des cas heureux, s'ils sont réels.

En résumé, l'air pur n'est pas nuisible; l'air impur au contraire possède une propriété irritante manifeste. Malgré les quelques recherches faites sur ce sujet, et qui doivent nous encourager, il

____

(1) Tyndall, *Revue des cours scientifiques*, 1870, p. 235 et 415.

n'est pas facile de dire les parties réellement nuisibles dans l'air.

Quoi qu'il en soit, nous devons, autant qu'il est en nous, nous mettre à l'abri de son impureté qui nuit à la régénération et à la cicatrisation.

Mais il ne nous faut pas non plus oublier que les accidents inflammatoires et de suppuration ne sont pas uniquement dus à la présence de l'air ; une section quelconque, une section tendineuse, par exemple, que nous pratiquerons chez un être affaibli, atteint de quelque diathèse dégénérée en cachexie, ne nous offrira pas le phénomène de régénération ; et des phénomènes inflammatoires existeront, qui amèneront une cicatrice, bien que la plaie ait été mise soigneusement à l'abri du contact de l'air.

La présence de l'air ne serait donc pas la seule cause de l'irritation ; il n'est pas tout dans le succès ; cet élément joue cependant un rôle principal, et à ce titre nous devons tacher de l'éloigner autant qu'il est en nous.

ARTICLE V

INFLUENCE DE L'IRRITATION ET DE L'INFLAMMATION SUR LA RÉGÉNÉRATION ET LA CICATRISATION.

Qu'une plaie, qu'une section ait été produite dans un tissu, immédiatement des contacts anormaux vont se produire et de là va résulter une irritation. Tous les corps étrangers, en si grand nombre, qui peuvent se trouver au contact de nos tissus peuvent amener ce résultat, et nous nous dispenserons de les énumérer ainsi que de citer les différentes causes de l'inflammation et de l'irritation, renvoyant à nos différents traités de pathologie.

Ce qu'il nous importe surtout de savoir, c'est si la régénération se trouve entravée par une irritation.

Or, que se passe-t-il dans l'inflammation à la suite de plaie, dans l'irritation dite traumatique ? Il y a toujours un mouvement *exagéré* de nutrition ; une grande quantité d'éléments anatomiques sont produits ; le plus grand nombre ne sont pas *viables* et meurent à la période embryonnaire. Cette exagération dans la prolifération constitue un état morbide, et, tandis que nous pourrions appeler la régénération normale l'état physiologique, nous appellerions volontiers l'exagération ou l'arrêt dans la génération cellulaire, l'état pathologique.

L'irritation étant une exagération des propriétés physiologiques des tissus nuira à la régénération.

Ce serait une grave erreur de croire que l'irritation inflammatoire est toujours favorable à la génération des éléments anatomiques.

« L'inflammation est loin d'être favorable à l'adhésion des tissus, c'est-à-dire à la génération des éléments anatomiques, dit M. Robin, et c'est au contraire avant que cette inflammation ait eu lieu ou après qu'elle a eu lieu, ou relativement loin des points où elle est confinée que s'accomplissent les phénomènes de génération d'éléments anatomiques. »

L'on peut à volonté arrêter le travail de régénération, favoriser le travail de cicatrisation, et l'arme que nous possédons pour cela, c'est l'irritation.

Souvent utile, pour accélérer des travaux de réparation languissants, elle est cependant plus souvent destructive que réparatrice, et le chirurgien ne doit s'en servir qu'avec une extrême prudence.

Trop vive, elle arrête, avons-nous dit, tout travail de régénération, et l'on sait que chez un animal l'on peut, en irritant très-vivement le périoste et en agissant surtout à sa face profonde en rapport avec la couche *dite* otéogène, arrêter tout travail de réparation.

La persistance de l'irritation locale, entretenue par un stimulus quelconque, empêche la régénération, et nous ne pouvons admettre entièrement avec M. Ollier que, dans les fractures compliquées, la suppuration ne retarde pas inévitablement l'ossification.

Dans ce dernier cas, si la guérison arrive, l'irritation dépassera le but, des éléments se seront produits en trop grande quantité et nous aurons des cals difformes.

Si la chirurgie possède un moyen d'activer la régénération des éléments anatomiques, nous ne saurions trop recommander de se servir de ce moyen d'une façon méthodique, et, dans nos tentatives, si nous voulons être utiles, nous devons être d'une prudence extrême.

Dans les cas où l'irritation est modérée, l'on voit se passer un phénomène très-remarquable que nous avons déjà signalé plusieurs fois dans le cours de cet ouvrage, et qui, si l'on peut s'exprimer ainsi, est le prélude de la régénération, c'est le retour des éléments à la période embryonnaire. Pour les os, ce phénomène nous est aujourd'hui bien connu ; dans le travail de l'ossification en particulier, M. Ranvier nous a fait voir que sous l'influence de l'irritation il y a un *rajeunissement* de l'os.

Mais si cette irritation jusque-là bienfaisante continue, l'on voit la suppuration se produire, et tout travail de réparation se trouve arrêté.

Pour les os, et pour la moelle surtout, nous savons que toute irritation trop vive nuit à la régénération et à la cicatrisation osseuse. Nous devons ici encore rappeler que cette irritation sera plus ou-moins réparatrice ou réorganisatrice suivant *le terrain* sur lequel elle se développera.

Chez un individu affaibli, atteint de diathèse, de cachexie, l'irritation amènera des foyers purulents.

C'est qu'en effet, les éléments anatomiques produits en trop grand nombre ne pourront pas trouver leur nourriture, ils dégénéreront en pus, et ce pus lui-même sera bientôt la cause d'une nouvelle irritation et de nouveaux accidents.

En résumé, le travail inflammatoire est essentiellement destructeur et par conséquent il nuira à la régénération ; il ne sera utile que dans quelques rares exceptions.

Tous les corps, tous les agents qui amèneront cette inflammation, nuiront par conséquent aussi à la régénération et à la cicatrisation. Nous n'énumérerons que les principaux agents qui peuvent amener des contacts anormaux.

Nous avons dit, déjà, que l'air, suivant qu'il était pur ou impur, occasionnait des accidents d'inflammation.

Le produit lui-même de cette inflammation, le pus, est une cause secondaire d'irritation, et, comme on l'a si bien dit : le pus amène le pus.

Mais, comme pour l'air, ce pus peut être plus ou moins malfaisant et s'opposer à la cicatrisation.

Le pus que l'on a appelé *pur* introduit en quantité modérée dans le tissu conjonctif ne produira pas d'accidents.

Il n'en sera pas de même du pus *impur*, qui produira des accidents terribles, compliqués de ce que nous connaissons en chirurgie sous le nom d'infection putride.

Billroth et Weber (1) ont parfaitement vu que le pus pur, le pus de bonne nature, provoque l'inflammation franche, tandis que le pus corrompu provoque l'inflammation putride et même gangréneuse.

Prieringer a constaté que le pus blennorrhagique dilué dans 100 fois son volume d'eau, agit encore sur les autres membranes muqueuses.

Dans certaines classes de plaies, les plaies contuses, qui ont amené la mort d'un certain nombre d'éléments anatomiques, qui devront être éliminées, l'on observe un retard assez marqué dans la réparation. Les symptômes inflammatoires sont généralement assez développés.

Il en est de même pour les brûlures, dans lesquelles la chaleur a modifié la vitalité des éléments placés à distance, sans cependant, dans la plupart des cas, les anéanti rcomplétement. Avant donc que la régénération se produise, il faudra que ces éléments se restaurent, ce qui a lieu généralement d'une façon assez lente.

Un certain nombre de corps étrangers déposés au fond de la plaie empêcheront la régénération. Le sang épanché à la suite de

____

(1) Billtroth et Weber, *Archiv fur chirurgie*, t. VI, p. 372.

section tendineuse s'oppose à la réparation; nous avons déjà signalé un grand nombre d'expériences qui nous ont démontré ce fait.

Les mouvements faits par le malade ou par l'animal opéré, en amenant l'inflammation, nuisent aussi à la réparation, et nous nous expliquons dès lors parfaitement en chirurgie l'importance immense que possèdent l'immobilisation et le pansement rare. (César Magatus, Belloste, Pibrac, Larrey, Hunter, John Bell, Delpech.)

L'inflammation peut être aussi de cause interne, et nuire à la régénération, comme nous en avons signalé des exemples pour les tendons, et il y a lieu de faire la distinction qu'avaient déja du reste faite les anciens en *inflammatio genuina* et *inflammatio spuria*.

Disons enfin que l'irritation peut aussi être réflexe et, se propageant au moyen des filets nerveux, amener l'inflammation. Ces faits ont été suffisamment étudiés plus haut. (Voir pag. 292 et suivantes.)

En résumé, nous dirons que tous les contacts anormaux auxquels est nécessairement soumise la partie qui va se régénérer amèneront l'irritation et l'inflammation, cette inflammation sera rarement réparatrice, elle sera le plus souvent destructive; elle arrêtera le plus souvent tout travail de régénération, et donnera comme résultat final une cicatrice. L'inflammation amène une exagération des phénomènes normaux de régénération; c'est un état pathologique éminemment défavorable.

FIN

INDICATION

DES

PRINCIPAUX OUVRAGES OU MÉMOIRES CITÉS

A

ACHER. Thèse inaugurale. Paris, 1834.

ADAMS. *On the reparative process of human tendons*. London, 1834.

ADANSON. *Lettre à Bonnet.* (*Journal de physique*, 1777.)

AMPERE. *Essai sur la philosophie des sciences*, 1834.

ANGER (Benjamin). *Traité iconographique des maladies chirurgicales*, 1866.

ARLOING et TRIPIER. *Archives de Physiologie normale et pathologique* de Brown-Séquard, 1869.

ARNEMANN. *Versuche über die Regeneration an lebenden Thieren* (*Instit.*, tome I). — *Ueber die Regeneration der Nerven*. Gottingen, 1787.

ARNOLD (Julius). *Virchow's Archiv*, t. IV.

B

BARBASTE. De la ténorrhaphie. Thèse de Paris, 1873.

BERNARD (Claude). *Leçons de physiologie expérimentale*. Paris, 1855-56; — *Leçons sur les effets des substances toxiques*. Paris, 1857; — *Leçons sur la physiologie et la pathologie du système nerveux*. Paris, 1858; — *Leçons sur les propriétés physiologiquess et les altérations pathologiques des liq. de l'organisme*. Paris, 1859; — *Intr. à la méd. exp.* Paris, 1865; — *Leçons de pathologie expérimentale*, Paris, 1871.
— *De la physiologie générale*, 1872.

BERTHERAND. *Encyclographie médicale*, 1845.

BILLROTH. *Pathologie chirurgicale générale*, trad. Paris, 1868. — *Cicatrisation des muscles, des nerfs et des vaisseaux.* (*Revue des cours scientifiques*, 1870.)

BIZZOZERO. *Gazette hebdom.*, 1868.

BLACKAUSEN (Petrus). *De regeneratione lentis cristallinæ*. Berolini, 1827.

BLANDIN. *Anatomie du système dentaire considéré chez l'homme et les animaux.* Paris, 1836.

BLUM. Voir Richet.

BLUMENBACH. *Specimen Physiologiæ comparativæ*, 1787, p. 31. — *Instit. Physiolog.*, p. 511.

BODIER. Thèse de Paris, 1865.

BOECKEL. *Gazette médicale*, 1868.

BONNET. *Expériences sur la régénération de la tête du limaçon terrestre* (*Journal de physique*, 1777, t. X, p. 139).

BONNET (Ch.). *Sur la Reproduction des membres de la salamandre aquatique* (*Œuvres d'histoire naturelle et de physiologie* (1re partie, t. V).

BORELLI. *Historiarum et observationum medico-phys. Centur. quatuor.*, Francofurti, 1670, in-6, cent. 2, ob. XVII.

BOUVIER. *Bulletins de l'Académie de médecine de Paris*, 1867.

BOWER. *Sur la Régénération des tendons*

divisés (*Virchow's Archiv.* 1854, vol. VII).

BROCA. *Bulletins de la Société anatomique*, 1851.

BRODHURST. *Proceedings of the Royal Society*, 1860.

BROUSSONET. *Histoire de l'Académie des sciences*, 1786.

BROWN-SÉQUARD. *Journal de Brown-Séquard*, t. VI. — *Comptes rendus de la Société de Biologie*, 1850.

BUSCH. *London Medical Gazette*, 1840. *Rust's magazin für die gesammte Heilkunde*, 1836.

C

CARENA. *Monographie du genre Hirudo* (*Memoria della R. Accad. delle Scienze di Torino*, 1820, t. XXV).

CHALMEL. *Enchirid. Chir.*, lib. II.

CHARMEIL. *Recherches sur les métastases, suivies de nouvelles expériences sur la régénération des os.* Metz, 1821.

CHASSAIGNAC. *Bulletins de la Société de chirurgie*, 1854.

COHNHEIM. *Ueber die Endigung der sensiblen nerven in der Hornhaut.* (*Virchow's Archiv*, 1867, t. XXXVIII.)

COLBERG. *Deutsche Klinik*, 1864.

COLRAT. *Des greffes épidermiques.* Thèse de Montpellier, 1871.

COOPER (Astley). *OEuvres chirurgicales*, trad. par E. Chassaignac et G. Richelot, Paris, 1837.

COOPER (Samuel). *Dictionnaire de chirurgie pratique.* Trad. de l'anglais sur la 3ᵉ édition, Paris, 1826, t. I.

CORNIL et RANVIER, *Manuel d'Histologie pathologique*, Paris, 1869-1873, 1ʳᵉ et 2ᵉ partie.

COTTE. *Expériences sur les limaçons* (*Journal des savants*, 1770, t. I, p. 357). — *Suite des expériences sur les limaçons* (*Journal de physique*, 1774, t. III).

CRUVEILHIER. *Essai sur l'anatomie pathologique*, 1816. — *Rapport présenté*
à *l'Académie de Médecine* (*Bulletin de l'Académie de médecine*, Paris. 1836-37, t. I).

CUVIER (G.). *Rapport historique sur les progrès des sciences naturelles.* Paris, 1847. — *Anatomie comparée.* Paris, 1835, 1845.

D

DAVID. *Mémoire sur une maladie d'os connue sous le nom de nécrose.* Paris, 1839.

DELAISSE. *Recueil d'observations de chirurgie.* Paris, 1753.

DELORE. *Bulletin de thérapeutique*, t. LXXV.

DEMARQUAY. *Mémoire sur les ruptures du tendon du droit antérieur de la cuisse*, 1842. — *Sur l'action des gaz sur les plaies*, 1859. — *Archives de médecine*, 1862. — *Essai de Pneumatologie*, Paris, 1863.

DESAULT. *OEuvres de chirurgie*, t. IV.

DIONIS. *Cours d'opérations*, MDCCLXXXII.

DIQUEMARE. *On essay towards elucidating the history of sea Anemonies* (*Philos. Trans.*, 1773).

DOERNER. *Thèse.* Tubingue, 1798.

DOYÈRE. *Annales des sciences naturelles*, t. XVII.

DUCHENNE (de Boulogne). *De l'électrisation localisée*, 3ᵉ édition. Paris, 1872.

DUGÈS. *Annales des sciences naturelles*, tome XV, p. 139.

DUHAMEL. *Histoire de l'Académie des sciences*, 1739, 1741-742.

DUMÉRIL. *Histoire des reptiles.* Paris, 1835-1853.

DUPLOUY. *Archives de médecine navale*, tome II, p. 581.

DUPUYTREN. *Leçons orales de clinique chirurgicale.* Paris, 1835.

DUTERTRE. *Médecine opératoire*, 1816.

DUVAL (Mathias). *Nouveau dictionnaire de médecine et de chirurgie pratiques.*

Paris, 1873. *Art., Greffe épidermique*, t. XVI.
DUVAL (Vincent). *Traité pratique du pied bot*, Paris, 1835.

E

EHRENBERG. *Infusions thierchen*, 1838.
EULENBOURG et LANDOIS. *Berliner klinische Wochenschrift organ fur pratische ærzte*, 1864. — *Gazette médicale*, 1865.

F

FABRE. *Mémoire de l'Académie de chirurgie*, t. V.
FANO. *Gazette des hôpitaux*, 1867.
FLOURENS. *Annales des sciences naturelles*, t. XIII, 1828. — *Théorie expérimentale de la formation des os*. Paris, 1847.
FOERSTER. *Anatomie pathologique*, Tr. par Kaula, 1853.
FONTANA in HALLER. *Expériences sur les parties irritables et sensibles* (*Mémoires*, 1778).
FORSTER. *Regeneration von Darmzotten* (*Jahresbericht*, t. XCI, 1611).
FORT. *Union médicale*, 1867.
FORTNUM. *Letter on the reproduction of the Limbs on a species of Phasmidæ, the Diura violescens* (*Proceed. of the Entomol. Soc. of London*, 1844).

G

GARENGEOT. *Traité d'opérations*, 1731.
GEHLER. *Progr. de dentitione tertia*. Leipzig, 1786.
GEOFFROY SAINT-HILAIRE. *Histoire naturelle générale des règnes organiques*. Paris, 1857.
GERDY. *De l'influence de la pesanteur* (*Archives de médecine*, 1835).
GMELIN et TIEDMANN. *Recherches expérimentales sur la digestion*, 1826.

GOEZE. *Annales des sciences naturelles*, t. XV. — *Reproductions Kraft bei den Inseckten* (*Naturforscher*, 1778).
GUÉRIN (Jules). *Bulletin de l'Académie de médecine*, 1865-66.
GUSTAECKER. *Dissertatio de regeneratione tendinum post tenotomiam*. Berlin, 1851.
GUY DE CHAULIAC. *Chirurgie*, 1663-1659. Et *Annotations*, par Laurent-Joubert.

H

HAIGHTON. *An experimental inquiry concerning the reproduction of Nerves* (*Philos. Trans.*, 1795).
HALLER. *Mémoire sur les os*, dans Fougeroux.
HEINE. *Journal de Graefe et Walther*, 1834 et 1840. — *Gazette médicale de Paris*, 1837.
HEINEKEN. *On the reproduction of the members in Spiders and Insects*. (*Zool. Journal*, 1829).
HEISTER. *Institutions de chirurgie*. Avignon, 1770.
HENLE. *Canstatt's Jahresbericht*, 1858.
HERGOTT et REVERDIN. *Greffe épidermique* (*Gazette médicale de Strasbourg*, 1871.
HEWSON. *Journal des progrès*, t. IX.
HIS. *Beiträge zur normalen und pathologischen histologie der cornea*, 1865.
HUNTER. *Œuvres complètes*. Traduction Richelot, Paris, 1844.

J

JÆGER. *Ueber das spontane Zer. fallen Süsswasserpolypen nebst einigen uber generations Wechsel* (*Sitz ungsberuht der wiener Akad.*, 1860, t. XXXIX).
JASSERON. *Bulletin de la Société de chirurgie*, 1872.
JOBERT. *De la réunion en chirurgie*. Paris, 1864.

K

KÖLLIKER. *Éléments d'histologie humaine.* Trad., Paris, 1868.

KUHNHOLT. *Considérations générales sur la régénération des parties molles du corps humain*, 1841.

KUSS. .*De la vascularité et de l'inflammation.* Strasbourg, 1847. — *Cours de Physiologie*, 2ᵉ édition. Paris, 1873.

L

LACROIX. *Considérations pathologiques sur l'attitude de l'homme.* Thèse, Paris, 1821.

LAENNEC. *Recherches sur le développement et la structure intime du tissu osseux.* Thèse de Paris, 1858.

LANDRY. *Réflexions sur les expériences de MM. Philipeaux et Vulpian (Moniteur des hôpitaux*, t. VII, 1859).

LAUGIER (Stan.). *Dictionnaire de médecine en 30 vol.*, art. *Cicatrice.* — *Gazette médicale de Paris*, 1861.

LAVERAN. *Sur la régénération des nerfs.* Thèse de Strasbourg, 1867.

LEFORT (Léon). *Gazette hebdomadaire de médecine*, 1866.

LEGROS. *Gazette médicale de Paris*, 1867.

LEROY (d'Étiolles). *Sur la reproduction du cristallin.* Mémoire lu à l'Académie (*Journal de Magendie*, 1827).

LEYDIG. *Traité d'histologie comparée*, 1866.

LOBSTEIN. *Traité d'Anatomie pathologique.* Paris, 1829.

LUTENS. *Bulletin de la Société de médecine de Gand*, 1837.

M

MACDONALD. *Considérations générales sur les nécroses* in *Scarpa et Léveillé, Mémoires de physiologie et de chirurgie pratiques.*

MAGNIEN. *Recherches expérimentales sur les effets consécutifs à la section des nerfs mixtes.* Thèse de Paris, 1866.

MALM. *Annales des sciences naturelles.* 4ᵉ série, t. XVIII, p. 356.

MALOWSKY. *Archiv der Heilk.*, 1868.

MARCHETTIS. *Recueil d'observations de médecine et de chirurgie*, 1664. Trad. Warmont, 1858.

MAUQUEST DE LA MOTTE. *Traité complet de chirurgie*, annoté par Sabatier, 1771.

MAYER (in Bonn). *Journal von C. von Græfe und Ph. Walther*, 1832, Bd. XVII, Heft. 4, p. 521.

MECKEL. *Manuel d'Anatomie*, 1821.

MEDING. *Dissertatio de regeneratione ossium per experimenta illustrata.* Lipsiæ, 1823.

MICHÆLIS. *Ueber die Regeneration der Nerven. Ein Brief an P. Camper.* Cassel, 1785.

MIDDLEMORE. *On the Reproduction of the cristalline Lens (London medical Gazette*, vol. X et *Deutsches Archiv*, t. VII, p. 257, 1832).

MILLOT. *Thèse de Paris*, 1871.

MILNE-EDWARDS. *Observations sur le squelette tégumentaire des crustacés (Annales des sciences naturelles.* 3ᵉ serie, 1854, t. XVI).—*Leçons sur la Physiologie et l'Anatomie comparée.* Paris, 1858.

MONDIÈRE. *Bulletins de la Société anatomique*, 1851.

MORAT. *Des greffes épidermiques.* Thèse de Montpellier, 1874.

MOURGUE. *Gazette médicale*, 1858, p. 313.

MULLER. *Manuel de Physiologie*, 2ᵉ édition. Paris, 1851.

MURRAY. *Comm. de redintegratione partium nexu suo seclectarum vel amissarum.* Gottingue, 1787.

N

NÉLATON. *Traité de pathologie chirurgicale.* Paris, 1844-1859.

NEUMAN. *Langenbeck's Archiv*, 1871. —

Revue allemande, par le docteur Nepveu. (*Gazette médicale*, 1872.)

NEWPORT. *On the Reproduction of lost parts in Myriapoda and Insects* (*Philos. Trans.*, 1844, t. IV).

O

OLLIER. *Bulletin de l'Académie de médecine*, 1872. — *Traité expérimental et clinique de la Régénération des os.* Paris, 1867.

OWEN (Richard). *Odontography or a treatise on the comparative Anatomie of the teeth.* London, 1840-45.

P

PARÉ (A.). *OEuvres complètes.* Édition Malgaigne. Paris, 1841.

PASTEUR. *Comptes rendus de l'Académie des Sciences*, 1869.

PETIT (Jean-Louis). *Traité des maladies des os.*

PETIT (M. A.). *Médecine du cœur.* Lyon, 1806.

PEYRAUD. *Études expérimentales sur la régénération des tissus cartilagineux et osseux.* Thèse, Paris, 1869.

PHILIPEAUX. *Comptes rendus de l'Académie des Sciences*, 1869, 1866, 1867. Voir Vulpian.

PLATERETTI. *Sulla riproduzione delle gambe e della coda delle Salamandre* (*Scelta di opuscoli interess.*, t. XXVII).

PLATNER. *Grundzüge einer allgemeinen Physiologie.* Iena, 1844.

PLINE. *Historia mundi*, l. XXIX, ch. XXXVIII.

PONCET (A.). *Des greffes dermo-épidermiques, et en particulier de larges lambeaux dermo-épidermiques* (*Lyon médical*, 1871).

PORTA. *Delle alterazioni pathologische delle arterie per la ligatura e la torzione.* Con XIII tavole. Milano, 1847.

PRÉVOST. *Note sur la Régénération des tissus nerveux* (*Annales des Sciences naturelles*, t. X, 1827).

PURMANN. *Chirurgia curiosa.* 1699.

R

RANVIER. *Considérations sur le développement du tissu osseux*, etc. Thèse de Paris, 1865. — *Comptes rendus de l'Académie des Sciences*, 1873. — *Comptes rendus de la Société de Biologie*, 1873.

RAYER. *Mémoire sur l'ossification morbide considérée comme terminaison de la phlegmasie.* (*Archives de médecine*, 1833.)

RÉAUMUR. *Histoire de l'Académie des Sciences*, 1712.

REDARD. *Considérations générales sur la moelle des os* (*Gazette heb.*, 1872).

REDFERN. *On the Healing of Wounds in articular cartilage* (*Monthly Journal of medical Sciences.* Edinburgh, 1851).

REVERDIN. *De la greffe épidermique.* (*Archives générales de médecine*, 1872.)

RICHET *in* BLUM. *De la Suture des nerfs.* *Revue critique* (*Archives de médecine*, 1868).

RINDFLEISCH. *Traité d'histologie pathologique*, trad. par F. Gross. Paris, 1872.

ROBIN (Ch.). *Bulletin de l'Académie de médecine*, t. XXXI. — *Anatomie et Physiologie cellulaires*, 1873. — *Traité des humeurs*, 2° édition, 1874.

ROBERT. *Journal des connaissances médico-chirurgicales*, 1839.

ROGNETTA et MONDIÈRE. *Archives de médecine*, 1834 et 1837.

ROKITANSKY. *Gesellsch. d. Wiener Ærzte*, 1849, p. 330.

ROUX. *Bulletin de l'Académie de médecine*, 1836-37, t. I, p. 395.

ROYER-COLLARD. *Gazette médicale*, 1848.

S

SAMUEL. *Régénération des plumes (Virchow's Archiv*, Bd. 50).

SANGIOVANNI. *Medicinisch·Chirurgische Zeitung*, 1824, t. II.

SANSON. *Dictionnaire de Médecine et Chirurgie pratiques*. Paris, 1835, t. XIII, art. PLAIE.

SCHIFF. *Comptes rendus de l'Académie des Sciences*, 6 mars 1854. — *Remarques sur les expériences de MM. Vulpian et Philipeaux (Journal de Physiologie de Brown·Séquard*, 1840).

SÉDILLOT. *De l'évidement sous-périosté des os*, 2e édition. Paris, 1867.

SÉDILLOT et LEGOUEST. *Traité de Médecine opératoire*, 4e édition. Paris, 1870.

SÉVERIN (A.). *De la Chirurgie efficace*, 1682.

SCHRŒR. *Anatomia della cutte*, Turin, 1865.

SCHÆFFER. *Versuche ueber die Reproduktion den Schnecken*, 1768, 1770.

SERRES. *Annales des sciences naturelles*. Paris, 1847.

SHAW. *Description of the Hirudo viridis (Transact. of the Linnean Society*, 1791).

SIMPSON. *Before the Physiological Section of the British Association meeting in Edinburgh*, 1850.

SPALLANZANI. *Prodromo di un opera da imprimersi sopra le reproduzioni animali*, 1768.

STROMEYER. *Physiologia tenotomiæ*, Dresde, 1837.

SWAN. *A Treatise on diseases and injuries of the nerves*. Londres, 1734.

SYMES. *Report of surgical cases (Edinburgh med. and. surg. Journal*, oct. 1836 et *Archives de médecine*, 1837.

T

TARENNE. *Cochliopérie. Recueil d'expériences sur les hélices terrestres*, 1808.

TENON. *Mémoire sur l'exfoliation des os*, in *Mémoires et observations sur l'Anatomie et la Chirurgie*. Paris, 1800.

TEXTOR. Thèse inaugurale. Wurzbourg, 1812.

TIEDEMANN. *Ueber die Regeneration der Nerven (Zeitschrift fur Physiologie*, 1831). Voir Gmelin.

THIERSCH. *Handbuch der Chirurgie*, 1867.

TILLAUX. *Bulletin de thérapeutique*, t. LXXVI.

TOOD. *Quarterly Journal of the Royal Institution*, 1824, t. XVI.

TREVIRANUS. *Biologie*, Gottingen, 1802.

TREMBLEY. *Observations upon several species of water Insects of the Polypous Kind (Phil. Trans.*, 1744, t. XLIV, p. 62). — *Mémoire pour servir à l'histoire d'un genre de polype d'eau douce*. Leyde, 1744.

TROJA. *De novorum ossium regeneratione*. Paris, 1775.

U

UDEKEM. *Histoire naturelle des Tubifex des ruisseaux (Mémoires couronnés de l'Académie de Belgique*, t. XXVI).

V

VALENTIN. *Journal des connaissances médico-chirurgicales*, 1839. — *De functione nervorum*, 1840.

VALMONT DE BOMARE. *Dictionnaire d'histoire naturelle*, 1776, t. V.

VAN DER WIEL (Cornelii Stalpart). *Observations de médecine*. Traduction par Planque. Paris, 1789.

VAUGUYON (LA). *Traité complet des opérations de chirurgie*, 1698.

VELPEAU. *Bulletin de l'Académie de médecine*, t. XXXI.

VERDUC. *Pathologie chirurg.*, 1693.

VESLINGIUS. *Observationes anatomicæ et posthumæ*. Hafniæ, 1664.

VIDAL (DE CASSIS). *Traité de pathologie externe.* Paris, 1861, 5° édition.

VIGAROUS. *Considérations générales pratiques et théoriques sur la Régénération partielle et totale des os du corps humain*, 1788, in Barthélemy Vigarous, *Œuvres de chirurgie pratique, civile et militaire.* Montpellier, 1812.

VIRCHOW. *La Pathologie cellulaire*, 4° éd. Paris, 1874. — *Ueber die pathologische Neubildung von quergestreiften Muskelfasern*, 1850 (*Wurtz. Verhandl.*, p. 189).

VOIGT. *Munch. Acad. Bericht.*, 1873. *Centralblatt*, 1864. — *Observations sur l'ablation des hémisphères cérébraux chez le pigeon* (*Munch. Acad. Berich.*, 1866. — *Centralblatt*, 1868).

VULPIAN. *Comptes rendus de la Société de Biologie*, 1861. — *Leçons sur la physiologie du système nerveux.* Paris, 1866.

VULPIAN et PHILIPEAUX. *Recherches expérimentales sur les régénérations des nerfs séparés des centres nerveux.* Paris, 1860.

W

WALDEYER. *Virchow's Archiv*, t. XXXIV.

WALLER. *Comptes rendus de l'Académie des Sciences*, 1851.

WEBER. *Centralblatt für die Medich. Wissenchaften*, 1863 et *Wiener Med. Woch.*, 1868.

WECKER. *De la greffe dermique en chirurgie oculaire* (*Annales d'oculistique*, 1872).

WEPFER. *Historia cicutæ aquaticæ.* Leyde, 1733.

WURTZIUS. *Chirurgie pratique*, trad. Sauvin. Paris, 1689.

WYWODZOFF. *Etude expérimentale des différents phénomènes qui se passent dans la cicatrisation des plaies par première intention* (*Journal de l'Anatomie de Robin*, 1868, et *Med. Jahrb. et Zeitsch. Ges. d. Arzte in Wien*, 1867).

Z

ZENKER. *Virchow's Archiv*, t. XXXIX, p. 216.

ZUCKETT. *Lectures on histology, delivered at the Royal College of Surgeons* (*Médical Times*, 1861).

EXPLICATION DES PLANCHES

PLANCHE I.

Fᴵɢ. 1. — A,A. Les extrémités du tendon d'Achille coupées. — B,B. Les parois de
la gaîne écartées par des érignes. — C. Sang épanché au milieu des éléments
celluleux de la gaîne.

Fɪɢ. 2. — A,A. Les extrémités du tendon coupées, moins écartées. — B,B. Les parois de la gaîne écartées par des épingles. — C. La prolifération dés éléments
celluleux de la gaîne, légèrement infiltrée de sang.

Fɪɢ. 3. — A,A. Les extrémités du tendon se confondent avec la masse vasculaire
et celluleuse formée par la gaîne. — B,B représentent la gaîne très-épaissie,
masse cellulo-vasculaire proliférant et émanant de la gaîne.

Fɪɢ. 4. — Le tendon coupé se confondant avec le nouveau tendon formé aux
dépens de la gaîne.

B, B représentent la gaîne primitive se continuant avec la gaîne épaissie ayant re-
formé un nouveau tendon. — C, la gaîne tendineuse remplie au centre de laquelle se trouve le nouveau tendon.

Fɪɢ. 5. — A,A. Le tendon ancien, se confondant avec le nouveau tendon. — BB.
Tendon nouveau fendu ; on voit encore des traces de sang non résorbé. — Fusion complète du nouveau tendon avec la gaîne.

PLANCHE II.

Fɪɢ. 6. — Le tendon A représente un tendon d'Achille, séparé de sa gaîne et exposé
au contact de l'air. Les éléments cellulo-vasculaires ont proliféré à la surface
de ce tendon.

Fɪɢ. 7. — A représente cette masse cellulo-vasculaire séparée de la surface du
tendon par une fine dissection. — B. Surface vasculaire du tendon.

Fɪɢ. 8. — Mêmes résultats que dans la sixième expérience.
A. Prolifération du tendon.

Fɪɢ. 9. — A,A représente la masse proliférante. — BB montre le tendon d'Achille
fendu dans toute sa longueur. — CC. Même tendon.

Fɪɢ. 10. — Représente la gaîne du tendon d'Achille ouverte, d'où l'on a extrait le
tendon.
A,A. Nouveau tendon formé par la gaîne fendue et au contact de l'air.

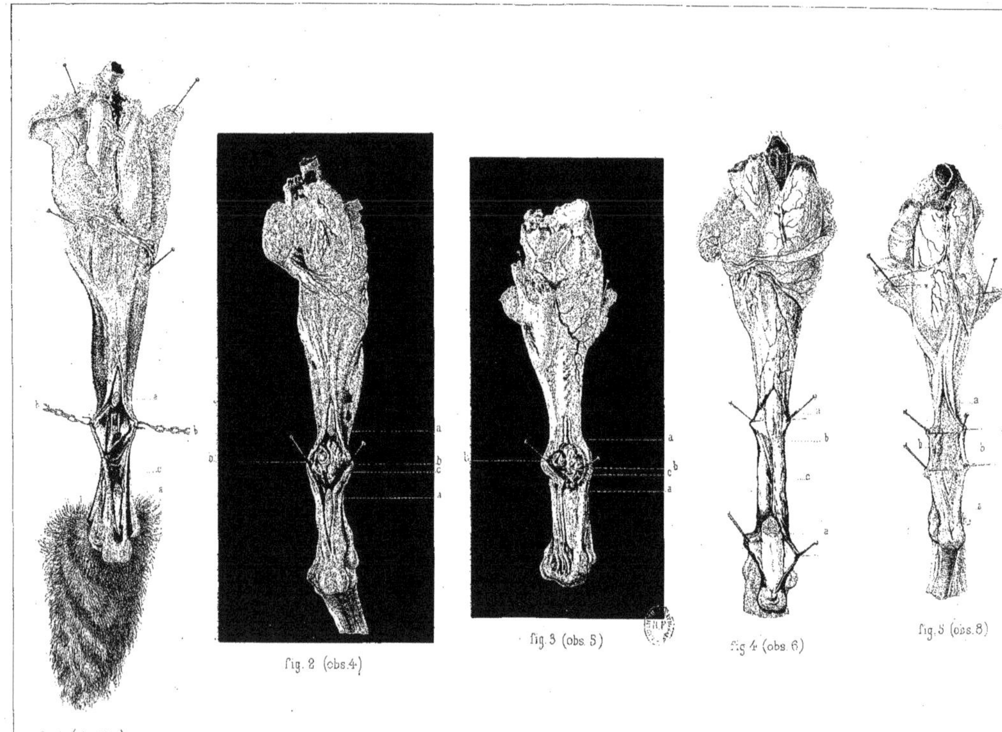

fig. 1 (obs. N°1)

fig. 2 (obs. 4)

fig. 3 (obs. 5)

fig. 4 (obs. 6)

fig. 5 (obs. 8)

Demarquay præp, Cimeut del.   Lith. Ch. Russel, Etreux

Section du tendon d'Achille

Publié par J. B. Baillière et fils à Paris

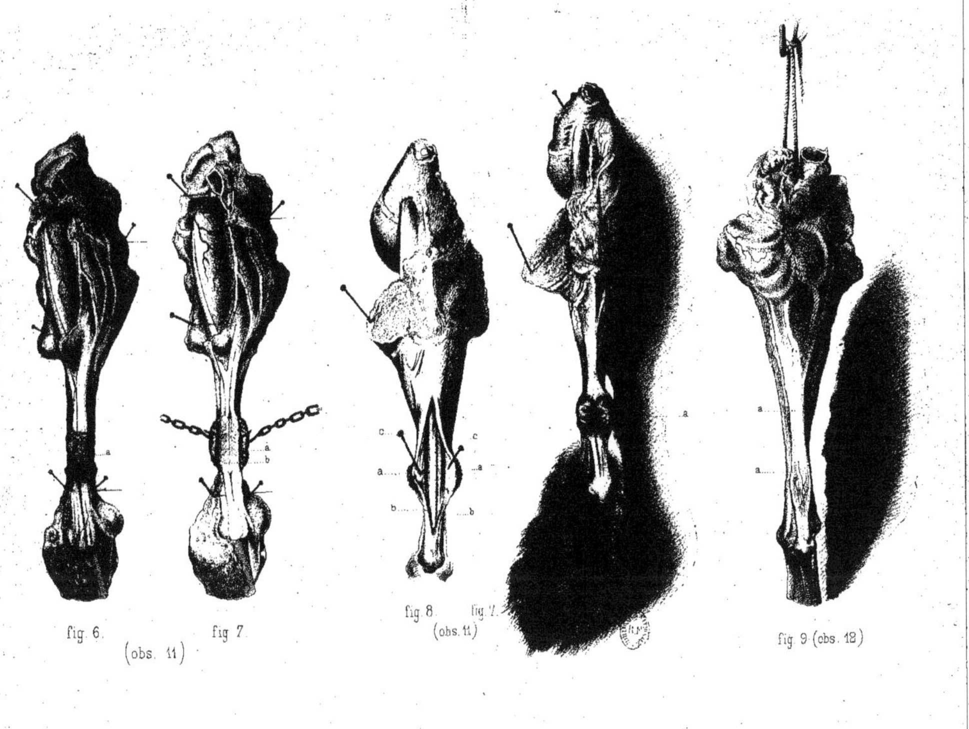

Demarquay præp, Cosset del.   Lith. J.B. Tacquet, Strasbourg

Prolifération et Régénération du tendon d'Achille

Publié par J. B. Baillière et fils, à Paris

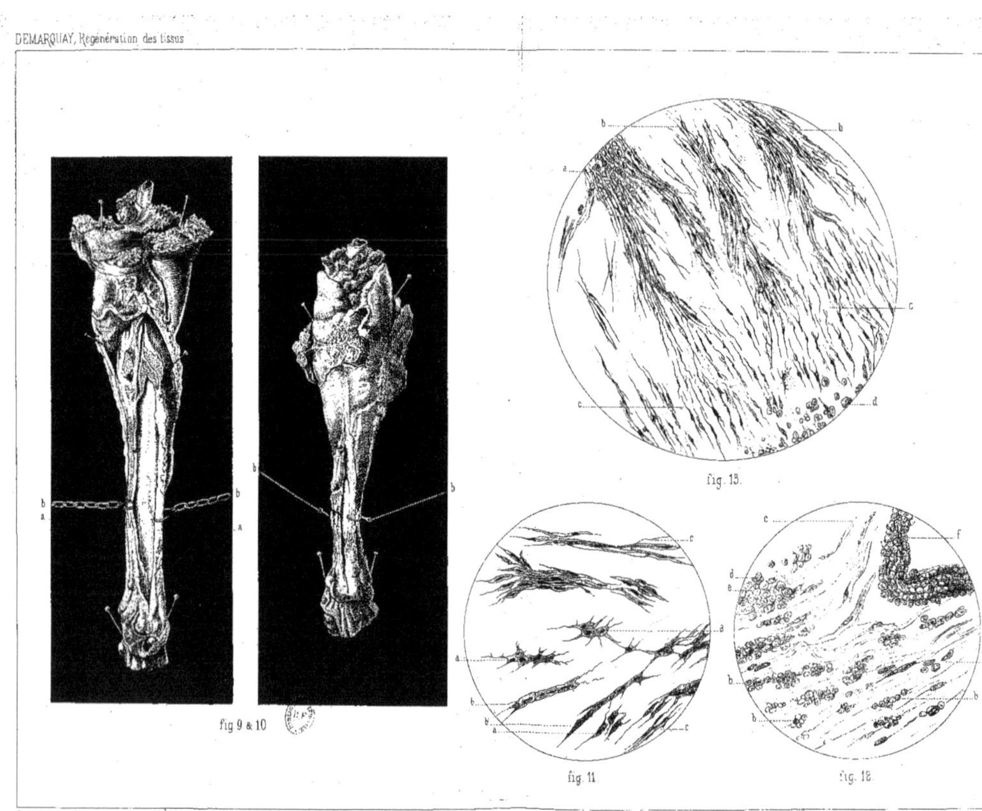

fig 9 & 10

fig. 11

fig. 13.

fig. 12

Régénération du tendon d'Achille — Histologie du tendon et de la gaine
Publié par J.-B. Baillière et fils, à Paris

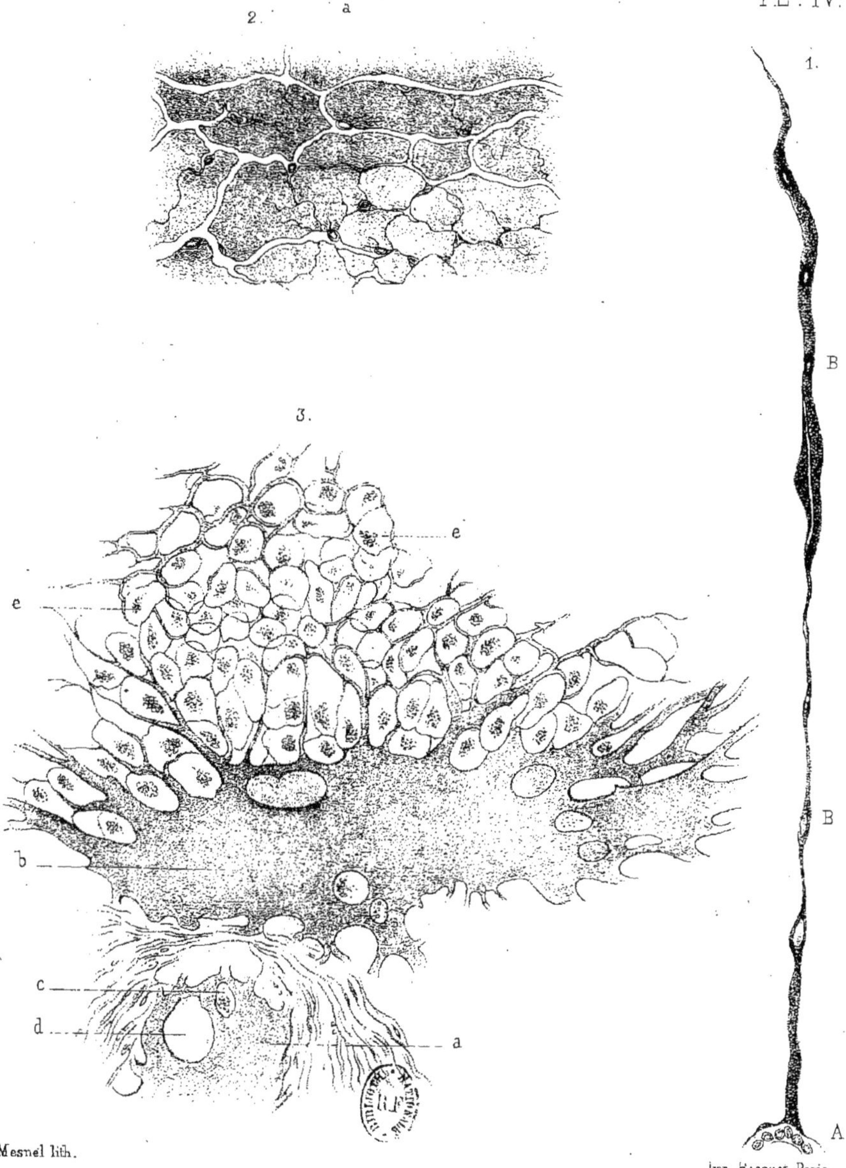

Mesnel lith.

Imp. Becquet, Paris.

Fig. 1. Formation de vaisseaux dans une pseudo-membrane pleurétique.
Fig. 2.   „   „   artère crurale d'un chien.
Fig. 3. Vaisseau plasmatique inter-cellulaire en voie de granulation.

PLANCHE III.

Les figures 11, 12, 13 montrent la texture de la cicatrice tendineuse, la figure 13 représente une vue d'ensenble, la figure 11 une coupe faite dans l'extrémité tendineuse, la figure 12 une coupe faite dans la portion de la gaîne voisine de la cicatrice.

La figure 13 est une coupe de la cicatrice du tendon en voie de régénération, ces *a* et *b* sont les extrémités du tendon, il y a multiplication des cellules plasmatiques qui entourent les fibres tendineuses. En *c* le tissu cicatriciel intermédiaire présente des corpuscules plasmatiques disséminés, il n'y a pas encore organisation complète des fibres tendineuses, en *d*, on voit des cellules embryonnaires infiltrées dans la portion de la gaîne réunie au tendon par la cicatrice *c*.

La figure 12 montre les détails de la prolifération des corpuscules plasmatiques de la partie sectionnée du tendon, et la figure 12 montre l'infiltration des cellules embryonnaires dans la gaine, en *a*, *b*, *e* sont les cellules embryonnaires, *c* est l'une des fibres lamineuses, et *f* représente un vaisseau entouré de leucocytes.

PLANCHE IV.

Fig. 1. — Formation des vaisseaux dans une pseudo-membrane pleurétique datant de cinq jours.
A. Vaisseau mère. — B. Énorme fil de protoplasme contenant des noyaux, premier indice de la formation du vaisseau. (Rindfleisch, *Lehrb. der Path.*, 1re édit., et *Traité d'histologie pathologique*, trad. sur la seconde édition par le docteur F. Gross. Paris, 1873.)

Fig. 2. — Formation des vaisseaux dans un thrombus datant de huit jours dans l'artère crurale d'un chien, grossissement, 460 fois. — Des corpuscules du tissu conjonctif se trouvent dans les points nodaux du réseau. (*Handbuch der allg. und spec. Chir.*, von Pitha, v. Bilroth, t. I.)

Fig. 3. — Vaisseau plasmatique intercellulaire d'une plaie en voie de granulation. Plaie d'amputation de la langue d'un rat dix jours après la blessure. Les vaisseaux sont injectés avec une solution gélatineuse de carmin ; le tout durci dans l'alcool ; une fine coupe a été éclaircie à la glycérine, grossissement, 800 fois.
A. Tronc de vaisseau. — C, D. Espace vide dans le thrombus. C renferme une cellule. D est vide. — B. Lacune dans le tissu de granulation remplie avec la matière d'injection. — E. Interstice des cellules de granulation qui se relie avec les prolongements du thrombus vasculaire. (*Id.*, t. II.)

TABLE DES MATIÈRES

FIN DE LA TABLE.

CORBEIL, TYP. ET STÉR. DE CRÉTÉ FILS.

www.ingramcontent.com/pod-product-compliance
Ingram Content Group UK Ltd.
Pitfield, Milton Keynes, MK11 3LW, UK
UKHW022324090726
13658UKWH00001B/63